毛乌素沙地东南缘
人工植被结构与生态功能研究

高国雄　吴　卿　杨春霞　著

黄河水利出版社
·郑州·

内容提要

本书对毛乌素沙地东南缘榆林沙区人工植被的结构配置、生态功能进行了系统研究,内容包括人工植被结构与功能研究概况、立地条件类型划分与适地适树种研究、人工植被群落特征与景观格局分析、人工植被结构配置研究、人工植被生态功能研究、仿拟自然的人工植被调控技术研究等。

本书可供沙漠治理、水土保持、林业、生态环境保护等专业技术人员阅读与参考。

图书在版编目(CIP)数据

毛乌素沙地东南缘人工植被结构与生态功能研究/高国雄,吴卿,杨春霞著.—郑州:黄河水利出版社,2010.5

ISBN 978-7-80734-825-2

Ⅰ.①毛…　Ⅱ.①高…②吴…③杨…　Ⅲ.①毛乌素沙地-人工植被-结构-研究②毛乌素沙地-生态环境-环境保护-研究　Ⅳ.①P942

中国版本图书馆CIP数据核字(2010)第085047号

出 版 社:黄河水利出版社

地址:河南省郑州市顺河路黄委会综合楼14层　邮政编码:450003

发行单位:黄河水利出版社

发行部电话:0371-66026940、66020550、66028024、66022620(传真)

E-mail:hhslcbs@126.com

承印单位:黄河水利委员会印刷厂

开本:850 mm×1 168mm　1/32

印张:8.5

字数:230千字　　印数:1—1 000

版次:2010年5月第1版　　印次:2010年5月第1次印刷

定价:25.00元

前　言

纵观国内外关于人工植被的相关研究，多集中于小尺度、单目标和简单的对比分析研究，而对于如何建立高效、稳定、优化的人工植被配置模式，怎样从根本上保证人工植被建设高效发展，维持结构稳定性和功能持续性等方面缺乏系统性研究。科学、系统地对人工植被结构与功能进行综合评价和有效调控，是当前生态环境建设的需求热点和亟待解决的重大问题。为此，本书以景观生态学、系统工程学和可持续发展理论为基础，通过区域标准地调查与定位试验相结合、单项技术与综合配套技术措施相结合、定位对比观测与实验分析相结合，应用数学分析方法和计算机技术，系统地研究了毛乌素沙地东南缘榆林沙区人工植被的结构配置、生态功能和调控技术，建立了生态效益评价指标体系，综合评价了防风固沙林的生态功能，提出了适应不同立地类型的人工植被合理结构、优化配置模式及调控技术，为科学指导防沙治沙工程的顺利实施提供了理论依据和技术支撑，对区域生态环境建设有着重要的和现实的指导意义。

全书由九部分内容构成。引言:阐述了选题背景，研究的目的意义和创新点。人工植被结构与功能研究概况:简要综述了国内外人工植被建设和研究现状、动态及发展趋势。本次研究的研究内容与研究方法:论述了研究区自然、社会、经济状况，说明了研究的内容、技术路线与方法。立地条件类型划分与适地适树种研究:分析了研究区自然生态环境因子，进行了造林立地条件类型划分和立地质量评价，筛选了不同立地适生造林树种。人工植被群落特征与景观格局分析:阐述了榆林沙区植被群落区系组成特征、群落动态演替和景观格局特征。人工植被结构配置研究:研究了基于土地资源、水分条件和防护目标的人工植被合理密度、覆盖度及空间结构，进行了人工植被结构优化配置研究。人工植被生态功能研究:研究了人工植被防风固沙效益、小气候调节效益、土壤改良效益、水文循环效益和生物效益,建立了生态效益评价指标体系,进行了综合生态效益评价。仿拟自然的人工植被调控技术:针对人工植被退化、老化问题,进行了平茬、放牧、更新造林等人工调控技术研究。结论与建议:概述了本研究主要结论和成果,并就相关问题提出了建议。

由于作者水平所限,书中难免错误与遗漏之处,敬请读者批评指正。

作　者

2010 年 1 月

目录

1 引 言

1.1 本研究的目的和意义

环境恶化、人口过剩、粮食短缺、能源不足以及资源匮乏是当今国际社会普遍存在的五大共性问题。荒漠化作为全球性重大环境问题,成为全人类的共同灾难,危害全球约1/3的陆地面积,它不仅威胁着整个人类的生存环境,而且已成为制约全球经济发展和社会稳定的重要因素,引起国际社会的普遍关注。目前,全球荒漠化土地面积达45.6亿hm^2,占地球陆地总面积的31.7%;受荒漠化威胁的土地约为50.4亿hm^2,占陆地面积的35%,受影响人口占全世界的1/6,且仍然在不断扩大。其结果,造成某些自然资源枯竭与动植物种的消亡,城乡环境质量下降,人们生产生活条件恶化,自然灾害加重,农业产品单一,产量低而不稳,全世界每年因荒漠化而造成直接经济损失约为420亿美元。人们愈来愈深刻地认识到森林与人类生存生活休戚相关的重大意义,拯救森林、改善环境已成为世界性话题之一。为此,联合国环境与发展大会把防治荒漠化列为《21世纪议程》的优先行动领域。

中国是世界上荒漠面积较大、分布较广、荒漠化危害最为严重的发展中国家之一,全国近1/3的国土面积受到荒漠化威胁,现有荒漠化土地面积263.62万km^2,占国土面积的27.46%(祝列克,2006),且仍以每年3 436 km^2的速度在扩展。每年因荒漠化危害造成的直接经济损失高达540亿元。特别是20世纪80年代以来,随着全球气候转暖和干旱化,荒漠化及沙尘暴发展越来越强烈。据统计,我国西北地区从1952年至1996年共计发生大的沙尘暴近70次,其中50

年代5次,60年代8次,70年代13次,80年代14次,90年代23次,而仅2000年京津地区出现沙尘暴及浮尘天气就达16次。沙尘暴的频繁出现给沙区人们生活和经济发展带来了严重影响,如1998年4月18日特大沙尘暴给新疆、甘肃、宁夏、青海、陕西、内蒙古、山西等7省(区)造成严重损失;1996年5月29日的强沙尘暴袭击河西走廊地区,造成5人死亡,3 330 hm^2 棉花、248.7 hm^2 林果、2 660座温室大棚被毁坏,造成直接经济损失2亿元;1993年5月5日沙尘暴袭击甘肃、宁夏和内蒙古部分地区,死亡85人,受伤264人,失踪31人,直接经济损失7.25亿元。

地处我国北方长城沿线半干旱农牧交错过渡带的毛乌素沙地,是我国西部的能源重化工基地,具有丰富的能源、矿藏资源,特别是地处毛乌素沙地南缘的榆林、神木、府谷、定边、靖边矿藏资源带号称"黑三角",不但拥有我国目前已探明最厚的优质动力煤层和最大的整装气田,而且其他资源也十分丰富,已探明有8类40多种矿藏资源,品位高,储量大。该区历史上曾经是"沃野千里、仓稼殷富、水草丰美、群羊塞道"的好地方,有"临广泽而带清流"的记载。然而,由于该区干旱少雨,风大沙多,生态系统脆弱,生态环境恶劣,加之资源的开采,工业、能源、交通、通信等工程的建设,使得草地退化、土地沙化、水土流失加剧,生态环境日益恶化,是我国荒漠化严重发展地区之一,沙尘暴也频繁发生。在新中国成立之前100年时间里,北部风沙草滩区流沙已越过长城南侵50 km,流沙吞没农田牧场8万 hm^2,26万 hm^2 牧场沙化、盐碱化、退化严重。1993年5月5日强沙尘暴席卷全区7个县(市),压埋公路140 km,农田1.33万 hm^2,损失惨重。定边县当年发生9级以上大风12次,直接经济损失2 000万元。东南部神府矿区的土壤侵蚀模数高达1.5万~3.0万 t/hm^2;窟野河和秃尾河年输沙量高达9 707万t。尤其是能源开发建设,造成生态环境的破坏十分惊人,仅煤田开发一项,已有1.73万 hm^2 植被被毁,2万 hm^2 土地出现风蚀荒漠化,侵占基本农田0.63万 hm^2。土地破坏,植被减少,直接造成严重的水土流失,平均年增加水土流失量2 780 万 t，晋陕蒙接壤的能源开发地区年平均向黄河输沙3.96亿t，成为黄河粗沙的主要来源。近年来，该区每年强沙尘暴天气超过12次以上，给当地人民生活带来严重的影响。恶劣的生态环境严重限制着对资源的大规模开发利用，也制约着该区经济的发展，致使该区农牧民目前仍处于温饱状态，仍被国家列为贫困地区。因此，积极开展毛乌素沙地人工植被建设研究，为加速该区特别是资源开发区植被的恢复和重建，改善当地生态环境和生存条件提供理论依据，是发展生态农林业，加速区域综合开发，实现区域生态、经济、社会可持续发展的前提条件和必要步骤，同时也是全面实施西部大开发和"再造一个山川秀美的西北地区"的客观要求。

榆林地区自20世纪50年代开始大规模植树造林、防风固沙以来，特别是自"三北"防护林工程实施以来，取得了显著的成绩，林木覆盖率由新中国成立前的1.8%上升到2002年的25%，林木保存面积108.6万 hm^2。其中北部风沙区累计造林保存面积79.33万 hm^2，林木覆盖率32.5%，沙漠腹地已建成北缘、长城、灵榆和环滩四条总长1 500 km基干防护林带，165块万亩以上的成片林，滩、川、塬、涧地受风沙危害的10万 hm^2 农田全部实现林网化。通过防护林建设，40万 hm^2 流沙得到固定、半固定，风沙危害大大减轻，实现了区域性荒漠化逆转，出现了沙退人进的可喜局面，水土流失面积治理率达到54.8%，水土流失量由新中国成立初的5.2亿t下降到2.9亿t，取得了较好的治理效果，生态环境得到明显改善。然而，目前仍有近13.33万 hm^2 流沙需要治理，加之在防护林体系建设中，选择树种单一，而且多以纯林为主，形成了许多小老树和退化残次林，天牛等病虫害严重，防护功能低，经济价值小，不利于农民增收，急需进行更新改造。

山川秀美工程和西部大开发战略实施以来，榆林风沙区已被列为防沙治沙、退耕还林、天然林保护等生态环境工程建设的重点实施地区。全国生态环境建设规划中提出榆林风沙区生态环境建设的主攻方向和目标是："植树种草、防风固沙、控制荒漠化扩展趋势，把富民与治理保护生态环境相结合，引水拉沙造田，改良风沙农田和沙滩地，建成田、林、路配套，高产稳产的农副产品基地，发展沙产业，形成沙地绿洲生态农业。”陕西省生态环境建设规划中确定：把榆林建设成为“全国生态环境建设试验示范区”。

人工植被一般指通过植苗造林、播种等人工措施建立的防护林、用材林、经济林、薪炭林、特用林以及人工草地、草坪等植被类型。选择适宜的造林树种，建立优化稳定的人工植被结构，是植被恢复与重建的关键，也是防护林生态经济效益发挥的基础。中国是一个植被覆盖率低、水土流失严重和荒漠化持续扩展的国家，为了实现国土绿化和生态环境改善，每年都在建立大量的人工植被，如何更有效地建立稳定、持续、高效的防护林体系，提高人工植被的稳定性和生产力，改善生态环境，促进区域生态、经济、社会协调可持续发展，以适应人口增加、能源开发、经济发展等多方面的需求，是生态环境重建的需求热点，已成为当前急需解决的重大问题。

为此，本项研究在遵循“适地适树”原则和充分利用水土资源的前提下，通过对榆林风沙区现有防护林组成、结构、生态特征及功能的研究，合理评价现有防护林结构的稳定性及其生态功能，筛选适宜的树种草种和优化的配置模式，建立防护林生态效益综合评价指标体系，对加速现有防护林结构的优化调控，指导今后防护林体系建设，具有积极的理论指导与实践意义。

1.2 本研究的创新点

针对目前人工植被建设与研究中存在的问题，本研究围绕毛乌素沙地东南缘榆林沙区人工植被结构稳定性和功能持续性主题，从影响结构稳定和功能发挥的立地划分、树种选择、结构配置、效益评价和调控技术等诸多方面，进行了大尺度、系统、全面和科学的研究。研究成果在科学性、广泛性、关联性和系统性等方面具有一定创新，其主要表现在以下方面：

(1)立地分类与树种选择研究中采用了层次分析法和综合评价模型,根据综合评价指数进行分区划分;根据生物生态学特性、解剖结构特征和标准地调查结果综合进行了树种选择,并用灰色关联法进行了树种适宜性评价与排序,使研究成果更具科学性和合理性,克服了人为主观判断的缺陷,实用性更强。

(2)从植被群落特征与景观格局动态新角度研究了沙地人工植被形成、演替的过程及驱动因素,为人工植被的建设与调控提供了依据。

(3)采用动态仿真理论等系统研究了人工植被结构,提出了基于土地资源限制的合理覆盖率、基于水量平衡的合理造林密度和基于防护功能的合理空间结构,并进行了优化配置结构设计,使人工植被结构研究更具系统性。

(4)采用主成分分析法和层次分析法构建了人工植被生态效益综合评价指标体系,并用综合评价模型对主要固沙灌木林生态功能进行了综合评价和排序,使结构与功能定量评价更科学。

2 人工植被结构与功能研究概况

2.1 人工植被建设实践回顾

2.1.1 国外人工防护林建设概况

人工防护林是以发挥森林的各种防护效益如保持水土、防风固沙、涵养水源、调节气候、减少污染为目的而营造的人工植被。防护林的种类很多，包括水源涵养林、水土保持林、防风固沙林、农田防护林、牧场防护林、道路防护林、水域防护林等。作为环境保护的重要措施，防护林的多功能、多效益已引起世界各国的重视。20 世纪 70 年代以来，世界上许多国家举行了以防护林为对象的专题讨论会，世界性林业会议，“人与生物圈计划”、“空气污染与林业”、“农业和林业气象”等会议都把林带的防护效益作为重点议题。不仅如此，防护林也是能源控制的重要生物积聚者，据报道，美国新英格兰州林业储蓄的能量相当于 30 亿桶石油，约等于中东阿曼苏丹的全部石油储藏量，由此可见一斑（唐德瑞，2000；李广毅，1995）。在防护林体系的建设工作中，只要合理规划与设计，便可以得到一个生物种群配合和食物链多次循环所形成的多功能、多效益的生物技术体系，提高土地的利用率，满足人们对防护林多层次的需求。

目前，已有不少国家正在广泛地开展防护林的营造和研究工作，其中历史较久、规模较大的有苏联、美国和丹麦等国。

苏联是世界上营造防护林最早的国家之一，营造农区气候及土壤改良林已有百年的历史，对林带的类型、密度、宽度、结构、带间距等问题做了一定研究，得出了一些结论。从 1843 年起就开始在俄罗斯和乌克兰干草原地区进行了防护林的营造工作，1931 年成立了"全苏农林土壤科学研究所"，开始从事专门的研究。特别是 1948 年开始的"斯大林改造大自然工程"，1949 ~ 1965 年，营造各种防护林 570 万 hm^2，营造 8 条总长 5 320 km 的大型国家防护林带。同时，苏联的欧洲部分草原、森林草原地区营造农田防护林，实行草田轮作，修建池塘及水库，以保护农业稳产高产，到 1985 年，苏联共营造各类防护林约 550 万 hm^2，其中护田林带 180 万 hm^2，保护着 4 000 万 hm^2 农田和 360 万 hm^2 牧场。由于防护林的作用，每年增产的价值达 230 万卢布，放牧地载畜量提高了 12% ~15%。

美国自从 Bates (1911) 发表了防护林林带的效应后，才开始了对防护林的优缺点、树种选择、结构组成、抚育管理等问题的研究，并发表了大量的文献。美国从 20 世纪 30 年代中期罗斯福执政期间，开始大规模营造农田防护林，在研究其他国家经验的基础上，制定了"大草原各州林业工程计划"（罗斯福工程），在纵贯北达科他州、南达科他州、内布拉斯加州、堪萨斯州、俄克拉荷马州、得克萨斯州大草原六州（西经 98° ~101°之间），南北长约 1 850 km，东西宽 160 km 的范围内，因地制宜地营造林带、林网和片林，以保护农田、牧场和防止土地沙漠化。整个工程建设范围约 18. 5 万 km^2，造林条件复杂多样，林务局根据不同的土壤和土地利用情况确定了不同的造林方式，在农田、房舍周围营造防护林网，营造长 1 600 km、宽 54 m 的林带，而在大片荒地中选出 10% 的可植树的小块地营造片林；1935 ~1942 年间共植树 2. 17 亿株，营造林带长度达 2. 9 万 km，保护了 3 万个农场的 162 万 hm^2 农田。1960 年美国又率先制定了"国有林多种利用与永续生产"条例，规定国有林的经营应着眼于生产木材、涵养水源、繁衍野生动植物、放牧、游憩等多种目的。1985 年通过的农场法则规定把一部分受侵蚀的农田退耕还林，用于营造风蚀控制林、野生动物保护林等。目前，人工防护林带总长度已达 16 万 km，面积 65 万 hm^2，而且每年仍新造防护林 1 万 ~1. 3 万 hm^2。进一步发展防护林的营造事业，已成为美国未来农业生产总体制中的一个重要环节。

丹麦防护林的营造是和1866年以来犹特兰岛广大沙荒地区的开垦相联系的,1911年开始进行了有关防护林对气候和土壤改良作用的初步观察。从20世纪60年代以来共营造防护林带8万hm^2,约占耕地面积的2.5%。

北非五国(摩洛哥、阿尔及利亚、突尼斯、利比亚和埃及)从20世纪70年代开始的绿色坝工程是一项跨国的防护林体系建设工程,计划在东西长1 500 km、南北宽20~40 km的范围内营造各种防护林300万hm^2。其目的是通过造林种草,建设一条绿色防护林带,以阻止撒哈拉沙漠的进一步扩展和土地沙漠化。至1986年底,已营造松树和阿月浑子树70亿株,成带造林35万hm^2,造林成活率达80%以上。

此外,加拿大、英国、法国、瑞士、意大利、德国、日本、奥地利、阿根廷等国家也在防护林的营造和研究方面做了大量工作。

与此同时,防护林的防护对象与应用范围也不断扩大,除原来以防风固沙、保水固土为主的农田防护林、水土保持林、水源涵养林外,已扩大为护坡防护林、防浪防护林、牧场防护林、农舍防护林、防潮防护林、防雪防护林、防雪崩防护林、防沙土崩塌林、除尘防护林、消音防护林、风景林、保健林、城市绿化林等多项内容。

2.1.2 国内防护林体系建设概况

我国防护林的营造和研究工作起始很早,但是大规模有计划地发展防护林还是在新中国成立之后。从20世纪50年代起至今,我国防护林的发展大致分为三个阶段:第一阶段始于50年代初,以防止风沙的机械作用为目的,由国家统一规划,先后在河北西部、河南中部、陕西北部、甘肃、辽宁等风沙灾害严重的地区开展了治沙造林活动,营造长度近4 000 km、以宽林带大网格为主要结构类型的防风固沙林,同时在东北西部、永定河下游、新疆农垦区、广东雷州半岛、海南岛等地开展了农田防护林的营造工作,而在沿海地区的江苏、辽宁、河北、山东等省开展了海岸防护林带的营造工作。1955年一届人大二次会议通过了“关于根治黄河水害和开展黄河水利的综合规划的决议”，黄河中上游各省以及淮河、海河、辽河上游水土流失地区先后开展了水土保持林的营造工作。其他各省也先后针对当地的自然灾害特点，开展了各种防护林建设。第二阶段从60年代开始，以改善农田小气候、防御自然灾害为目的，把防护林的营造作为农田基本建设和“山、水、林、田、路”综合治理的重要内容之一。以窄林带、小网格为主要结构模式，不仅速度快，而且规模大，几乎遍布全国所有农区。自70年代末开始，林木开始进入农田，把多层次的防护林与林粮间作有机地结合，在农区形成一个“空间上有层次”、“时间上有序列”的农林复合生态经营系统。与此同时，我国还进行了几项大的防护林建设工程，主要有“三北”防护林工程、沿海防护林工程、长江中上游防护林工程、平原防护林工程、太行山防护林工程等(张志达，1995)。目前，我国的防护林建设已取得了举世瞩目的伟大成就。

举世瞩目的“三北”防护林体系建设工程，又称“绿色万里长城”(刘德胜，1992)，是在我国华北北部、东北西部和西北广大地区，建立以农田防护林、防风固沙林、水土保持林及牧场防护林为主体的多林种结合的一项防护林体系工程，是我国实施最早、规模最大的防护林工程。它东起黑龙江的宾县，西至新疆的乌孜别里山口，北抵北部边境，南沿海河、永定河、汾河、渭河、洮河下游、布尔汗布达山、喀喇昆仑山，包括新疆、青海、甘肃、宁夏、陕西、河北、北京、天津、辽宁、吉林、黑龙江等13个省(市、区)的551个县(旗、市、区，“三北”四期工程扩展到590个县)，东西长7 000 km，南北宽400～1 700 km，总面积406.9万km^2，占国土面积的42.4%(国家林业局，2003)。该区域干旱、风沙和水土流失严重，农业每年因风沙危害减产以致无收成面积达67万hm^2，占农田总面积的40%，受害草牧场370万hm^2，年均沙化土地10万hm^2，土壤流失16亿t。“三北”防护林工程于1978年经国务院正式批准纳入国家建设计划，按照工程建设总体规划，该项工程分3个阶段、8期工程、73年来完成，共需造林3 560万hm^2。

在保护现有森林植被的基础上，采取人工造林、封山封沙育林和飞机播种造林等措施，实行乔、灌、草结合，带、片、网结合，多树种、多林种结合，建设一个功能完备、结构合理、系统稳定的大型防护林体系，使“三北”地区的森林覆盖率由5.05%提高到14.95%，沙漠化土地得到有效治理，水土流失得到基本控制，生态环境和人民群众的生产生活条件从根本上得到改善。至2002年全面超额完成“三北”防护林体系建设第一阶段的规划任务，23年累计造林保存面积2 203.72万 hm^2。重点治理区的环境质量有了较大改善，生态、经济、社会效益明显，有力地促进了农村经济的发展和人民生活水平的提高。“三北”防护林工程规模之大，建设速度之快，均超过美国“罗斯福大草原林业工程”、苏联“斯大林改造大自然计划”和北非5国的“绿色坝工程”，在国际上被誉为“中国的绿色长城”、“生态工程的世界之最”。工程实施20多年来，在风沙区，部分地区的沙漠化已基本得到有效控制，风沙危害状况有所减轻；在水土流失区，营造水土保持林245万 hm^2，水土流失状况有明显降低；共营造农田防护林253万 hm^2，建成了东北平原、华北平原、黄河河套平原、河西走廊、新疆绿洲等跨省（区）、集中连片的农田防护林体系，使“三北”地区57%的农田实现了林网化，使2 130万 hm^2 农田得到了林网的有效庇护，有效地减轻或免除了风沙、干热风的危害，取得了明显的生态、经济效益。据“三北”防护林建设局测算，仅农田防护林的护田增产效应一项，就使三北地区年增产粮食190亿kg，直接经济价值达200亿元；“四旁”树总价值达37.5万元；覆被率从5.05%提高到10.8%，自然面貌和经济状况发生了显著改变。

继“三北”防护林体系开始建设之后，国家根据沿海多种自然灾害的情况，提出了沿海防护林体系建设的问题。沿海防护林体系建设工程北起中朝边界的鸭绿江口，南至中越边界的北伦河口，范围涉及沿海11个省（市、区）195个县（市、区），海岸线总长1.8万km，总面积为2 210 km^2，人口近1亿。规划一期工程（1988～2000年）营造林249.13万 hm^2，建设海岸基干防护林带1.8万 hm^2。截至

1998 年，累计完成营造林 217.8 万 hm^2，建设海岸基干防护林带 1.5 万 hm^2，使沿海地区有林地面积从 1988 年的 544.3 万 hm^2 增加到 730.6 万 hm^2，森林覆盖率由实施前的 24.9% 上升到现在的 29.1%，沿海部分地区的生态环境初步得到改善，许多地方已初步建成美丽富饶的鱼米之乡和滩绿水秀的海滨公园(康立新，1998)。

长江中上游地区自 20 世纪 50 年代至 70 年代末的几十年间，由于人们毁林(草)开荒、乱砍滥伐，森林面积以每年 9.8% 的速度大幅度减少，林分质量也明显降低，森林覆盖率下降 20%，造成长江流域的水土流失面积增加 20 万 km^2，其中，上中游水土流失面积猛增到 51.4 万 km^2，占全流域的 91.8%，土壤侵蚀总量 18.5 万 t，占全流域的 82.6%。水土流失的迅猛扩展，日益危及生产建设与人民生存条件。基于以上情况，长江中上游防护林工程在"七五"计划中被列入林业部门的重点工作，其目标是在长江流域以营造水源林为主，由中上游区水源涵养林、中下游区水土保持林、干流区护岸林和防浪林、平原区农田防护林组成的流域防护林体系工程。工程范围包括 12 个省(市)的 271 个县，规划区总面积为 3 408 万 hm^2。一期工程(1989～2000 年)已完成人工造林、封山育林 666.67 万 hm^2，其中水土保持林等各类防护林占 52.6%。从而使工程区内的水土流失状况得到初步遏制。据测算，水土流失面积由 3 620 万 hm^2 减少到 2 098 万 hm^2，土壤侵蚀量由 9.3 亿 t 减少到目前的 1.8 亿 t，100 多个县的水土流失得到控制，年涵养水源 387 亿 m^3。

华北中原平原绿化工程则逐步由重点固沙造林向"四旁"(村旁、宅旁、路旁、水旁)绿化、农田林网化与农林间作相结合的综合防护林体系建设的方向发展。到 1986 年已有 45.7% 的耕地面积实现农田林网化，农林间作面积达到 57.7%，森林覆盖率提高到 10.7%，豫东、苏北、皖北、鲁西南、汾河平原已初步形成连片的防护林体系。至 1991 年底，共有 369 个县达到了平原绿化标准，约占华北中原平原县数的一半多，农田林网化耕地达 1 533.33 万 hm^2，占总耕地的 66.8%，山西、北京、河南三省(市)的平原县全部达标。

同时,针对我国严重的沙尘暴、水土流失、洪涝灾害等生态环境问题,1998 年起国家在西部地区实施了退耕还林工程。退耕还林工程是我国前所未有的涉及面最广、政策性最强、群众参与度最高的一项林业工程,分布在全国 96% 的国土面积上,预计资金投入总量达到 3 000 亿元。据资料统计,仅“十五”期间,退耕还林工程涉及 25 个省(自治区、直辖市)和新疆生产建设兵团的 1 500 多个县,工程建设区内的农业人口达到 6 亿人,土地面积约占国土总面积的 50% 以上,涉及我国长江流域及南方地区、黄河流域及北方地区两个大区的 11 个类型区,包括热带、亚热带、温带、暖温带水土流失区、风蚀沙化区和自然灾害频发等地区(国家林业局,2003)。退耕还林工程实施 6 年以来,已累计完成 1 734. 20 万 hm^2 的造林任务,其中退耕地造林 783. 45 万 hm^2,配套荒山荒地造林 950. 75 万 hm^2。工程营造生态林的比重达到 80% 以上。工程的实施产生了良好的经济、生态、社会效益,使工程区森林资源稳定增长,水土流失面积减少,沙化土地治理初见成效,同时给农民带来了实惠。

此外,国家还相继实施了天然林保护工程、京津风沙源治理工程、防沙治沙工程、淮河与太湖流域防护林工程、珠江流域防护林工程、辽河流域防护林工程、黄河中游防护林工程等一系列生态工程,并在 21 世纪初经由国家林业局整合,形成六大林业重点工程,初步形成了我国林业生态体系建设的新格局。

2. 2　人工植被结构配置研究进展

人工防护林体系的研究工作开展得虽然比实践工作较晚,但 20 世纪以来已积累了大量技术数据,发表了大量的科学报告。从国内外文献来看,各国对林业工作中的防护林营造工作更加重视,从而使人工防护林的研究在林学的范畴内已形成了一门新的学科。

19 世纪初,俄国为了防止干旱风,保障农田生产,在其欧洲部分营造防护林,并进行农田防护林的科学研究工作。此后,美国西部实施了农田防护林营造计划;奥地利及日本则是在治山治水、水土保持防护林体系方面发展较早的国家。近年来,世界各国特别是俄罗斯、日本、美国等均已从防护林生态效益的定性研究转向定量研究,从单学科的研究转入多学科、多方面和多层次的深入研究,并在防护林营建及流域综合治理方面创建了许多优化模式,制定出了效益评定标准。

中国具规模的防护林实践与研究活动起步于20世纪50年代的网、带状农田防护林和水土保持林,追求目标是防风固沙(土);60年代开展了以土壤侵蚀科学、林学、生态学为基础的流域综合治理;70年代带、网防护林已突破原有模式,发展为包括林粮间作在内的农田防护林、防风固沙林、牧场防护林,以及结合道路、渠道布设的防护林建设;“七五”以来,以生态学、系统工程为基础,我国的防护林建设重点进入了各类型区综合防护林体系建设阶段,防护林研究涉及防护林的类型区划、防护林与环境之间的关系、防护林树种选择与林种配置、防护林带的小气候效应、防护林多种效益的评价和计量方法等各个方面,并取得了一定的成就。

2.2.1 防护林功能经营区区划研究

防护林功能经营区是指在一个大的水系或流域的地理区域内依据生态、社会、经济特点和主要防护功能及经营目的所划分的经营区域。功能经营区分区是防护林体系配置的重要部分。各国在开展防护林体系功能经营区分区研究中,针对不同的自然、社会、经济条件采用了不同的研究策略,常用的分区方法如下:

(1)自然区划法,如德、日、俄等国主要通过调整林种结构,从原有天然林中划出一部分作为自然保护区和自然公园经营,或营造防护林,以增加防护林、自然保护区和自然公园在森林面积中的比重。

(2)森林效益图区划法,如川江流域防护林功能分区以洪涝出现频率为主要指标,同时综合考虑了区内地理位置、地形地貌、河网结构等多种自然地理环境因素的影响,从生态经济数值分区的角度研究了川江流域和乌江流域的防护功能分区及生态经济分区（贺素娣，1991）。

（3）聚类分析等数学方法区划法，袁正科等（2003）运用 Delphi 咨询确立防护林功能经营区划分指标体系，用层次分析法（AHP 法）确定指标权重，通过指标极差变换，根据指标权重计算各样本直角坐标，进行聚类，将洞庭湖水系划分为 8 个防护林功能经营区。

防护林配置是根据防护林林种的结构、功能和经营目标，确定防护林功能经营区和经营类型，实现分区、分类型经营，并在经营类型内因地制宜地安排防护林林种。在林种类型的配置过程中，一般遵循适地适树、经营目标明确、树种在防护林类型中的相互协调与适应、配置乡土树种为主的原则，并在此基础上，研究优化防护林体系功能经营区配置方法，建立了功能区中亚区域层次防护林经营类型的分类与配置方法。这种分区是建立在生态经济数值分区的基础上，对防护林功能区的规划起到了积极的作用，解决了分区后防护林的配置问题，以及在功能区内进一步地研究解决了亚区域以及山头、地块的防护林经营类型和林种、林分类型的配置问题。

2.2.2 适地适树研究

适地适树原则是国内外多年树种选择研究得出的结论。在人工防护林营造过程当中，适地适树是一项必须遵守的基本原则。树种的选择是防护林建设的关键问题，是防护林体系配置的最基本工作。世界各国对于防护林树种选择问题都很重视，并对如何能达到适地适树的目的已进行了长期广泛的研究。

2.2.2.1 树种的选择

在树种选择上，一般遵循以乡土树种为主，适当搭配经过驯化的引种树种。树种应选择抗性大、适应性强、寿命长、防护效益好的树种（李霆，1982）。另外，适当混交的阔叶树种一般比单纯针叶树种组成的林带好（Nageli，1946），但是在全年需要防护的地方，就有必要采用针叶树或其他常绿树的混交类型，或在林带的迎风面加植一行针叶树(Grivaz,1954)。在引种时,树种选择应当通过查阅文献、生态生理试验、野外栽培试验、必要的种源试验、建立试验性人工林等步骤,慎重进行。在这方面国内外许多学者做过研究。美国1935~1942年通过对常用树种进行筛选比较,选出了大平原防护林常用树种,如美国黄松、铅笔柏、落基杨等。苏联在草原造林时,考虑乔、灌木树种对土壤条件的适应性,并根据乔、灌木树种根系、生长发育状况进行分类选择。

许多国家在矿区废弃地人工植被恢复的树种选择上也做了广泛研究,积累了丰富的生产经验和科研成果(高国雄,2001)。他们在选择树种时,除考虑地带性规律外,还坚持耐寒性、抗旱性、耐贫瘠、生长迅速和一定的土壤改良作用等原则。所选的植物种应具有抗寒抗旱、速生、良好发育、水土保持和绿化及经济功能等生物生态学特征。大量资料表明,固氮树种能适应严酷的立地条件,特别是刺槐、狭叶胡颓子、黄花锦鸡儿、灰赤杨、黑赤杨、沙棘和一些豆科植物,因而它们常被作为矿区废弃地人工植被建设的先锋树种。Panago(1970)研究认为常绿松与固氮树种混交造林可能是最好的方式,而Jaffre(1994)认为选择乡土树种对复垦老矿有潜在重要性。印度Boni(1994)认为在废弃石灰矿上恢复植被选择刺槐为最佳防护林树种。埃塞尼亚 Kaar 等(1992)从 52 个乔、灌木树种造林中选出了欧洲赤松、落叶松、桦树、桤木植物种生长最好。Gentcheva - kostadinovas(1993)在Bulgaria煤矿防护林建设时,根据该区土壤理化性质,通过混播种植先锋树种如刺槐及其他种,最终形成森林状态。印度Soni等(1989)还根据物种生态活力,选择乔、灌、草植物种。其他如德国、捷克等也进行了广泛的树种选择试验研究。

在我国防护林工程建设中,也都将树种的选择和配置放在重要位置。Wang Wenzhang(1990)、Li Fenlan(1990)等进行了这方面的研究。廖空太(1995)对甘肃民勤沙区防风固沙林的树种选择研究认为:花棒(*HedySarum scoparum*)、梭梭(*Haxylonammodendron*)、沙拐枣(*Calligonum monglicum*)为沙丘最佳造林树种;沙棘、沙枣、柽柳在丘间低地有较高的生物量和很强的适应性，是丘间低地造林的最佳树种。关君蔚(1990)总结了我国近30多年的防护林实践，提出了6个风害防护林林种、4个沙地防护林专用林种、7个水土保持专用林种、4个环境保护及其他专用林种为我国防护林的基本林种，并总结了它们的形态结构特征及防护作用。但目前树种的选择指标多着眼于树种的生长量、树种的生态适应性等传统造林技术要求指标，强调树种对生境的生态适应性。

随着防护林研究的深入，从研究防护林的单纯利用向多效利用(或生态型、生态经济型)防护林体系的方向发展，树种的选择开始强调立地的防护功能大小，把生态指标与经济指标结合起来，推广效益好、经济价值高的树种。常用的树种选择方法有区组栽培试验法、区域性试验法、综合选择法等，即通过标准地解析木调查和栽培试验，测定样木的生物量和持水量、林木根系等，比较主要防护林树种的生长特性、生态适应性、生物学特性及其与持水能力、固土作用的关系，并运用数量化理论和层次分析法，提出不同树种生态适应的临界值及不同树种的配置方法，供不同层次和经营目标上选用树种。

2.2.2.2 立地条件的评价

与“树”相对应的是“地”的研究，各国对此研究也非常重视。美国Woodruff提出用月气候因素绘制月等风蚀因素线，以供防护林规划设计参考；古巴Gindel I.（1972）提出用湿度指数(hygroscopic index)划分不同地方的立地类型，为树种选择和造林技术提供依据；苏联A. F. Kalashnikov（1975）提出按照土壤类型规定林网网格的规格；Morchanova.（1975）为保护棉花免受风蚀沙埋，对灌溉地区按风的强度进行分区；朱灵益等(1993)对毛乌素沙地立地质量进行了评价；Shi Jiachen等(1990)划分了东北地区、哲里木盟及兆东的立地类型，并对其立地质量给予评价，把黑龙江林区立地划分为五类；Li Fenlan(1990)划分了整个“三北”地区林地的立地类型。

2.2.3 造林技术研究

2.2.3.1 整地技术

平整土地是矿区复垦和人工植被建设的一个重要步骤。在澳大利亚矿区植被建设中,土地平整一般使之坡度为10° ~15°;在坡度为20° ~25°稍大区,采用等高线布置,或沿等高线种植,同时做出截水沟,以阻止水土流失。苏联使复垦地纵向坡度不超过10°,横向坡度小于4°;而进行排弃场坡面平整时一般从上往下分层进行,坡度不超过18°,建立果园时则不超过12°,以防止土壤侵蚀,改善复垦地的立地条件。整地要围绕根系营养层,尤其是上层50 cm厚的岩土的水分、理化性质的改善进行。大量试验结果表明,深耕可显著改善根系发育层内养分和水分条件。美国Haywood(1993)则在露天煤矿用3种不同矿质土同A层矿土混合进行覆盖和整地,然后栽树,结果表明不置换煤矿A层矿土直接栽树也能生长良好。Ram等(1992)还就造林坑大小对一些重要树种生长影响进行了研究,表明金合欢、黄檀要求30 cm×30 cm坑最好,赤桉要求45 cm×45 cm坑,银桦要求60 cm×60 cm坑。

2.2.3.2 造林方法

关于防护林的营造方法问题,1962年苏联农业部、全苏农业科学研究院进行调查研究并拟定了最合理的防护林营造方法,即由李森科院士提出的簇式(团式)造林法是营造防护林最合理的方法。这种方法可以促使树冠早日郁闭,抑制杂草生长,增加树木适应干旱气候的能力,减少抚育费用(李宗禹,1995)。美国S. J. Chang等(1990)认为三角形栽植比矩形栽植有更大的木材产量。各国对抗逆造林的理论研究和实践应用也做了大量工作,主要方法有容器苗造林(G. Touzet,1973)、良种壮苗造林(Shen Jikun,1990)、大苗造林(N. G. Petrov,1973; G. J. Davidse ,1971)等。

苏联在沙质破坏土地上,不预先整地,直接造林;在梯田化后的排弃场和采矿场的边坡上,采用山地、沟壑造林技术;在排弃场顶面平地和宽梯级上先平整，然后应用机械化造林技术；在排弃场坡面上及毗邻的地段上营造由沙棘、刺槐、黑棘李和其他根蘖性强的树种组成的防蚀林。Jha 等(1993)则进行了直接播种造林试验。

2.2.3.3 造林密度和树种配置

世界各国对林网结构形成统一的看法是：窄林带、小网格林网效果要优于宽林带、大网格林网，但是林带的最适宽度各国结论不一，应按当地的气候、土壤、病虫害情况等因素综合考虑。丹麦的 Jesen 和英国的 Caborn 认为林带的宽高比超过一定值就会影响它的防护效应，Nageli (1953)主张林带的长度至少应为其高度的 11.5 倍。苏联按岩土适宜性、植物种的生物学特性、自然生态和经济条件等因素来确定乔、灌木树种配置和造林密度，在贫瘠岩土上针叶树为 0.8 m ×1.0 m，杨树为 4 m×4 m。在某些情况下，可带状营造人工林，树种组成一般倾向于营造由 1 种主要树种 + 伴随树种 + 灌木组成的人工林，树种混交方式可以以纯行形式，最佳的混交成分是 60% 的主要树种、20% 伴随树种、20% 灌木。德国学者 Katzur 等(1996)在 Lusatia 磷矿土壤改良、重新造林中，用石灰、基肥、褐煤灰改良土壤，然后混交种植赤松、落叶松、欧洲栎等树种，有利于土壤形成。廖空太(1995)对甘肃民勤沙区防风固沙林的树种配置模式研究认为，沙丘地以沙拐枣与梭梭隔行混交和花棒、沙拐枣与梭梭隔行混交两种混交配置方式为宜，株行距为 2 m×3 m；沙棘、沙枣(*Elaeagnus angustifolia*)、柽柳(*Tamarix ramosissima*)在丘间低地有较高的生物量和很强的适应性，是丘间低地造林的最佳树种；杨树(*Populus*)、沙枣、沙棘、蒙古柳(*Tamarix austromongolica*)等适宜营建疏透型防护林带，沙枣和柽柳适宜营建紧密型防护林带，配置方式以隔行混交为宜。

2.2.4 抚育更新研究

林带的抚育更新包括除草、修枝、间伐、林带的改造更新等。美国 L. O. Baker (1964)在西部防护林内用 simazine，diuron 作除草试验，效果良好。丹麦 J. Rubow(1976)认为造林前两年不宜用化学灭草剂。荷兰 K. Jager(1973)用覆盖物除草,表明红花三叶草和白花三叶草效果最好。美国 Norman W. Baer(1990)认为用除草剂除草对增加林木直径、高度及林冠密度有效,并认为除草对任何年龄林木都有作用,只是 35 年生以下林木效果更明显。Torbert 等(1985)在弗吉尼亚西南采矿区,对 5 种松树、10 种阔叶树进行化学除草与不除草对比试验,表明用化学除草剂后,5 个树种的成活率都得到提高。

法国 Fritzi Pauley (1974)研究认为杨树幼树截梢可以保证树形发育良好,但对具有强大顶端优势的无性系不适用,修枝应自栽后第三年或第四年起每年进行。苏联 Poluboyarinov O. I. (1972)对山杨幼树下部活枝喷洒或涂抹 2,4,5 - T 0.5% 与 1% 丁酯溶液和 2,4 - D - 柴油溶液(浓度同上),一年后处理枝枯死,85% 的植株正常。Zhao Yusen 等(1990)在黑龙江试验结果表明,修枝强度为 24%、孔隙度 0.43、疏透度 0.49 的防风林带防风效益最好。张仁详在安徽对刺槐修枝试验表明,修枝后树干生长增高 27.4%,直径生长增加 44% 左右(刘德胜等,1992),其修枝方法有冠干比法和疏枝法,修枝时间在植树后第三年春或第二年秋进行。

美国 P. E. Slabough(1974)对北达柯塔州生长不良的 12 ~ 17 龄、4 ~ 7 行的林带采取机械翻地 5 年后,复叶槭、白蜡、美榆和白榆的高、径、冠幅均有显著增长,全面翻耕和仅在行间翻耕的效果相似。D. F. Van Haverbecke(1973)对西部大草原内布拉斯加一条林带改造研究发现,由于受残留树木的影响,保存率不高,因此建议新造林带边行至少应距残留树 30 英尺。

我国防护林更新的主要方法有全带更新、廊状更新、带内更新、带侧更新、隔带更新等。杨瑞英(1981)的研究表明,在沙区用油松更替杨树造林是可行的,并建议从对油松本身的影响来看,以全面更替最好,但从防风效益的持续性考虑,采用隔带更新为好,在地多人少的地区,可采用带侧更替。

Liu Shaoxiang(1990)从防护成熟的角度研究了防护林的采伐年

龄，认为补偿年应为防护林更新的最小年龄，当防护参数趋近于1时，可以认为林带成熟，但从高度角度考虑，更新时的林带高度不应低于所要求的防护距离，同时采伐年龄不应低于数量成熟的年龄，决定采伐年龄的基本因子应为经济成熟。

在确定抚育数量和周期时，除一般要素（人工林成分、造林方式和密度）外，应充分重视岩土的密度和风化期长短。在松散的、风化期短的岩土上，人工林可不用抚育措施，而在风化期较长条件下，造林后第一年必须进行1～2次抚育。在具有重机械组成、风化期较短的岩土上，只有在形成硬壳时才进行松土，而风化期较长时造林后第一年必须进行不少于4～5次抚育除草。在干旱区内人工林营造则要结合灌溉进行。Hicks（1992）则用水溶胶蘸根来提高造林成活保存率。

2.2.5 防护林带结构优化模式

防护林防护效益的大小，很大程度上取决于林带的结构。国外注重根据不同土地利用类型的土壤侵蚀量进行树种、草种的选择和乔、灌、草的配置，如印度根据不同地力与适生植物种，提出了不同地区、不同地类、不同防护目的乔、灌、草配置方式。国内近年来特别注重林分结构和结构模式的组建，根据因害设防、合理配置的原则，建立以防护林为主，防、用、薪、经多林种结合，带、网、片林相结合的防护林体系，如刘启慎（2000）通过对太行山主要植被水保功能的调查研究，提出了侧柏－草类－黄芩林药间作模式等8个水保林模式；洪顺山等（1996）在福建省滨海盐碱地上建立了桉树栽培模式；钟哲科等（1994）认为丘陵红壤区防护林树种配置以泡桐、香樟与杉木混交效益好；杨玉坡等（1993）研究了柏木纯林及几种混交林的林分结构模式特性、生产力状况及水土流失的关系；喻理飞等（1991）研究了乌江流域不同植被、土壤系统涵养水源功能的差异等；袁正科（2003）对紫色土区生态经济型防护林林分结构、护坡用材型林分结构、小集水区生态经济型防护林体系、草带经济型林分结构以及林分结构模式与效益进行了研究；杨大三等（1996）针对鄂西三峡库区的自然、社会和经济特点，提出了综合治理库区小流域的8种农林复合经营模式；宋兆民对黄淮海平原中低产地区盐碱土、砂姜黑土和沙土3种类型区进行了多林种、多树种、多层次的林分结构研究。

近年来，国内许多学者对退耕还林区人工植被建设配置模式也进行了研究（高国雄等，2007）。李世东等（2004）根据东北山地沙地区和京津周围沙地平原区的自然、经济、社会条件，在实施退耕还林工程25个省（区、市）1 897个县（市、区、旗），以县级单位为单元进行系统区划，建立了4个大区、12个区、39个亚区、16个小区4级区划体系的基础上，按照退耕还林生态经济社会效益紧密结合、可持续发展的基本原则，分别研究了各区的退耕还林模式，经过系统集成、创新提炼，形成了较为完整的退耕还林区域模式体系，共计9个亚区31个小区模式。叶志义（2002）以重庆市的陡坡耕地为例进行研究，提出坡改梯和农林复合模式相比较是投资少，且保土、保肥、保水能力较为突出的退耕还林模式，应该在当地大力推广和利用。贾志清（2004）针对寒冷高原的特点，在对青海省大通县浅山退耕还林区立地类型划分的基础上，提出了退耕还林与绿色生态产业建设相结合、与土地合理利用相结合、与提高农民经济效益相结合的发展思路。并以此为出发点，对浅山退耕还林区林种、树草种、综合治理模式进行了优化配置，提出了适合寒冷高原黄土丘陵浅山区的退耕还林模式。何占玺（2004）就河西走廊绿洲地区的退耕还林模式问题进行分析，从彻底根治大风和沙尘暴及干热风等生态环境问题出发，提出有效解决生态环境问题的灌区农田防护林建设模式和灌区外围综合治理模式。陈全龙等（2000）根据黄土丘陵区独特的自然条件，提出了半退半耕式、林粮结合式、乔灌结合式等7种退耕还林模式，并就如何建设生态农业提出了新的思路。丁访军等（2004）针对喀斯特困难地段退耕还林的难点，把整个喀斯特小集水区分为耕作区、经济林区、水土流失拦截区和生态治理区，并提出了相应的退耕还林模式。任继红（2001）通过深入调查研究与科学论证，提出了适合四川山区生态建设与经济发展实际的生态林、林草牧、林药、林茶桑、退耕还林坡改梯、综合管护专业户等6种退耕还林模式，并分析了各种模式的特点、目的、适应范围、林草种配置与技术方案。王永琴(2001)从改善生态环境与调整产业结构相结合的角度出发，并经过大量的调查研究，给出了新疆维吾尔自治区塔里木河流域退耕还林的具体模式：林、草的适宜比例应该为林60%、草40%。其中，经济林、生态防风兼用材林或薪炭林、生态固沙林在林的组成中分别占50%、25%、25%；优质牧草、经济用途的植物、防风固沙植物在草的组成中分别占60%、20%、20%。

2.2.6 关于防护林体系的研究

英国R. Line提出了林带—片林相结合的防护林体系的问题，并为英国丘陵山地拟定防护林体系的具体设计。苏联学者指出，森林的最适面积(包括林带与片林在内)应为土地总面积的15%~18%。但是林学界普遍认为，一个国家、一个地区的森林覆盖率达到30%以上且分布比较均匀，才能有较好的生态条件。全世界森林覆盖率为29%，芬兰、日本、瑞典等林业先进国家都在30%以上。G. A. Haritonov (1967)提出用类似“林岛”的形式营造防护林比林带网的效果要好。瑞士Nageli也观测到散生树木或树丛有普遍降低风速50%的良好效应，而C. Dancette和J. F. Poulain(1968)则认为这种方式只在传统的农业经营方式下是有好处的，但在农业发展为先进的形式(即使用机械和畜力)时，则以营造正规的林带为宜。

三度林业的提出把林业与农业结合起来，具有较强的生命力。它的具体做法是，沿等高线建立宽林带(或小片林)和窄带状的牧地，树种采用速生而能生产大量浆果、核果或荚果等的木本粮油树种，牲畜在带间空地上用可移动的栅栏圈起来，以树上的果实做饲料，家禽则可以在林内散放。

混农林业则是较新的概念，其目的是提高资源利用率，提高土地生产力，保持水土资源，使单位面积的土地上获得最大的经济、生态、社会效益。许多国家在这方面的研究及实践已取得了明显的成绩(朱首军,1995)。

我国在防护林体系研究方面已居于世界先进行列。1978年新疆提出了建立“防护林体系”的概念,使得防护林的理论和实践有了新的突破。所谓防护林体系,实质上是在相当的空间范围内,由人工栽植的片林、林带、林网及天然林、天然灌丛所组成并包括合理利用自然资源、保护天然植被在内的综合绿色防护体系(朱震达等,1980)。这一概念提出从整体着眼的系统观,开阔了防护林工作的领域,并为“三北”防护林一次学术会议所接受,成为“三北”防护林工程一期建设的重要指导思想(张奎壁,1990)。

生态林业是我国对世界林业理论研究和生产实践的又一大贡献。它的提出是在20世纪80年代初,其目的是保持生态因子互相和谐,维持稳定的生态环境,获得最高的生态、经济、社会效益,提高林业生产力(王梅炯,1988)。这是一种以保护利用为主的林业发展方向。针对“三北”防护林一期工程建设中存在的诸多问题,1984年“三北”防护林建设局又提出了“生态经济型防护林体系”示范区研究的课题,以探索解决防护林体系建设中一系列相关问题,推动防护林体系长期、永续、稳定的发展。生态经济型防护林体系是“生态林业”的分支,是我国防护林体系建设学术思想和实践的科学继承与发展,是防护林建设观念上的重大转折(高志义,1998;任勇,1996)。目前,生态经济型防护林体系理论已成为我国防护林建设的重要理论基础。

2.3 人工植被生态功能研究进展

2.3.1 森林生态效益及其研究的目的和意义

森林构成独立的生态系统,为人类生存提供了良好的环境和物质条件,人类正是依靠森林生态系统的给养与庇护才得以生存和繁衍。森林具有稳定和改善环境的功能，由此而产生的效果，即为其生态效益。森林生态效益研究的目的在于为社会提供一种公认森林生态作用的尺度，从而为林业生产规划、布局、林种、林分质量结构等经营方案和环境保护提供指导思想与理论依据。

森林作为生物生态系统的初级生产者，它不仅是人类赖以生存的物质和能量基础，而且具有调节气候、保持水土、防风固沙、涵养水源、美化环境等多种生态功能，也是人类赖以生存的环境基础之一。森林的生态功能已越来越多地被人们所重视。姜圣阶、曲格平认为："保护森林资源是环境发展战略的根本措施，因为，在'人(社会)—环境'这个系统中，只有保护森林才能保护生态系统的兴旺发达，才能保护维持动植物物种的多样性……"。从系统分析的观点看，可以说，保护与发展森林资源是环境保护、生态发展的核心。因此，对森林的生态效益进行正确的、科学的评价，并以生态效益为依据，反馈指导对森林的经营管理和促进本学科的技术进步，是迫切需要解决的问题。目前，人们虽然对森林的生态效益作了大量的调查研究，也取得了不少第一手资料，但在效益的评价方法和标准问题上仍存在分歧，特别是把效益的研究和生产实践紧密联系的仍然比较少，一系列的问题尚需要对其进行深入的探讨。

关于森林生态效益的研究，经历了对森林生态功能的感性认识，到后来的定性描述，直至目前定量研究的过程。森林生态效益的定量研究始于 20 世纪初，最先评价的是森林的水利和水文效益，随后逐步扩大到农田防护效益、卫生保健效益和环境保护效益等。20 世纪 50 年代初，对森林综合效益分类和评价进行了初步尝试，到 70 年代，森林综合效益测定技术和替换方法有了突破，使这项研究在世界范围内取得较大的进展(F. David，1975；龙斯曼，1984)。森林生态效益的定量研究代表了效益研究的方向和实践之需要。

防护林作为森林的一个重要林种，具有改善小气候、防御灾害性天气、防风固沙、保水固土、涵养水源、净化大气、减少污染等作用。通过人工营造防护林，既能大面积地改造自然景观，改善人类生活居住环境,又能抗御或减轻自然灾害,并能获得可观的经济效益。因此,近年来各国对多功能、多效益的防护林营造及其效益研究愈来愈重视。1972 年苏联举行了“防护林会议”,美国也于 1976 年召开了“大平原防护林专题讨论会”。除此之外,1967 年在马尼拉召开的世界气象组织农业气象第四届会议及 1974 年召开的第六届会议,1969 年 10 月在布鲁塞尔召开的“森林生态系统生产力专题讨论会”,60 年代组织的“国际生物学计划”,1972 年组织的“人与生物圈计划”,1972 年第七届世界林业会议,1974 年国际林联在捷克斯洛伐克召开的“空气污染与林业”会议,1977 年在列宁格勒召开的“森林的防护作用及其他有益作用讨论会”,1978 年在雅加达召开的第十五次农业和林业气象会议与第五次生物气象会议等,都把森林的防护效益作为重点议题。

在对防护林效益研究上,欧洲各国起步较早。从 18 世纪初就开始观测采伐对河川水文过程的影响,研究森林的水文效应,以及森林工程措施体系防治山洪、泥石流及滑坡的作用,进行荒溪分类调查及山洪泥石流危险区制图的研究工作。阿尔卑斯山区各国从 1950 年起在联合国粮食及农业组织(Food and Agriculture Organization, FAO)林业委员会中设立了山区流域治理工作组,定期召开国际学术讨论会,交流经验及科研成果。其主要研究领域有:高山区不良立地条件的分类及造林技术,森林防止山洪泥石流及滑坡的作用,泥石流、滑坡的发生机制及危险性鉴定,林牧复合生态系统的建设技术及效益,现有防护林的经营技术及流域管理技术等。在亚洲以日本治山的历史较为悠久,并于 1904 年创立了“砂防工学”。主要研究山洪、泥石流及滑坡发生机制以及森林的水文作用,不同坝型的设计、施工方法,遥感在治山工程和调查设计中的应用,防治滑坡及泥石流的综合措施等。

2.3.2 森林生态效益计量与评价方法

防护林作为一种重要的林种,不管是人工防护林,还是天然防护林，在其生长发育过程中，不同程度地反映了森林所具有的各种功能。对森林生态效益评价目的、理论依据、方法等方面，国内外许多学者作了不少的探讨（车克均，2006；向成华，1998；周心澄，1995；翟中齐，1985；夏自谦，1984）。张建国（1994）认为，森林的社会公益价值，是由其所在地位表现出来的社会公益成效（生态效益）来衡量的，以其他生产部门或事业受影响而产生的产量的价值变化和环境保护成果表现出来，用相关代替的方法来间接计算。李周等（1984）认为，森林效益货币计量是人们对森林效能影响社会经济发展程度的经济评价，是森林社会作用的货币表现形式。这里的货币是森林不同社会作用通用的同度量因素，既不是森林的价值，也不是森林的价格。

意大利、法国、奥地利等阿尔卑斯山区各国从 18 世纪初就开始观测和研究森林采伐对河川水文过程的影响及森林的水文作用，研究森林和工程措施相结合在防治山洪、泥石流和滑坡方面的作用（王礼先，1997）。由于森林生态系统的结构与功能的复杂性、林业经营产出的多样性和投入产出循环的特殊性，使得综合效益产出量十分复杂，至今还没有一个国家能在森林综合效益的研究工作中有重要突破。

2.3.2.1 森林生态效益定量评价方法

森林生态效益的定量研究是效益研究的深入。目前，这方面的研究已呈现蓬勃发展的趋势，成果逐日增多。这些研究根据其主要理论依据，大概可分为两类，即以经济学为主要理论依据的计量研究和以生态学为主要理论依据的定量评价。

1）*以经济学为主要理论依据的计量研究*

关于森林生态效益经济计量的方法，特别是防护林体系综合效益的经济定量评价始终是世界各国生态林业工作研究的热点之一，国内外有多种多样，而且至今还没有一种得到世界公认的计量方法。对生态效益的经济计量的理论依据亦有不同观点，一种观点认为森林生态效益的经济评价方法要建立在马克思主义政治经济学原理之上，即以马克思主义的劳动价值论、级差地租理论和节约理论作为森林公益效能计量方法与计量模型的理论基础；另一种观点认为在利用多种资源或生产成果的过程中，对资源和生产成果进行全面的评价，是极为重要的环节，评价的理论基础应该是社会主义经济中的最佳效能理论；再一种观点认为森林公益效能大小决定于供求关系，即森林公益效能大小同森林多寡密切相关，因此森林公益效能计量研究应该以边际效用理论作为理论基础。目前，各国根据本国的情况、条件和评价原则来确定合理的计量评价方法，这些计量方法按所依据的标准可分为两类：一类是以考虑防护林产生生态效益、社会效益所投入的劳动量为依据的三分法，即价值法、效益法和效能法；另一类是二分法，即效果评价法和消耗评价法。

效果评价方法是依据森林生态公益效能的利用效果来对森林生态效能作出评价。苏联自 20 世纪 50 年代末期以来，先后提出了一系列森林效益评价方法，对森林的水源涵养和水文调节效能、山地防护林的防护效能、铁路防护林的防护效能等分别作出过经济评价，如森林水分调节经济价值等于同效益修建水库所节省的费用等。

消耗评价法评价利用、保持及加强森林效能的直接和间接消耗，如恢复土壤肥力消耗、游客游憩消耗及设立人工游憩设施消耗等，主要有商品价值法、代替价值法、费用价值法和还原价值法等四种方法。其中代替价值法被许多学者认为是消耗评价法中最合理的，从森林再生产费用的估计标准来看，这种方法可分为成本法和产值法。成本法按计入成本的不同分为直接成本法、平均成本法、间接成本法和可比成本法。产值法按计入成本和利润的方法不同也分为静态法和动态法，以计算的范围可分为宏观法和微观法。日本从 20 世纪 70 年代开始，对森林的公益效能进行计量研究和评价，主要用代替价值的方法，如在以森林土壤非毛管孔隙的基础上，求得森林涵养水源的数值，用水库代替森林而产生的水的价格来评价森林的涵养水源效能；而用水库代替森林抑止泥沙流失所需的堰堤修筑费为森林防止泥沙流失效能等。80 年代，美国 Howard Tlodum 等提出了森林综合效益评估的新思路、新方法——能值法，从本质上揭示了环境与经济、资源与商品和劳务的内存联系（粟娟，2000）。

我国森林生态效益的经济计量研究在借鉴国外经验的基础上，根据本国实际情况，也提出了一些计量方法。以邓宏海为代表的一部分生态经济学家，用马克思主义级差地租理论，建立了一个森林生态经济系统效益评价的指标体系，提出了三种对森林生态效能进行经济评价的方法，即直接计量法、间接计量法和生态经济计量法。这些方法不仅能用来对森林资源作出全面的经济评价，而且能实现森林生态经济系统效益评价的系统化。陈太山等（1985）用防护林投资年平均效果系数为主要指标，以防护林投资年平均防护效果系数、林业劳动生产率、林地生产率、防护林成本为辅助指标，以影响防护林经济效果的有关重要因素为分析指标，对防护林的经济效果进行了定量评价。也有人采用效果评价法，选择等效益物，对森林涵养水源、保持水土、改良土壤等效能进行了定量评价。如用化肥价值代替土壤改良效益，用水库的修筑费代替森林涵养水源的效能等。以经济学为主要理论依据的生态效益计量研究，大都通过对受益对象的调查进行，而对效益产生的机制——林木本身的情况（林分质量、林种、林分结构、布局等）研究不多，这样就不可能对林业生产起很好的指导作用。关于森林生态效益的价值量及其确定方法问题仍分歧很大，许多人对用相关代替法来计量森林的生态效益也有不同意见，如有学者认为林地蓄水与水库蓄水在用途上是不同的，不能用后者代替前者等。

2）*以生态学为主要理论依据的生态效益定量评价*

讲生态效益，就是要注意保持生态系统的平衡，从生态经济系统的观点出发，以提高系统的整体功能和效益为目的。不但要研究森林生态效益，而且要探讨其产生效益的机制，从而为指导林业生产实践提供依据。许多人以生态学理论为主要依据，对生态效益的指标体系和定量评价方法进行了探讨。何乃维（1987）提出了大农业经济系列指标和生态系列指标，其中生态系列指标包括植物光能利用率、植物总生产力、农业有机废物多次利用的利用率、草场载畜量指数、捕捞强度、土壤肥力、绿肥面积占耕地面积百分率、单位面积有机肥用量、水土保持状况、土壤沙化治理状况、盐碱地治理状况、主要污染物总排出物质量、有毒物质分别占单位土壤和空气及水体的含量同国家规定标准的比较情况、农村环境污染治理状况、自然灾害抗御能力、沼气普及率、可更新无污染能源利用率、废弃土地复垦利用率、森林覆被率、全员发病率、人均公园和绿地面积、人口自然增长率、农业劳动力工日损失率、人体热量满足程度等,将以上各指标定量化,并换算为10分值,得出生态系列指标分值。朱金兆等(1989)提出了水土保持生态效益评价指标体系;全宏东用模糊数学的方法,对系统的效益进行了综合评价;周玉丽用层次分析法对一个地区的生态经济进行评判;高勇禄(1989)用数量化理论的方法,研究了黑龙江省经度、纬度、海拔、森林覆被率四项因子与气候、水文因子变化的关系,进而定量评价森林的防护效能等。这些研究的结果,大都是以一些合适的数学方法确定一个定量数值——生态效益指数或综合指数等,从而实现生态效益评价的定量化。

在退耕还林生态效益评价上,也取得了一定进展。周红等(2003)通过对贵州省退耕还林15个试点县、228个乡镇、97 650户农户工程实施前后的社会经济状况的统计调查,对贵州省退耕还林工程社会、经济效益作了初步评价,提出了贵州省在试点期间存在的问题和建议。赵文斌(2003)对青海省平安县退耕还林工程实施3年来的全县社会经济进行了调查分析,并针对当地退耕面积大、管护困难提出了有关建议。皇甫祯富等(2003)通过对内蒙古自治区和林县退耕还林后社会经济状况调查分析,得出剩余劳动力得到有效转移、社会治安明显好转、农村产业结构得到调整并带动了第三产业发展的结论。梅再美等(2003)以贵州清镇退耕还林(草)示范区为例,对喀斯特地区水土流失动态特征及生态效益进行了评价,并给出了一些具体指标。侯军岐等(2002)对黄土高原地区退耕还林(草)效益进行了初步评价,并提出了一些切实可行的政策建议。杜万平

(2001)就完善西部地区生态补偿机制提出了建议,认为退耕还林应充分考虑当地的自然条件和农民的科学文化素质等,结合市场需求,科学安排、合理布局,兼顾农民利益与国家利益、短期效益与长远效益,实现生态效益、经济效益、社会效益的统一。以上这些对防风固沙林生态效益的研究都具有很好的借鉴和指导作用。

2.3.2.2　**森林综合效益计量模型研究**

目前对防护林综合效益研究的重点仍然是对防护林某个效能的计量和评价,即对森林的每种效能采用专门单独评价,其中又以对防护林的水文生态效益研究最为深入和全面。日本对涵养水源效益通过等效替代法计量评价,研究以森林土壤的非毛管孔隙度为基础,求得森林土壤对降水的贮水能力,以有林地和无林地地表侵蚀量的差值进行计量,以拦沙坝的修筑为基础进行评价,通过有林地与无林地的比较,将森林抑止的崩塌和泥沙流失量换算为修筑拦蓄同等量泥沙的混凝土堰堤的所需费用进行计量,研究了防护林防止泥沙崩塌效益;美国提出了火炬松林流域的水文学模型,研究了各水文要素间的相互关系、新英格兰州森林皆伐对溪流动物的影响;印度尼西亚研究了 Pinial 亚流域天然林和农业区的水分释放特性(对洪峰、径流量),灌丛和农林复合系统对降低径流和土壤侵蚀的作用;印度研究了蓝桉人工林对 Hilgir 亚流域水分过程的影响;韩国就森林对洪水的影响及小流域蒸散的估计进行了研究。

国内在防护林体系综合效益计量研究方面,也做了大量的工作(程根伟,2004;周毅,1998;陈国良,1993),尤其是近 10 年来,林学家、生态学家、经济学家等分别从生态环境、林业经营等多方面研究了防护林体系的综合效益计量评价,主要表现在对单项指标或单项内容的研究上,如林冠截流效益计量研究、土壤调蓄贮存研究、植被类型与水分效益研究、径流水平衡研究、卫生效益的研究、游憩效益的研究等,近年来由单项效益计量评价趋向于综合效益计量评价。周锋利(2005)等对黄土高塬沟壑区生态经济型防护林体系综合效益进行了评价,徐孝庆等(1992)在湖南朱亭林区应用森林水文定位观测、动态监测及统计分析等途径和方法，从降水、贮水、蒸发、经济等方面对杉木人工林为主的小流域，以水文为主的森林综合效益进行了研究；刘世荣等（2003）对地跨我国寒温带、温带、亚热带、热带的小集水区试验以及黄河流域、长江流域等较大集水区的研究做了比较全面细致的总结对比，提出水土保持效益宜采用价值替换法；王富炜将价值化防护效益与微观经济效益结合起来，对昕水河流域生态经济防护林进行了经济效益评价，但是这种评价是建立在小流域或森林类型的基础上；翟中齐等（1985）对农田防护林的增产效果和防护林本身在经营期内的收益进行了研究，建立了数学模型；慕长龙等（1999）采用 FCHM 提出了两种森林水文效应评价指标：直接指标 Rg 和间接指标 Cg，SSM 软系统方法和综合集成法，对长江中上游防护林体系的综合效益进行评价研究；袁正科等（2003）对洞庭湖水系内的主要防护林类型从生产力到各种防护功能的防护能力、防护林体系的综合效益进行了计量与评价研究。目前，利用反映森林质量的指标（生物量或木材蓄积量）的变化来定量地研究亚流域的河流水文效应及各水文要素的动态变化模型的较少。

2.3.3 防护林带生态效益研究

2.3.3.1 小气候效益的研究

对于林带小气候效益的研究非常广泛。防护林对小气候的影响包括林带的空气动力效应、热力效应、水文效应等多个方面。

1）林带的空气动力效应

林带空气动力效应的研究在防护林研究中投入的力量最大、研究最多（刘德胜，1992）。林带的防风作用与其高度和结构有关，其背风面的防护范围可以认为大致为带高 30 倍的距离，向风面的防护范围在带高的 2 ~ 10 倍。20 世纪 70 年代以来的研究中，出现了许多定量化、模型化的结论。

Benzarti J. （1990）测出林带背风面风速（U）与对照（U_0）的关系：距林带 4 倍带高处为 $U=0.28U_0$，距林带 17.5 倍带高处为 $U=0.80U_0$。

I. D. O. Seginer(1971,1972)、D. R. Miller(1975)等应用下列公式计算林带阻力系数,认为用 C 作为评价林带防护效益的参数比用林带疏透度更为合适。

$$C = 2\int_1^2 (1-\mu)\mathrm{d}\xi \tag{2-1}$$

式中:μ 为林带附近的相对风速;ξ 为以 H 表示的距林带的距离。

E. J. Plate(1971)从理论上研究了林带的空气动力效应,叙述了边界层二层模式的研究成果。即设林带以上的风速为 U_∞,林带以下的风速为 U_0 时的分布规律,并根据动量守恒定律和质量守恒定律分析了林带上沿流线的向上位移,即防护区的垂直范围和透风程度的关系:当 $U_0 = U_\infty$ 时,防护高度和林带高度相等;当 $U_0 = 0$ 时,$H = 1.67H_0$。他还以空气质点在林带附近作曲线运动的"Coanda"效应,说明了实体林带防护效益低的原因。我国在此方面也做了大量的工作,张翼等研究得出林带上风防护区中,水平范围 $-10H < X < 0$,垂直范围 $0 < Z < H$ 内,风速的分布满足二元幂函数的对数形式:$U_r(X,Y) = \ln(|X| \cdot a + 2^b + c)$,式中,$a,b,c$ 为常数。

农田防护林下风保护区中风速的廓线基本上符合差函数分布曲线,防护区近地面大气边界层的物理模型基本上符合自由射流边界层的模型。此外,Gong Weiguang (1990) 、J. Benzarti(1990)等许多科学家也研究了有关林带的空气动力效应,并得出一些模型。

Kaifu(1990)研究了林带的防风效应与风速有相关关系,得出防风效应与风速以 10 天为周期的滚动平均值的回归方程为:$Y = 0.2304 + 0.6611x - 0.1053x^2 + 0.0042x^3$,式中,$Y$ 为防风效应,X 为风速滚动平均值。

2)林带的热力效应

关于林带的热力效应,在初始阶段,科学家们未能取得一致意见。林带降低风速可以增加植物蒸腾量,从而降低气温,但风速降低又可以增温。大量试验证明,林带对气温的影响受这两方面的共同作用,决定于起主要作用的一面(曹新孙,1981)。在湿润气候区,影响气温的主要因素是风速,因此有林带保护的地方,风速降低,气温就有所升高。在半湿润地区,林带降低风速的作用就起着两种相反的结果,一方面使气温升高,另一方面则因能促进蒸腾而使气温降低。这就是在巴黎地区(Bouchet,1963)和在苏联(Burnackij,1953)的观察结果是林带能使气温降低,而相反地在波兰(Jawarski,1961)则能使气温升高的原因。在较为干燥的地区,有了林带的保护,植物蒸腾量增加而引起的降温作用,比因风速降低而引起的增温作用影响显著,结果在受林带保护的地方,温度就比空旷地低。南斯拉夫干旱地区(Champion,1958)和澳大利亚(Hall,1958)的试验证明了这一点。在风速降低成为影响气温的唯一因素的干旱地区,林带只能使气温升高(G. Guyot, 1963)。在气候变化时,林带有使气温趋于稳定的作用。

林带对夜间热量状况的影响决定于三个因素,即风、凝结和净辐射。林带气温受风速和辐射的影响低于空旷地,但 J. Benzarti(1990)在突尼斯有霜的夜晚(在许多情况下被认为是平静无云的夜晚)观察到的结果与此相反,近地层空气(厚度在 50 cm 以内)温度与空旷地相等,甚至略高(Tregubov,1960;Kaiser,1969)。

林带的热效应还随季节变化,Giuliani 和 Savi(1951)及 W. Mc Kay (1969)等都观察到这一点。Taichi Maki (1990)在日本试验得出结论是受林带保护区的大气和土壤平均温度均高于对照。Xiang Kaifu(1990)在我国内蒙古哲里木盟牧场防护林在生长季节试验得出的结论与以上结论基本相同。同时他还得出林带对辐射的影响,即林网内辐射低于对照,Song Zhaomin(1990)等也得出相同结论。

2.3.3.2 林带的水文效应

林带的水文效应主要包括对蒸散作用、湿度、降水、地下水位等的影响。林带可以降低潜在蒸散量,但效果不如林带对风速的影响大。而林带对于水分消耗量的影响是一个极其复杂的问题。一般来说,林带可以使实际的蒸散量降低。Wang Chunhua 等(1990)研究表明,清晨林带能促使实际蒸散量减少,而下午则使其增加,并通过试验得出蒸发量的回归方程。Eimern J. Van(1964)测定了不同风速条件下林带背风面不同距离的蒸发量,结果表明蒸发量随林带距离增长而增加,蒸发量的最大降低处是在背风面 5*H* 左右。苏联学者康斯坦季诺夫认为,林带对可能蒸发量的影响与林带网格大小成反比,即随着林网面积的缩小,林带对可能蒸发量影响越大。洪声指出,农田防护林能降低水面蒸发量的 11.8%,且风速越大,其效应越明显。

林网对农田蒸发的影响与风速、温度、湿度有关。梁珍海等(1994)指出,海涂防护林能显著减少土壤蒸发,有林地蒸发量平均仅为滩涂的 36.9%。土壤结构中的 0.005~0.01 mm 微团聚体和林内近地面风速及林内空气温度、湿度对一定时期内的蒸发量影响最大。宋兆民等(1990)认为,复合防护林的蒸散势均小于旷野,大网格防护林平均减少 22%~46%,小网格防护林平均减少 27%~49%,这在干旱季节和干旱年份对缓解干旱具有重要意义。由于林带的防护作用,近地面的绝对湿度和相对湿度常常高于旷野。J. Benzarti (1990)认为林带增加空气湿度,徐祝龄等(1990)测定证实,农田防护林网内活动面上相对湿度大于旷野,其变化值在 1%~7%。宫光伟等(1993)报道,沙地草牧场防护林体系绝对湿度比对照提高 90~580 Pa,而相对湿度提高 1.4%~3.3%。李成烈等(1991)认为,半干旱地区防护林可使林网内空气相对湿度平均提高 6.5%。

Xiang Kaifu(1990)在研究中假设林带的防风效应与日均气温、绝对湿度、相对湿度、蒸发量、地表温度、10 cm 深处土壤温度、20 cm 深处土壤温度、最小地表温度、最大地表温度、风速等有关,并由此建立了林带防风效应与多种因素的相关方程。

防护林带还能调节林网内土壤湿度。土壤湿度决定于降水和实际蒸发蒸腾,林带能使这两个因素改变。李德毅(1959)指出,防护林带对提高土壤湿度的作用是明显的,在棉花出苗期间,背风面 5*H* 处土壤湿度提高 2%~3%,在棉花的生长期,由于减少蒸发,相应地起到了延缓土壤的返盐作用,有利于幼苗生长。王广钦等(1996)在河南对农田防护林内土壤水分动态变化的观测结果证明，整个生长季节中林网内表层土壤含水量、贮水量、有效水分含量均高于林网外，平均分别比林外高5.9%、8.7%、13.3%，灌溉后14天内，由于林网内无效蒸发减少，每公顷节水14.9 t，故林带保护范围内减少的水分损失，足以弥补林带本身所需要的水分消耗。曹新孙(1979)则认为在降雪丰富及气候比较温和的地区，林带可以增加土壤湿度，而在干旱地区则使土壤比空旷地干燥。Chen Xiquan 等(1990)、Ding Guifang 等(1990)对防护林对土壤湿度的影响做了专门研究。

多数学者认为林带可以促使降水增加、径流减少，从而最终表现为地下水的补给较好，而在低洼地区和灌溉地区，营造林带则能起到降低地下水位的作用。但是匈牙利科学家的观察表明，林网对一个地区的总降水量没有什么影响，却对雨雪的分布有一定的有利作用，林带背风面降雨量比旷野增多17%。

2.3.3.3　**林带的土壤改良效益**

由于防护林的防护作用，使土壤的水热条件有了相应的改善。同时，树木根系活动，枯落物分解，必然对土壤微生物的区系组成及其活动产生影响，并导致土壤理化特性、肥力和结构的改变。苏联学者阿塔门朱克(1968)在康尔茨克地区研究指出，林带可使土壤容重减少，腐殖质含量增加，这些作用可延伸到林带50 m处。D. Mailg(1992)对塞内加尔沿海防护林研究发现，土壤Ca、Al、Mg、Fe和P分别增加6.8、3.7、1.8、0.4、0.25 $kg/(hm^2 \cdot a)$，并在某些林分中有固氮作用。朱德华(1979)测定，防护林带背风面防护范围(20H)内，腐殖质、全氮、全磷含量分别为对照区的182.0%、178.4%、145.4%。孙立达等(1994)研究发现，黄土高原油松水土保持林30 cm土壤层容重比荒草坡小4.72%～7.76%，总孔隙度、非毛管孔隙度、有机质分别比荒草坡增加1.37%～9.50%、91.9%～245.5%、9.41%～91.11%。胡海波等(2000)对海岸防护林研究表明，防护林能减少土壤容重，增大孔隙度，促进土壤形成良好的团粒结构。雷孝章(1997)研究证实坡面防护林体系配置后，林地有机质、全氮、水解氮均比荒草坡提高 141.55%。

2.3.3.4 林带的生物效应

美国 R. P. Perry(1952)报道,纽约州西北部大湖平原区微生物数量最多,说明防护林带内土壤肥力和湿润度较好,有利于微生物的衍生与繁殖。D. K. Read 等(1970)对柑橘园内介壳虫的分布与数量的影响研究发现,防护林带有防止这种害虫滋生的作用。M. Gorny(1970)发表了关于林带防止病虫灾害的生态作用的文献综述。N. G. Petrov(1972)研究认为,林带内及其附近微生物活动比远处活跃的多。苏联 A. Anikanov 等(1970)研究了林带的组成、结构与椿象(pentatominds)发展的关系,发现结构紧密而地被物、腐殖质层又厚的林带中虫群最大,由橡树、槭树组成的林带比刺槐组成的林带内虫群大。英国 T. Lewis (1968)指出混交林可使益虫与害虫的比例增大,他还研究了各种因素对虫害范围的影响。波兰 T. Boukowska(1970)研究了刺槐林带对昆虫(Caradae)分布的影响。此外美国 J. N. Naylor (1970)研究了不同地区 70 条林带内植被的种类组成、数量、大小、干重、覆盖度、土壤结构、林木的高和径,探讨了林冠的发育对植被演替的影响及树种更新的关系。周业勇(1990)调查也指出,营建防护林后使益鸟增多,能有效地抑制病虫害的发生。

2.3.4 人工固沙林生态效益研究

防风固沙林是以防御风沙灾害为目的而营建的人工植被。尽管目前对防风固沙林,特别是灌木林是否属于森林的范畴仍有争议,但是,由乔、灌、草结合构成的防风固沙林人工植被是有森林特征的,它是以灌木和其他木本植物为主体的一种生物群落,具有森林的一系列改善环境的功能,是被公认的实际情况。防风固沙林生态系统是由防风固沙林及其沙地环境构成的,以防御风沙危害为主要功能的特殊生态系统。大量的关于防护林的研究成果对防风固沙林效益的研究具有直接的指导意义。同时,许多学者对防风固沙林系统建立后,其生物与环境的相互作用,以及系统的生态功能、社会经济效益等也做了一定研究,取得了不少成就。

2.3.4.1 固沙植物的光能利用率

由于沙地恶劣的环境条件的制约,固沙植物的光合作用速率和光能利用率很低。一般 CO_2 净光合速率只有 5 ~ 10 kg/(kg · h),这种低光合速率和高光呼吸作用的特征,是其长期适应干旱环境的结果(黄子琛等,1985)。影响固沙植物光合速率的主要因子是水分,由于水分的短缺,导致植物的气孔关闭,CO_2 供应减少,同时还影响与光合有关的生化过程和光呼吸过程,从而影响净光合速率(E. J. Depuit,刘新民译,1981)。也有人对固沙植物种的光能利用率和生物量进行了研究。白晓昭(1984)根据以上研究,选择出了伊克昭盟固沙—薪炭林树种为沙柳、柠条,巴彦淖尔盟为梭梭。但总体来说,目前这方面的研究并不多见。

2.3.4.2 固沙林的防风固沙效益

许多人对固沙林的防风固沙效益进行了观测,结果表明防风固沙林的建立,增加了地面粗糙度,减小了风速,从而减小了风沙流的挟沙量,降低了输沙率,达到防风固沙的目的(焦树仁,2001;赵业凡,1982)。据测定,陕西省靖边县柳桂湾林场营造的固沙林,平均降低风速 19%,年 17 m/s 以上大风的次数减少 73%,沙暴次数减少 40%,扬沙次数减少 10%。在固沙林营造前,沙丘年平均移动 4 m,每年有 4 hm^2 良田和 106 间房屋被流沙埋没,损失 1 458.6 元,每年毁种 140 hm^2,损失 1 165. 85 元。造林后大部分流沙基本固定,不仅减少沙压农田和房屋,而且 23 年内还恢复耕地 160.5 hm^2,从而肯定了防风固沙林的作用(陈太山,1985)。固沙林还能减小土壤风蚀,当气流含沙量较大时,如遇到植物群体就会产生积沙现象(李滨生,1984)。因此,通过植物的滤沙作用,气流含沙量减小。另外,据测定,当两者作用于同一质地的地表时,挟沙气流的吹蚀力为不挟沙气流的 5 倍(朱震达等,1989),这样,由于固沙体系的降风和滤沙作用,减小了风沙流对土壤的侵蚀。

2.3.4.3 固沙林的小气候效应

防风固沙林建立后，会对局部的气象因子发生影响。许多人对固沙林的小气候效应进行了研究，得出了固沙林降低风速、提高空气湿度、缓和空气温度和地温的结论。杨文斌(1989)在甘肃临泽的测定结果表明，造林后，7月中旬林内近地层气温有所降低，但不超过1.0 ℃；而地面温度逐年降低，12龄林内地面平均温度比对照约低3 ℃，春秋季林内气温比对照一般高0.5～3.0 ℃；林中空气相对湿度明显增大，3龄林日平均相对湿度提高1.0%～2.0%，6龄林提高3.0%～4.5%；8～12龄林内蒸发力比对照减少43%～60%。焦树仁(1989)等在章古台观测的结果是：30龄的固沙林使林间空地和林缘附近的风速降低68.5%，空气湿度增加3.3%～13.1%，水面蒸发降低60.4%，气温年变幅降低4.5 ℃，日变幅降低10.8 ℃和3.1 ℃，一年中0～30 cm地温变幅降低2.8 ℃。

2.3.4.4 固沙林生态系统的水分平衡

水分因子是沙生植物生长的主导限制因子，也是荒漠生态系统特色的决定性因素。沙漠生态系统的水分平衡、固沙林地的水分动态以及沙生植物对水分短缺的适应性等，是沙漠学家和干旱区研究者关注的焦点。学者们普遍认为，由于干沙层的覆盖，使沙丘的水分得以有效的保护，在干旱环境中，沙丘是一个贮水体，它对干旱区植物是一个相对湿润的环境。由于毛细管作用而使高水位地下水上升导致了沙丘的潮湿，同时沙粒持水的负基质电位比细质地颗粒低得多，使沙层水分易被植物利用(Janice E. Bowers，1984)。固沙林建立后，在沙丘从流动变为固定的过程中，水分条件逐渐变坏，即沙层水分含量随着植被盖度的增加而减少(张继贤，2003；焦树仁，2001)。因此，沙层水分对植被有一个承载能力，不同水分状况的沙丘，应有不同密度的植物相适应(蒋瑾，1986；许明耻，1987；刘恕，1980；P. G. Smith，1983)。沙生植物通过自身生理特性的变化，加强吸水，减小蒸腾，以适应干旱生境。由于植物生理生态特性的不同，其抗旱能力亦有差别，如在沙坡头地区，10种主要固沙植物抗旱性以柠条最强，胡枝子最弱，其他介于两者之间(张希明，1985；蒋瑾，1983)。类似研究对固沙植物种的选择很有意义。

2.3.4.5 固沙林改良土壤效益

沙地土壤是一种成土过程很微弱、营养贫瘠的土壤，其主要营养元素氮的含量远远低于一般植物生长所必需的含量。固沙林的建立，加速了沙地土壤成土过程，使土壤肥力有所提高（王永魁，1985）。辽宁章古台的固沙林使沙地土壤表层的黏粒和有机质含量有所提高，物理黏粒增加2.0%～2.7%（A_1）和2.0%～40%（A_0），有机质提高6.5～20.9倍（A_1）和1.4～5.6倍（A_0），其他营养成分亦有相应提高，土壤腐殖质组成性质改善，C/N值提高，容重降低，孔隙度增加，土壤微生物含量也明显增加。许多沙漠土壤微生物丰富，固氮菌和硝化菌在荒漠土壤中往往占优势（W. G. Ginnes，1986）。在沙丘上，根际与有益微生物相结合的植物其生物量占有优势，而且对土壤的改良作用强，尤其以豆科灌木对土壤的改良作用最优。

2.3.4.6 固沙林对沙地植被的影响

沙地植被是一个比较脆弱的生物生态系统，植被的稳定性和动态过程均易受干扰，假如沙源不断或气候条件不允许植被发展到足以使大面积流沙固定下来，那么沙地植被的演替不可能达到顶级群落（G. W. Brow，1974；M. G. Barbour，1980；R. H. Wittarer，1978）。人工固沙植被的建立，减小或控制了沙面的流动性，改善了生态环境，使沙地植被向种类繁多、结构复杂且稳定、功能齐全的良性方向发展，并促进了沙地植被的演替（赵业凡，1982）。沈渭寿（1986）对沙坡头地区的植被演替的研究和预测结果表明，再过20年，地面固定较好的地段人工栽植的灌木及半灌木都将相继从人工植被区退出。油蒿能在疏松的沙地上顺利地天然更新，并以其发达的浅层根系对水分的竞争能力，在群落中占居优势地位，因此在人畜对地表的长期扰动下，油蒿在沙坡头地区可以形成一种相对稳定的群落或偏途演替顶级群落（陈文瑞，1981）。沙地植被动态以及人工林影响下的植被演替的研究对固沙林的营造、经营与抚育管理具有重要的和直接的指导意义，但这方面的研究目前仍很少见。

2.3.5 人工防护林带的经济效益与社会效益

2.3.5.1 防护林带的经济效益

世界各国进行的大量研究工作充分证实了林带的增产效益。M. F. Hussein 等(1969)、N. Simmunovic(1966)及许多其他科学家都观察到防护林有明显的增产效益。苏联全国国营农场营造农田防护林网而获得的附加收入占全部收入的20%,集体农庄增产12%~15%,农产品成本降低6%~7%。乌克兰在河流流域营造防护林后,调节河川水文状况的经济效益比销售木材的净收入高0.5~1倍。N. Viongradov (1986)报道,在苏联北高索经济区防护林增产所创造的价值相当于1亿卢布,年利润超过7 500万卢布。A. B. Frank等(1976)指出,由于农田防护林的作用,可使大豆产量提高22.2%,旱地提高7.7%。在美国内布拉斯加营造防护林15年后,即可得到正的净现值,使冬小麦、甜菜、土豆、辣椒、大豆等作物收入增加15%~30%;同时防护林还能促进蕃茄、草莓早熟,并增产16%~30%。捷克学者认为,林带可使冬季作物增产18%~22%。土耳其巴拉国营农场防护林成林后,农作物产量增加24.4%。南斯拉夫沃日纳地区营造防护林后,农作物增产10%~20%。加拿大有防护林带的农田比空旷农田平均增产24%~43%。Fhussein(1969)报道,埃及河谷及三角州营造农田防护林后,棉花、玉米、水稻增产10%~47.13%。

H. Pimitrov(1970)对保加利亚多布鲁扎地区7~14龄林带观察发现,其增产效应在林带南侧可达12~13H,北侧可达8~9H。苏联A. F. Kalashnikov(1975)提出效益指数(KPD)的概念,即受益农田面积与林网网格面积的百分比,列举了苏联不同地区不同林带体系的增产效益,据此提出通过此法改造林带结构为疏透类型以提高林带效益的做法。

林带产生经济效益的同时,也有消极作用。E. Castellani 和M. Prevosto(1961)在意大利波河流域研究证明,遮阴是林带胁地的主导因素,可使林带北侧15~25 m的地段内小麦、水稻和牧草均减产，而施用 $N + P_2O_5$ 肥料可以减少林带的消极作用。

我国曹新孙（1979）、Wang Chunhua（1990）、Zhao Lingquan（1990）等也对防护林的经济效益进行了研究。袁锡祥（1978）、唐乾若（1965）等研究表明，防护林带保护下农田的小麦、大豆、花生、糜子、棉花等作物均比无林带保护农田增产。杨玉坡等（1993）对茂县大沟流域营造水源涵养、水土保持林体系的经济效益研究表明，全流域防护林直接经济效益达 101.20 万元。钟懋功等（1990）研究还表明防护林的投资回收期仅 3.59 年，年均林业产投比为 10.09:1。曹新孙等（1979）还研究了林带的胁地问题，得出的结论也与以上结论基本相同。

2.3.5.2 人工防护林带的社会效益

人们进行森林社会效益计量研究，不是为了确定森林中凝结了多少社会必要劳动时间，即经济学意义上的价值量，而是为了反映森林所产生的社会作用，以及为制定林业发展战略目标，进行林业区划和林种布局等提供数据资料。森林社会效益货币计量的意义在于它是正确地、全面地反映森林的基础社会作用，是林业区划的基础工作，是大农业布局最优化的基础。森林社会效益货币计量的原则有等效益替代原则、区域效益原则、时间效益原则和系统分析原则等。

日本学者冈和夫认为用定量的方法评价森林效能的社会作用，能够使林业经营者从利用森林多种效益的观点出发，制定多目标的最佳森林经营法，核定合理经营森林的费用，拟定森林地域分布最优方案，并且为社会确定有关部门应分担的营林费用标准提供数据。宋宗水（1996）则认为进行森林社会效益计量研究主要有两个作用：一是准确评价森林诸效能的经济效益；二是根据森林各种效能在特定时空和社会经济环境条件下的作用，拟定林业生产规模、布局和林种、林分质量结构皆优化的森林经营方案，形成森林效能组合和利用皆优化的森林环境，在两个作用中，森林社会效益计量研究的侧重点显然应该放在后面。

营造防护林体系，不但能为发展工业、加工业、手工业提供原料，而且还能提供大量薪材、用材、饲料等产品,满足当地居民的基本需要,并促进农作物秸秆还田,恢复与提高地力。同时,营建防护林体系还明显地改善了人们的生存环境条件。在美国东北部,宅院防护林能节约取暖耗能 10% ~15%,中北部可达 15% ~25%。村井(1982)报道,日本海岸防护林不仅具有污染少、净化空气、改善城区环境条件的功能,还有减弱噪声的功能。

综上所述,人工防护林生态经济效益的研究在理论和应用方面都取得了较大的进展,为人们正确地认识和估价防护林的生态作用,从而推动林业的发展和自然植物资源的合理开发利用起到了指导作用。

2.4 人工植被稳定性评价与调控技术

植被稳定性是植物群落结构与功能的一个综合性特征。稳定性研究是生态学的重要课题,是生态环境的前沿和需求热点。研究植被稳定性可以为天然植被的保护利用和建立稳定的人工植被提供科学依据,进而在满足人类经济目标的同时保持地表植被的完整和保证其功能的发挥,同时也是认识整个生态系统稳定性的必要途径。尤其在我国干旱、半干旱地区,对植被稳定性的研究具有很重要的意义。在植被恢复与重建的过程中,稳定性的研究将为选择合理的植被配置方式提供依据(张继义,2003;徐坤,2004)。目前,植被稳定性的研究主要集中在对影响植被稳定性的因素、维持稳定性的机制、稳定性测度方法和调控技术等几个方面。

影响植被稳定性的因素是多方面的,包括群落内部的生物多样性、种间竞争作用、食物链关系、环境条件、生产者—分解者功能关系等一系列生物学、生态学过程,在不同的情况下,其中任何一方都可能成为影响植被稳定性的主导因素。其中环境变化、物种侵入、人类经济活动范围的扩大和资源利用强度的加深等是影响植被稳定性的主要干扰因素,尤其人类活动已成为影响植被稳定性最重要的外部干扰因素。人为干扰对于植被的作用和影响与植被的类型及物种组成、干扰形式和强度等有关,主要的干扰形式有采伐、放牧、开垦、矿山开采、林火等。人为干扰可能改变群落的物理环境或物种组成,从而使已经建立的植被的稳定性受到威胁。但是,适度的人为干扰对某些植被类型的稳定性维持有积极的作用。

稳定性机制问题一直是生态学家关心的热点问题,他们提出了不少解释群落稳定性机制的理论,其中比较重要的有多样性(或复杂性)理论、信息网络理论、冗余理论、反馈控制理论、Gala 假说、群落内部生物学和生态学过程等(党承林,1998;黄建辉,2001;刘增文,1997),但目前对多样性理论、冗余理论方面讨论较多。多样性稳定性理论是 20 世纪 50 年代初由植物生态学家 Mac Arthur(1955)和动物生态学家 Elton(1958)首先提出的概念并被生态学界广泛使用,甚至被称为核心准则(S. J. McNaughton,1988),他们认为演替过程中生物多样性增加会使生态系统稳定性增加。到 20 世纪 70 年代初期,Gardner(1970)、May(1974)等却提出与之相反的结论,他们认为生态系统的复杂性导致了不稳定性。其后 Pimm 和 Goodman(1975)、Mc Cann(2000)、N. G. Hariston(1968)等指出,生态系统的多样性和稳定性之间并不存在着简单的相关关系,而是可能存在一个多样性(复杂性)的阈值(宋新章,2003;王国宏,2002;周集中,1990;A. N. King,1983),在阈值以下多样性的增加对植被功能的提高和稳定性的维持是有益的,当多样性增加到一定程度后它对植被的功能和稳定性的作用就不再明显(J. P. Grime,1998)。冗余假说则是由 Walker(1992)提出的另一种稳定性理论,Odum(1983)指出冗余是指一种以上的物种或成分具有执行某种特定功能的能力,冗余提高了系统的恢复力和缓冲能力(Walker,1995),因而能提高生态系统的稳定性。党承林等(1997)还提出了生态系统冗余与营养结构模型。Naeem(1998)进一步指出,物种冗余是功能群中物种的丰富度所赋予的,生物多样性的衰减意味着生态系统物种冗余的丧失。党承林等(2002) 还对植物群落的演替与稳定性进行了分析探讨,认为群落是一个复杂而稳定的冗余系统，群落的演替是组分在其并联结构上重组，群落的稳定性是冗余结构的稳定性，群落的冗余结构靠冗余补充来维持，每一演替阶段都是稳定的群落。尽管目前一些学者对冗余结构理论的正确性仍持怀疑态度，但冗余理论在揭示植物群落稳定性机制方面比多样性导致稳定性理论更深刻，更具有普遍意义。

稳定性的测度方法及其指标体系要根据具体的研究对象来确定。彭少麟(1987)以年龄结构判定和测度森林群落的稳定性；刘小阳(1999)提出应结合群落的结构、物种多样性、树种特性、立地生境进行具体分析来判断稳定性，否则易产生片面性；阳含熙等(1988)在建立群落演替模型的基础上，把群落演替预测结果与群落现有组成结构进行对比分析，来判定和测度群落的稳定性。M. Godron 以种类百分数与累积相对频度的比值来判断群落的稳定性，比值为20/80是群落的稳定点；郑元润(2000)则把改进的 Godron 法与群落演替预测方法结合起来比较分析来判定群落的稳定性。M. Godron 稳定性测定方法仅能提供群落稳定与否的信息，而演替与比较相结合的方法还可以说明群落的演替方向及趋势，是研究森林植物群落较为有效的方法。此外，张云飞(1997)、白永飞(2000)、杜铁瑛(2002)等还对内蒙古锡林郭勒草原、祁连山东段天然草原生态系统的稳定性进行了研究，认为放牧过重是导致放牧演替，造成植物群落极不稳定的重要因素，要加强保护措施，使其逐步向进展演替方向发展。

对人工植被稳定性维持的调控技术研究，是目前生态系统稳定性研究的热点问题。人工植被普遍存在着稳定性差、生长不良和功能衰退问题(蒋有绪,2001;曾德慧,1996)。水分是干旱半干旱区人工防护林的营建的主要限制因子，林地水分平衡是影响人工植被稳定性的主要因素。如何以有限的水资源的充分利用为中心，从林地水分平衡出发，调节造林密度，选择适当的物种和植被配置格局，实现植被的持续稳定生长，获得防风固沙等生态效益的综合效果，是人工植被稳定性问题研究的关键所在，是维持荒漠人工植被稳定性的必要条件(王涛,1999)。漆建忠等(1994)对固沙灌木林地水分调控进行了研究，认为适度放牧利用可以改善沙地水分状况，有利于沙地人工植被的稳定。董世魁等(2000)对人工草地的群落稳定性进行了研究，认为人工草地群落稳定性的合理调控是维护高效、持久的人工草地，提高人工草地生产力的有效途径；石永红等(2000)对甘肃河西半荒漠地区人工草地6种混播牧草的群落稳定性进行了研究，认为通过草地植物多样性保护、控制叶面积指数和维持草地营养平衡等调控措施，可使群落获得较高的稳定性；于云江等(2002)从沙坡头现有植被主要建群群落的适应能力和抵抗逆境能力方面来论证现有人工植被的稳定性，认为生态系统的稳定性在很大程度上取决于植物群落对干扰的抵抗能力和自我修复能力；冯耀宗等(2003)对物种多样性与人工生态系统的稳定性进行了探讨，表明人工生态系统结构明显影响了系统稳定性。

2.5 人工植被建设研究发展趋势与亟待解决的问题

综上所述，纵观国内外人工植被体系建设实践与研究现状，目前人工防护林体系发展趋势已从形式设计走向因地制宜、因害设防的科学设计，从营造单一的防护林种走向建设多林种相结合的综合防护林体系，从单纯追求生态效益走向生态、经济、社会效益相结合，从单一的乔木树种造林走向乔、灌、草相结合，从单一层次的乔木纯林走向多树种多层次的混交林，从单一发展林业走向农林牧相结合、综合治理、协调发展，由粗放常规管理走向集约化、科学化、规范化管理(唐德瑞,2000)。对防护林体系的相关理论方面的研究也取得了一些成果。但是应当看到，目前人工植被的理论研究仍然多集中在对防护林的目的和意义、造林技术、管理措施与效益监测等几个方面小尺度、单目标和简单的对比分析研究，而在如何建立高效、稳定、优化配置模式，怎样从根本上保证防护林建设工程的高效发展，维持防护林体系结构的稳定和防护效益的持续提高等方面缺乏系统性研究。特别是对防风固沙林生态效益的研究，目前仍处于对其个别效益指标的测定和估计阶段,比较零散,不够系统,没有一个比较完善的效益评价指标体系,从而也没有对其生态效益作综合的、定量的评价。尤其是对沙区人工植被建设中立地的划分、树种的选择、结构的配置以及稳定性调控技术等方面研究比较少见,且多从简单的对比分析作出主观判断,缺乏系统性、科学性。因此,在风沙区人工植被建设与研究中,当前和今后仍然应当进一步加强以下几方面问题的研究。

2.5.1　立地条件类型的划分与适地适树研究

适地适树是人工造林应遵循的基本原则,也是人工植被结构稳定的前提和基础。充分研究影响人工林生长发育的水、土、气、生、光、热等立地因子,科学合理评价生态因子,划分立地类型,引进、筛选适宜的树种草种,是建立持续、高效和稳定的人工植被的关键所在。目前,虽然对立地分类和树种选择有一些研究,但对立地因子选择没能完全反映本质,因而实用性较差;而对树种选择多以简单调查作出主观判断,没有充分考虑水资源条件,缺乏科学性和合理性。

2.5.2　人工植被优化配置模式和稳定结构研究

结构决定功能,只有具有合理、稳定的结构,才能发挥高效、持续的生态经济功能。虽然目前防护林建设提倡合理利用土地资源、经济发展与生态环境相结合的原则,但在具体实施过程中对防护林优化结构与配置模式(如林分布局、林种结构、树种搭配、合理密度、适宜盖度等)还缺乏科学合理性和系统性的研究,没能把人类对防护功能的要求与土地资源和水资源限制等方面总体考虑,因而对人工防护林发展面积、造林密度、配置类型等的确定缺乏科学性。如何依据当地的社会经济发展的需求和自然生态环境条件,结合区域可持续发展,应用现有的研究成果,根据植被地带性分布规律,选择适宜的树(草)种,筛选优化配置模式,解决防护林建设与持续发展的关键技术和配套体系,建立与当地环境条件特别是水热条件相适应的植被类型(乔木、灌木或草本),提高国家投资效益,使生态环境建设与当地经济发展、脱贫致富、产业结构调整相结合，实现在改善生态环境的前提下，促进当地社会经济的发展，最终实现人与自然和谐统一的目标，成为当前迫切需要解决的问题之一。

2.5.3 人工植被综合效益评价问题

目前，虽然不少学者对防护林的生态效益、经济效益评价做了一些研究，但主要从林分生物量来评价模式优劣，尚未建立健全一套完善的综合评价指标体系，因而不能科学地、客观地评价防护林的综合效益，特别是对防风固沙林生态功能的系统研究尚欠缺，还处在起步阶段。因此，应根据区域的特殊地理位置、独特的自然生态环境特点和当地社会经济发展水平，以区域可持续发展理论为指导，以恢复生态学为依据，以市场为导向，发展经济与生态环境建设相结合、与农民的切身利益相结合，综合考虑土壤的各项指标和植被的防风固沙、保持水土功能，建立生态功能综合评价指标体系，并对特定区域防风固沙林不同配置模式的生态功能进行科学合理的评价，探索研究适应不同立地类型的防风固沙林优化配置模式和稳定结构，为科学指导防沙治沙工程的顺利实施提供理论依据和技术支持，对西部大开发及能源基地建设中生态环境建设有着重要的和现实的指导意义。

2.5.4 仿拟自然的人工植被调控关键技术研究

群落稳定性是衡量人工植被群落质量的标准之一，也是合理有效地建植、利用、管理和改良人工植被的基本依据。人工植被普遍存在着稳定性差、生长不良和功能衰退问题（蒋有绪，2001；姜凤岐，2002）。平茬、放牧、封育、更新造林等人为干扰活动是对人工植被群落内各组分稳定与平衡机制调控的有效途径和措施。如何通过人工合理的调控措施，促进人工群落自然演替，形成顶级稳定群落，发挥其高效生态经济和社会功能，实现人工植被的持续经营，是当前及今后人工植被研究的热点问题之一。

3 本次研究的研究内容与研究方法

3.1 研究区概况

3.1.1 自然地理概况

毛乌素沙地位于北纬37°20′~39°30′,东经107°20′~110°30′,包括内蒙古伊克昭盟、陕北榆林地区和宁夏东北部三部分,总面积4万km^2。该区属荒漠草原—干草原—森林草原的过渡地带,具有中温带气候特征,年降水量260~450 mm,干燥度1.0~2.5。地貌具有固定-半固定沙丘向黄土丘陵过渡的特征,兼具风蚀、风积与水土流失的特点。

榆林风沙区位于陕西北部、毛乌素沙地的东南缘,地处鄂尔多斯高原与黄土高原的交接地带,介于北纬37°20′~39°22′,东经107°20′~110°11′,北靠内蒙古伊克昭盟,南临陕北黄土丘陵沟壑区,西接宁夏盐池县,东以神木县窟野河为界。东西长约420 km,南北宽12~120 km,包括定边、靖边、横山、榆阳、神木、府谷6县(区)北部的59个乡镇、30个农林场。此外,佳县和米脂县北部也有少量分布。土地总面积18 107.3 km^2,占毛乌素沙地总面积的45.2%,占榆林市总土地面积的42%。本区基岩多为侏罗系、白垩系灰绿色及红色页岩,上覆第三系红土、第四系老黄土,地表多为冲击与风积沙层覆盖。地势由西向东、由北向南倾斜,海拔一般在1 200~1 500 m,土地比较平坦,沙丘连绵,按其固定程度,分为流动沙地、半固定沙地和固定沙地三种类型,流沙和固定半固定沙地占总土地面积的63%。沙丘间交错分布有滩地、海子与河谷川地,为主要农牧地。榆林沙区分布及组成如图3-1～图3-4所示。

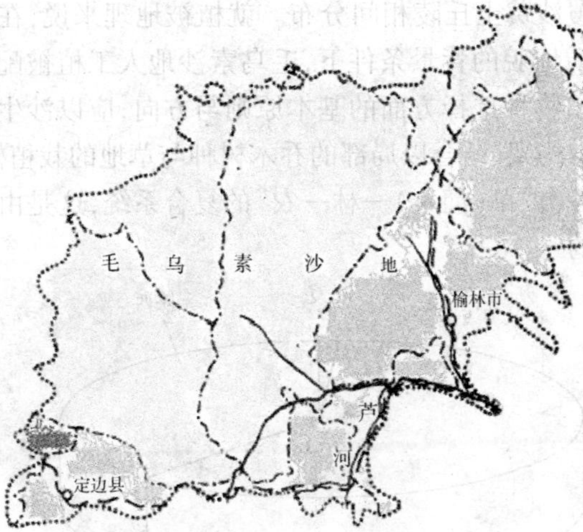

图3-1 毛乌素沙地分布图

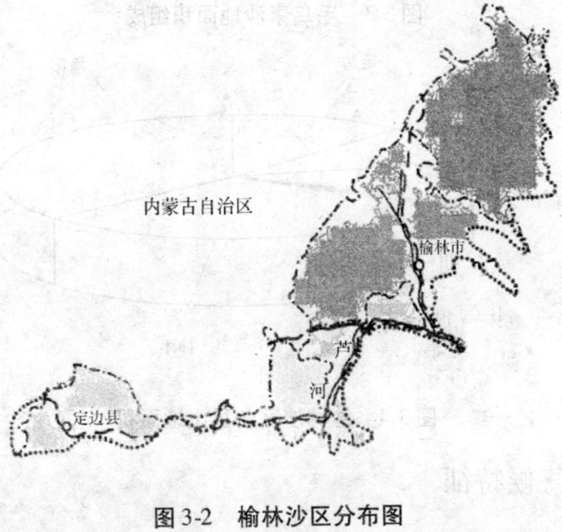

图3-2 榆林沙区分布图

地貌类型在榆林城北及长城沿线以北分布有流沙、半固定和固定沙丘以及交错分布的河谷阶地和湖盆滩地,中部则以流沙、固定半固定沙丘与覆沙黄土丘陵相间分布。就植被地理来说,在上述过渡性气候与地质地貌的背景条件下,毛乌素沙地人工植被配置结构在造林类型和植物种选择方面的基本原则与方向,应以沙生及旱生灌木网带为基本构架,结合以局部的乔木树种与草地的栽植模式,因地制宜地构成各类"草(灌木)—林—农"的复合系统,这是由其自然地带性所决定的。

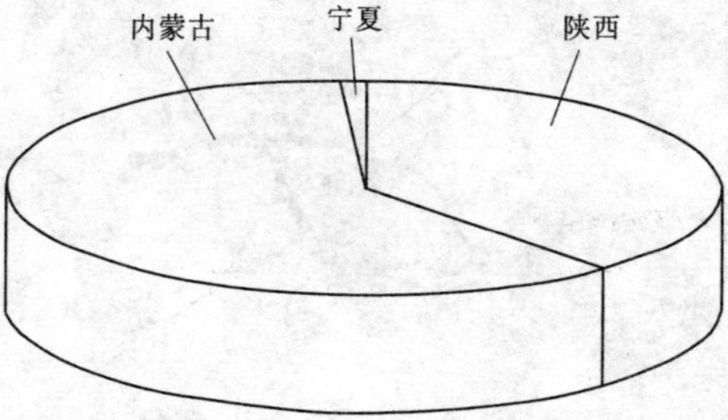

图3-3　毛乌素沙地面积组成

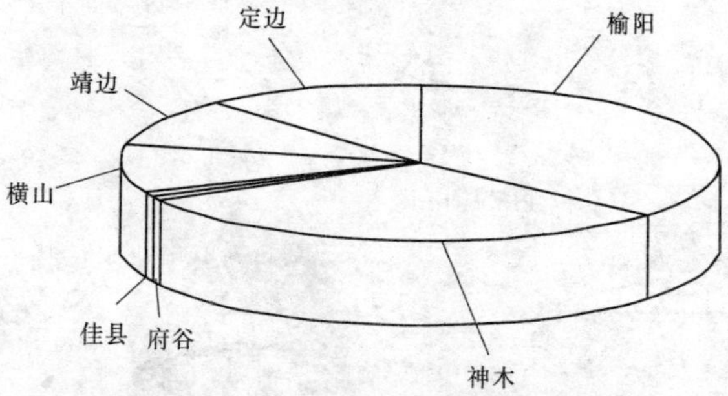

图3-4　榆林沙区各县土地面积

3.1.2　气候特征

本区属于温带半干旱大陆性季风气候区。年日照时数2 768~2 991 h,日照百分率62%~66%,太阳总辐射量135.6~144.3

MJ/cm^2,属我国太阳辐射能高值区之一。但热量较差,降水较少。年均气温 7.8~8.6 ℃,极端最低气温 -32.7 ℃,日较差 12~14 ℃,≥10 ℃积温 2 847.2~3 418.2 ℃,无霜期 134~153 d。年均降水量 316~453.5 mm,降雨量 70% 集中在 7、8、9 月三个月,雨热同季,有利于植物生长。年蒸发量为降水量的 2.8~4.1 倍,干燥度 1.2~1.6。主要气象灾害有大风、干旱和霜冻,年均风沙日 81 d,年均沙暴日 11.5 d,冬春季干旱、风沙严重,最大风速达 11 级。主要气候因子值见表 3-1。

表 3-1　榆林沙区气候因子值

县(区)	年降水量(mm)	≥5 ℃积温(℃)	大风(d)	光照(h)	均温(℃)	海拔(m)
榆阳	414.1	3 731.7	13	2 894.9	8.1	780~1 405
神木	440.8	3 391.9	3	2 920.5	8.5	738.7~1 448.7
府谷	453.5	3 556.1	25	2 925.7	9.1	780~1 426.5
横山	379.8	3 687.8	28	2 815.8	8.6	897~1 534.9
靖边	395.4	3 524.9	6	2 768.8	7.8	1 123~1 823
定边	316.0	3 565.5	247	2 991.9	7.9	1 313~1 907
平均	399.9	3 576.3	53.7	2 886.3	8.3	

3.1.3　植被与土壤特征

毛乌素榆林沙地的植被可以划分为三个地带与三大类群。从植被地带来说,其西部边缘属于向荒漠过渡的荒漠草原亚地带,占 90% 以上的中部和东部则属于干草原亚地带,在东南缘开始向森林草原过渡,但由于沙基质的覆盖,在植被上差异不显著,一般仍划为干草原亚地带。本区的三大植被类群分别是梁地上的草原与灌丛植被,半固定、固定沙丘与沙地上的沙生灌丛,滩地上的草甸、盐土与沼泽植被。植物种类主要有生长在半流动沙地的少量的白沙蒿(*Artemisia sphaerocephalla* Kraseh)、沙米(*Agriophyllum sqnaerosum*)、沙竹(*Psanmochloa villbsa* (Trin.) Bor.)、绵蓬(*Corispermum patelliforme* Ilj.)等半灌木和草本植物;固定和半固定沙丘地的灌木植物种踏郎(*Hedysarum leave* Maxim)、花棒(*Hedysarum scoparium* Fiseh. et Mey.)、紫穗槐(*Amorpha fruticosa* L.)、小叶锦鸡儿(*Caragana microphylla*(Pall)Lam)、沙柳(*Salix psammophila* Wang C. et Yang. Ch. Y)、沙棘(*Hippophae rhamnoides* LL)、半灌木白沙篙(*Artemisia ordosica* Krasch)以及天然入侵的草本植物有无芒雀麦(*Bromus inermis* Leyss Fl. Hol)、沙生冰草(*Agropy; on desertorum*(Fisch)Schult.)、紫羊茅(*Festuca rubra* L)、苦买菜(*Lxeris chinensis* (Thund) Nakai)、沙珍棘豆(*O. xytropis psammocharis* Hance)、芦苇(*Phragrnitas cmnmunis* Trin)、白草(*Pennisetum centrasiaticum* Tzvel)等。植物种类少,覆盖度低。

与植被相对应的土壤类型是梁地上的栗钙土和淡栗钙土,沙地上的各类风沙土,以及滩地上的草甸土、盐碱土和沼泽潜育土。但本区大部分属于干草原淡栗钙土地带,向西北过渡到棕钙土半荒漠地带,向东南过渡为黄土高原暖温带黑垆土地带,恰处于几个自然地带的过渡地区,栗钙土是该区地带性土类。然而,由于风沙侵蚀,地带性栗钙土和淡栗钙土面积很少,仅占4%左右,而代之以风沙土和沙黄绵土,分别占土壤面积的64.6%和1.5%。

本区沙物质来源于埋藏深厚的河湖相沙质沉积物,黄土丘陵地区夹有多层厚度不等的风沙土,含沙量较高的沙黄土,广泛分布的古沙丘及黑垆土,较多的易风化杂色砂岩等。由表3-2可见,本区流沙主要由细沙(0.25~0.05 mm)组成,占47.4%~97.3%,粗沙(1~0.25 mm)占0~51%;而沙黄土中含细沙31%~55%,粉沙(0.05~0.01 mm)38.1%~58.8%;黑垆土中含粗沙8.9%~21.3%,细沙

70.4% ~75.8%,粉沙 11.6% ~15.2%。由此可以看出,同一地点的流沙与下伏物质颗粒组成非常接近,进而证明流沙的形成主要是就地起沙。土壤耕层(0~30 cm)平均含有机质 0.66%,碱解氮 36.5 mg/kg,速效磷 5.93 mg/kg,速效钾 141.18 mg/kg,由于土壤瘠薄,严重限制了土地资源优势的发挥。

表 3-2　榆林风沙区流动沙地与下覆土地机械组成　(%)

采样地点	粒径(mm)					
	1.0~0.25	0.25~0.05	0.05~0.01	0.01~0.005	0.005~0.001	<0.001
神木大柳塔	32.65	65.79	0.50	0.35	0.16	0.55
神木瑶镇	50.98	47.38	0.35	0.15	0.30	0.84
府谷大昌汉	8.96	90.16	0.58	0.04	0.10	0.16
榆林东城	11.81	87.23	0.32	0.22	0.23	0.19
佳县打火店	10.23	87.66	0.22	0.08	0.58	1.23
米脂磨沟	0	97.33	1.5	0.57	0.5	1.00

3.1.4　水文条件

毛乌素榆林沙地与全国各大沙漠、沙地相比较,最突出的特点是水分条件较好。本区大多数为外流区,区内有窟野河、秃尾河、无定河、榆溪河、芦河、海流兔河、红柳河、乌兰木伦河等 8 条较大的河流及其支流,流域面积 27 387 km^2,其中风沙区部分占该区总面积的 75.3%(见表 3-3),地表径流达 16 亿 m^3,其中自产地表径流总量 11.88 亿 m^3,可利用水量约 3.02 亿 m^3,地下水总补给量 7.6 亿 m^3,可开采量 5.7 亿 m^3,内陆湖泊有 200 多个。水资源总量 17.62 亿 m^3,人均占有 2 576 m^3。

表 3-3　榆林北部风沙草滩区主要河流特征值

河名	水文站名	流域面积(km^2)	年径流量(亿 m^3)	径流系数	年均流量(m^3/s)	平均含沙量(kg/m^3)	平均输沙量(t/km^2)	年均输沙量(万 t)	多年平均侵蚀模数($t/(km^2 \cdot a)$)
窟野河	神木	7 298	5.153	0.196	17	134.5	22 900	7 238	9 918
榆溪河	榆林	4 938	3.721	0.277	11.7	11.6	1 360	431	873
芦　河	横山	2 415	0.875	0.087	1.74	40.5	700	222	919
芦　河	靖边	916	0.177	0.045	0.48	271	1 290	407	4 443
海流兔河	韩家峁	2 452	0.008	0.111	2.86	2.38	70	21.5	87.7
红柳河	新桥	2 060							
乌兰木伦河	土恒塔	3 839	2.46	0.45	7.08	138	22 700	3 410	8 800
八里河	安边路桥	1 373			0.35				912
秃尾河	高家堡	2 096	3.365	0.406	9.83	21.4	2 100	1 663	3 165

3.1.5 社会经济条件

毛乌素榆林沙区包括神木、府谷、榆阳、横山、靖边、定边6县(区)的北部59个乡(镇),总人口68.4万,农业人口56.7万,农村劳动力23.6万个,人口密度38人/km^2,土地总面积181.07万hm^2,人均2.647 hm^2。其中,农耕地24.5万hm^2,占13.5%,农业人均0.43 hm^2;林地52.04万hm^2,占28.7%;草地52.39万hm^2,占28.9%;水域2.97万hm^2,城乡居民点、工矿交通等用地5.03万hm^2;沙地、盐碱滩地等难利用地44.06万hm^2(其中裸土、沙地、盐碱滩地、裸岩石壁分别为7.75万hm^2、31.21万hm^2、2.03万hm^2、3.07万hm^2)。

本区草场辽阔,类型多,有干草原类草场、沙生植被类草场、沼泽草甸类草场等,有悠久的畜牧业发展历史。牲畜以羊为主,大家畜次之。本区有丰富的矿产资源,已发现8大类40多种矿产资源,其中20多种已探明储量,平均每平方公里地下蕴藏着622万t煤、1.4万t石油、1亿m^3天然气、1.4亿t岩盐。煤炭预计储量2 714亿t,探明储量1 660亿t,神府煤田是世界七大煤田之一。天然气预测储量41 800亿m^3,探明储量11 800亿m^3,是迄今我国陆上探明的最大整装气田,气源主储区在靖边、横山两县,气田储量丰度0.66亿m^3/km^2。石油预测储量6亿t,探明储量3亿t,油源主储区在定边、靖边、横山3县。湖盐预测储量6 000万t,探明储量330万t。岩盐预测储量60 000亿t,约占全国岩盐总量的26%,探明储量8 854亿t。此外,还有比较丰富的高岭土、铝土矿、石灰岩、石英砂等资源。公路、铁路交通四通八达,十分便利,对本区的经济发展和生态建设起重要作用。

3.2 研究内容

3.2.1 榆林沙地立地条件类型划分与适地适树研究

适地适树是人工造林应遵循的基本原则。调查影响人工林生长发育的水、土、气、生、光、热等立地因子，合理评价生态因子，划分立地类型，筛选适宜的树种草种，是人工植被建设的基础。

3.2.2 榆林沙地植被群落组成与景观分析

对现有植被群落物种组成、层次结构、数量生态学特征等方面进行研究，探讨沙地植被演替方向、演替机制和演替过程，为建立稳定人工植被、缩短建设周期提供理论依据。

3.2.3 榆林沙地人工植被结构优化配置研究

从水分平衡和功能优化的角度研究人工防护林的合理布置格局、密度、覆盖度等，提出基于沙地水分平衡和防护功能优化的最佳树种、林种结构配置模式类型，指导建立结构稳定优化的示范模式区。

3.2.4 榆林沙地人工植被生态功能评价

采用“时空互换法”，通过定位对比观测和区域调查研究，对人工植被的生态效益进行观测、分析和评价，并用层次分析法确立综合评价的指标体系，用综合评价模型计算生态效益指数，对榆林沙区人工植被结构与功能进行综合评价。

3.2.5 榆林沙地人工植被调控技术研究

以维持沙地水量平衡为基础，通过调查分析和试验研究，探讨促进人工固沙植被生长，维持沙地植被群落稳定性，实现人工植被可持续经营的人工调控途径和技术措施，解决人工调控的关键技术和配套措施体系，以提高榆林沙区人工植被生态、经济及社会功能，为区域生态建设和环境改善服务。

本项研究的重点和难点在于解决基于榆林沙区水量平衡的人工植被结构与功能稳定性评价及调控技术问题，建立人工植被生态功能综合评价指标体系。

3.3 研究的技术路线

本研究以景观生态学、荒漠化防治工程学、可持续发展理论为基础,采用区域调查与定位试验相结合,单项技术与综合配套技术措施相结合,试验与示范相结合,定位对比观测与室内试验分析相结合的方法,通过定位观测与面上调查相结合,筛选适宜的植物种和合理的种植方式;采用不同抚育措施对比试验,探讨改善沙地水分、稳定植被群落的有效途径;应用层次分析法(AHP)等数学分析方法、计算机技术等手段研究和建立综合生态效益评价指标体系,并采用综合评价模型对主要人工固沙林生态功能进行综合评价。

毛乌素沙地立地条件类型复杂,人工植被的结构类型也是千差万别的,有不同的模式,因此在研究中应遵循以下原则:

(1)宏观分区原则。人工植被的研究是较大尺度的研究,探讨植被的结构,必须依据自然条件的差异,采用分区的原则。为了加强研究成果的科学性和可行性,除了需要充分考虑到自然地带性差异外,应保持乡镇行政区划的完整性,并充分利用已有的研究成果。在分区中,以气候、土壤、水分等自然环境因子为基准,在对立地环境因子综合评价的基础上,进行植被建设分区,同时,参考了"陕西省榆林地区农业区划"中农业综合分区成果。

(2)典型分析原则。在立地类型的划分中,立地带仍有广阔的地域范围,限于各种条件,在人工防护林效益的观测分析上,不可能面面俱到,本研究结合标准地调查,选择典型地段进行观测分析。

(3)量化分析的原则。在标准地调查的基础上,采取定性与定量相结合的方法进行,其定量方法依据采集的数据,分别用数理统计、系统动力学等数量化方法进行分析,以加强研究的科学性。具体实施方案如图3-5所示。

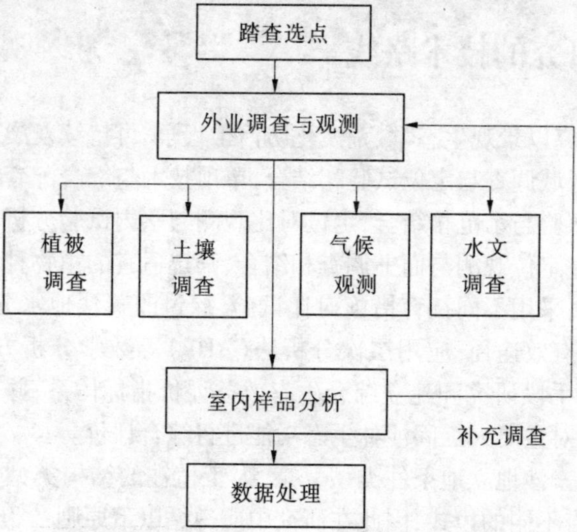

图 3-5 研究实施方案框图

3.4 研究方法

3.4.1 标准地调查

3.4.1.1 准备工作

(1)资料收集。调查前首先收集本区气象、地貌、土壤、植被、水文以及社会经济等方面的资料和图件,研究和制订调查方案,确定调查内容和指标。在研究期间,对榆林沙区进行了两次路线踏查,确定不同土地类型、林分结构及标准地的分布,使所调查的标准地能均匀分布,确保在调查区内具有典型性和代表性。表 3-4 为标准地分布情况。

表 3-4　标准地分布情况

项目	合计	西部(Ⅰ区)	中部(Ⅱ区)	东部(Ⅲ区)
防风固沙林	219	48	131	40
农田防护林	55	12	37	6
用材林	64	15	40	9
经济林	10	2	5	3
护牧林	59	25	24	10
护路林	46	13	29	4
水域防护林	71	17	43	11
合计	524	132	309	83

(2)标准地面积大小和数量的确定。在踏查的基础上,选择具有代表性的标准地。标准地应含各林种的各种结构,并在数量上有保证。依据下列公式求得预估要调查的标准地数量:

$$N = (t_a \frac{S\overline{X}}{\Delta \overline{X}_a})^2 + 1 \tag{3-1}$$

式中:N 为标准地数量;$\Delta\overline{X}_a$ 为允许相对误差;t_a 为可靠性指标(α = 95%时,t = 1.96);$S\overline{X}$为变异系数。

本项研究共进行乔木、灌木标准地调查 524 块,其中西部区 132 块,中部区 309 块,东部区 83 块,并充分吸收了以往的研究成果,使本项研究成果更具可靠性。

(3)标准地的设置。标准地的设置要全面反映毛乌素榆林沙地立地、林种、树种的实际情况。其中立地的确定根据榆林沙区自然环境特点,通过对立地环境因子综合评价确定,林种依据《中华人民共和国森林法》的有关规定,在林种配置的研究上,选取沙区主要林种,包括防护林(防风固沙林、农田防护林、护路林、护牧林及水域防护林等)、用材林、经济林;树种应包括榆林沙区的主要造林树种。

标准样地大小,乔木以 600～1 000 m^2,灌木以 100～300 m^2 为宜。同时规定,反映标准地结构特点的树种调查株数应不少于 10 株。标准地的形状:片林为长方形;带林为长条形。标准地内样方大小以 10 m×10 m 为宜,并在样方中央及对角线位置设置 2 m×2 m 小样方调查灌木及 1 m×1 m 的样方调查草本,样方设置见图 3-6。

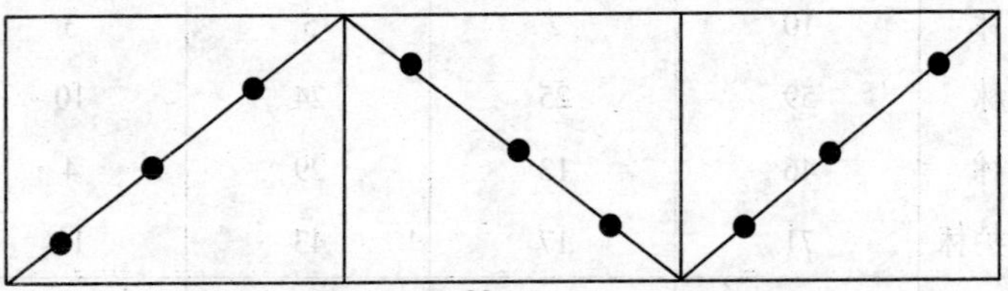

图 3-6　灌木标准地布设示意图

3.4.1.2　植被调查

(1)乔木调查。乔木调查采用样带法,每带至少有 100 株。采用每木检尺法,逐株测定树高、冠幅、株数、胸径、密度、林龄等数量特征,目测郁闭度、疏透度,记载长势、枯梢等情况,根据标准解析木求生物量或材积。

(2)灌、草调查。采用样方法调查,沿垂直于沙丘链方向,设 30 m×30 m标准地,每块标准地分成 10 m×10 m 大样方,每个大样方内取三个小样方用以调查灌木和草本,其中灌木小样方 2 m×2 m,草本小样方 1 m×1 m。测定各灌木及草本植物种的种类组成、密度、盖度、频度、优势度、分布状况、地径、丛高、灌幅、冠层厚度、生物量等。总盖度用目测法测定,生物量用全部收获法测定。

(3)根系调查。根据土壤层次的划分来分层收集根系,将根系全部挖出,将每层收集的根系先洗净,再按根径来细分,记录根系数量、平均长度及质量。

在植被调查的同时记载环境特征,如地形、地势、植被、土壤、林分等状况。

3.4.2 防风固沙效益

（1）风速的测定。用轻便式三杯风向风速表测定风速，风速垂直梯度测定0.2 m、1.5 m、2.0 m、2.5 m 4个高度，求出断面平均风速、透风系数和地表粗糙度等，并以旷野为对照求出降低风速效能。乔木农田防护林风速水平梯度变化则取垂直于主林带，且距两侧副林带等高倍数的中线上，按距林带前后一定距离测定，其中迎风面在距离林带 $0H$、$3H$ 处测定，背风面在距离林带 $0H$、$3H$、$5H$、$7H$、$11H$ 处布置观测点，用常规方法测定风速。按防风效能(%) = $(V_2 - V_1)/V_1 \times 100\%$ 计算防风效能。

（2）输沙量的测定。输沙量是指风沙流在单位时间内通过单位宽度的断面所搬运的沙量。用集沙仪测定输沙量空间分布规律，即在测定风速的同时，将集沙仪放置在标准地中，孔口面对气流，经1 h取出各层小盒，倒出沙子称重，得出1 h通过2 cm，距离地面20 cm各层的输沙量。同时，用容器诱捕法收集总输沙量，用插钎法测定风蚀沙埋深度和沙丘移动状况。

3.4.3 小气候测定

采取小气候工作站定位连续观测和标准地常规观测相结合测定。在榆林红石峡试验林场设立固沙林小气候观测站一个；同时，根据榆林沙地的气候条件、植物的物候相及研究的需要，分春（4~5月）、夏（7~8月）、秋（10~11月）三季结合标准地调查采用常规仪器进行标准地小气候观测，其中乔木防护林小气候观测采取均匀布点法，每块样地设观测点6个，对照样地选取距测定样地迎风面200 m以外，无林木影响或影响微弱的空旷地。观测项目有风速、温度、湿度、光照、蒸发量等，同时进行林带结构及其配置的调查。

（1）风速观测。用三杯风速仪在距地面0.2 m、1.5 m及2.5 m的高度测定。

（2）空气湿度测定。用通风干湿表，分别在距地面0.2 m、1.5 m

的高度进行空气湿度梯度观测，每 5 天测一次，一次按 8:00、10:00、12:00、14:00、16:00、18:00 六个时段观测。

(3)空气温度测定。用温度计测定，与空气湿度同步进行。

(4)地温的观测。分 0 cm、5 cm、10 cm、15 cm、20 cm、25 cm 不同深度，用曲管地温表进行观测，同时观测地面最低、最高温度。观测点按不同立地类型每个林种各设一个，每 5 天观测一次，与空气湿度同步进行。

(5)光照。用照度计测定照度，太阳辐射用辐射表测定。

(6)蒸发量利用彼德洛夫经验公式计算并用蒸发皿校核，乱流系数利用德科公式计算出。计算公式分别为：

$$E = d(0.35 + 0.13v) \tag{3-2}$$

$$k = 0.0104(1 + 1.8t) \tag{3-3}$$

式中：E 为水分蒸发量，mm；d 为温湿度饱和差，hPa；v 为风速，m/s；k 为乱流系数；t 为温度，℃。

3.4.4 土壤取样与分析

(1)土壤取样。采用剖面法和土钻法分层取样。典型土壤剖面选择在标准地中央，无人为破坏的区段，剖面规格宽 1.0 m、长 1.5 m，深度一般挖至母质或地下水位，按发生层分层取样，同时记载土壤剖面形态：层次、土层厚度、湿度、颜色、结构、土壤紧密度、土壤质地、侵入体及新生体、潜水水质、石砾含量等内容。土钻取样结合植被标准地调查进行，在标准地内采用蛇形取样法采集样品，每样点按 0~20 cm、20~40 cm、40~60 cm、60~80 cm、80~120 cm、120~150 cm 分层次取样，用于土壤理化性质分析等。

(2)土壤水分测定。土壤水分采用 TDR 水分测定仪测定，并用快速烘干称重法标定。TDR(Time Domain Reflectometry)是一项高速测量技术，其基本原理在于：高频电磁脉冲沿传输线在土壤中传播的速度依赖于土壤介电特性，尤其是土壤体积含水量，这样就可以建立土壤体积含水量与土壤介电常数之间的经验方程。在实际测量中，

TDR 主机产生的一个电压的阶梯状脉冲沿探针金属棒传播，由于电阻抗的突变，部分能量在探针末端被反射回来，形成 TDR 反射信号。土壤含水量由延迟的时间决定，土壤的介电常数可用下式计算：

$$k_a = (ct/2L)^2$$

式中：k_a 为土壤介电常数；c 为真空中的光速；t 为传播时间；L 为探针长度。

(3)土壤养分测定。土壤机械组成测定用筛分法和悬浮土粒法；土壤有机质测定用重铬酸钾氧化法；土壤全氮测定用半微量凯氏法；土壤速效磷测定用碳酸氢钠法；土壤 pH 值测定用电位法；土壤全盐量测定用质量法。

3.4.5 水文效应

降水量利用当地气象局资料；林冠截留降水量用雨量桶测的空旷地和林地雨量，计算雨量差值而得；枯落物持水量采用“浸泡法”测定；土壤渗透性采用“双环渗透法”测定；水面蒸发量用蒸发皿测定，土壤蒸发量用口径 20 cm、深 80 cm 的铁桶，分别嵌入流沙和灌木林地内，根据桶内土壤水分得失称重求得；蒸腾量用快速称重法测定。

3.4.6 光能利用率测定

(1)生物量的测定。灌草生物量采用收获法测定，乔木生物量采用标准木解析法测定。

(2)热能值的测定。植物热能值是植物储能强度的衡量指标，是确定植物光能利用率的重要因素，采用氧弹式热量计法测定。

(3)光能利用率计算。根据生长季 4 ~ 10 月的生物量和热能值测定结果，计算单位面积植物光合作用积累的有机物质所含能量，进而与太阳在该时段的总辐射能相比而得出光能利用率。

(4)生产力计算。实际生产力根据标准地调查所得的生物量计算每年单位面积林地生产力；理论生产力利用气候生产综合模型推

算(唐德瑞,1987),计算公式为:

$$Cp = \frac{a \times R \times P \times R_k \times (b \times T - c)}{d \times R \times R_k + E_v} \tag{3-4}$$

式中:Cp 为植物气候生产潜力,kg/(hm^2 · a);R 为太阳年总辐射,kcal/(cm^2 · a);R_k 为光能利用率(%);P 为年降水量,mm;T 为年平均气温,℃;E_v 为年蒸发量,mm;a、b、c、d 为修正系数,为常数项。

3.4.7 群落特征与景观分析

(1)植物区系组成。通过线路踏查和标准地植被调查,按照吴征镒"中国种子植物的分布区类型"进行分析。

(2)群落数量生态特征。通过标准地调查,计算物种重要值(I)、优势度指数(D)、多样性指数(H)来反映群落数量生态特征。物种多样性是生物多样性的重要组成部分,是群落组织复杂性度量指标,也是群落生境特征的反映,用 Shannon - Weiner 指数表示。物种优势度选用 Simpon 指数,它用来表示某些物种在群落中的地位与作用程度。

$$重要值(I) = RD + RC + DF \tag{3-5}$$

$$优势度指数(D):D = \sum_{i=1}^{s} P_i \tag{3-6}$$

$$多样性指数(H):H = -\sum_{i=1}^{s} P_i \ln P_i \tag{3-7}$$

式中:RD 为相对密度;RC 为相对盖度;DF 为相对频度;s 为物种数;P_i 为样地中各树种相对重要值,$P_i = I_i / I$;I_i 为物种相对重要值;I 为群落物种总重要值。

(3)景观分析。选用景观类型斑块面积类指标和景观异质性指标来分析区域景观格局及其动态,包括斑块数量、斑块平均面积、斑块密度、破碎度(FN)、多样性(H)、均匀度(E)、优势度指数(D)等。其中斑块平均面积在一定意义上可以揭示景观破碎化程度;斑块密度是指单位面积斑块数量;景观多样性指数用以描述景观元素或生态系统在结构、功能以及随时间变化的多样性，反映了景观的复杂性；均匀度指数用以描述总景观格局中不同类景观的分配均匀程度；破碎度指数是描述整个地区景观被分割破碎的程度，在一定程度上可以反映人类活动对景观格局的影响；优势度表示景观多样性对最大多样性之间的偏差，描述总景观格局中某种或某类景观支配整体景观的程度（傅伯杰，2003）。各指标取值计算方法如下：

$$H = -\sum [P_i \times \ln(P_i)] \tag{3-8}$$

$$E = -\ln[\sum (P_i)^2]/\ln(m) \tag{3-9}$$

$$D = -\sum [P_i \times \ln(P_i)]/\ln(m) \tag{3-10}$$

$$FN = A/N \tag{3-11}$$

式中：H 为多样性指数；E 为均匀度指数；D 为优势度指数；FN 为破碎度；A 为总面积；P_i 为类型面积比例，$P_i = A_i/A$，A_i 为类型面积；i 为景观类型；N 为景观类型总数；m 为各景观类型数。

3.4.8 综合评价

采用专家信息法、因子分析法、主成分分析法、层次分析方法、回归分析法、灰色关联分析法等数学方法，应用 EXCEL、DPS 统计软件对调查数据进行标准化处理和归一化处理，利用综合评判模型进行计算并排序，对立地因子、生态效益等进行综合评价。

综合评价模型计算公式如下：

$$Y = \sum_{j=1}^{n} c_j x_{ij} \quad (i = 1,2,3,\cdots,m; j = 1,2,3,\cdots,n) \tag{3-12}$$

式中：Y 为综合评判向量；x_{ij} 为评价指标测定值；c_j 为单位特征向量（即指标权重系数），满足：$\sum_{j=1}^{n} c_j^2 = 1$。

4 立地条件类型划分与适地适树种研究

适地适树是人工造林应遵循的基本原则。调查影响人工林生长发育的水、土、气、生、光、热等立地因子,正确、合理地评价生态因子,划分立地类型,筛选适宜的树种草种,是建立稳定、高效人工植被的基础,是人工林营建工作中急需解决的关键技术问题之一。

影响林木生长发育的所有环境因子的总和即为立地条件,具有基本相似立地条件的造林地称为立地条件类型,它综合反映该类造林地所具有的宜林性质和林地生产力。不同立地条件类型具有不同的自然特征,划分立地条件类型的目的在于可以准确地贯彻适地适树原则,切合实际地选择造林树种和制定造林技术措施,使植物的生物学、生态学特性与环境条件达到统一。

4.1 榆林沙区立地环境因子分析与评价

立地条件是造林地上所有与林草植被生长发育有关的自然环境因子的总称。环境生态因子直接决定植物种类的自然分布及其存活、发育、生长,通过对环境生态因子的分析研究,可以间接地评价造林地对某些乔灌木造林树种的适宜性,以及生产潜力。影响林木生活的主要环境因子包括光、热、水、气、土壤养分等,其中光、热因素的分异决定着乔灌木树种的种、群的区域性分布和大的适应范围,同时通过区域性范围内某一造林地上局部的小气候环境条件,构成该造林地环境条件的一个方面;而土壤水分、养分、空气条件是造林地环境条件的主要方面,土壤所具有的环境水分含量再加上相应的小气候条件,即可综合地反映出造林地环境条件所具有的宜林性质和林木可发挥的潜在生产能力。在榆林沙区,影响造林成活及生长的主要立地环境因子是气象因子、土壤因子和微地形因子。

4.1.1 立地环境因子分析

4.1.1.1 气象因子

(1)温度。根据榆林气象局多年气象资料统计,本区年均气温7.9～9.1 ℃,以西部定边县、靖边县较低,东部府谷县较高(见图4-1～图4-3)。月平均温度以7月最高为23.2 ℃,1月最低为－9.0 ℃。年均地表温度为10.2～13.1 ℃,以榆林、定边较低,地面极端最高温度69.3 ℃(靖边,1958),地表极端最低温度为－36.5 ℃(横山,1955),最大冻土深度147 cm(榆林,1967)。剧烈的温度变化对植被生长有重要的影响。

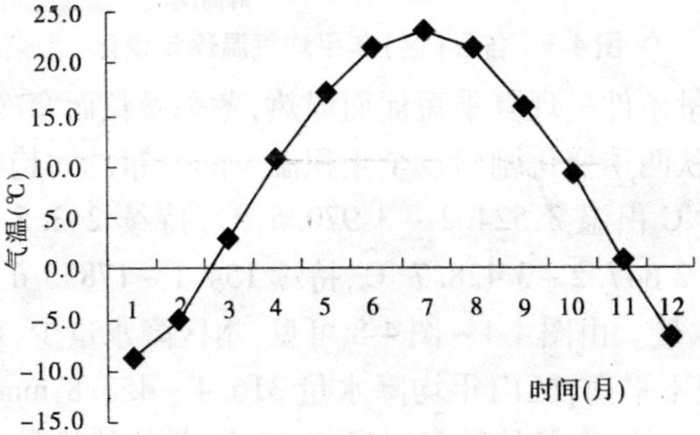

图4-1 年均气温变化

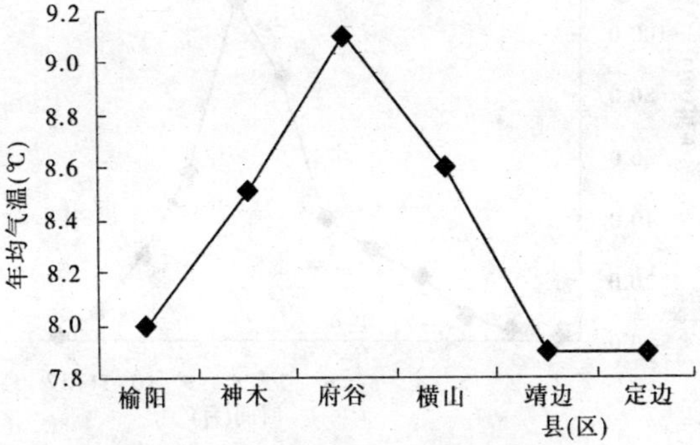

图4-2 各县(区)年均气温差异

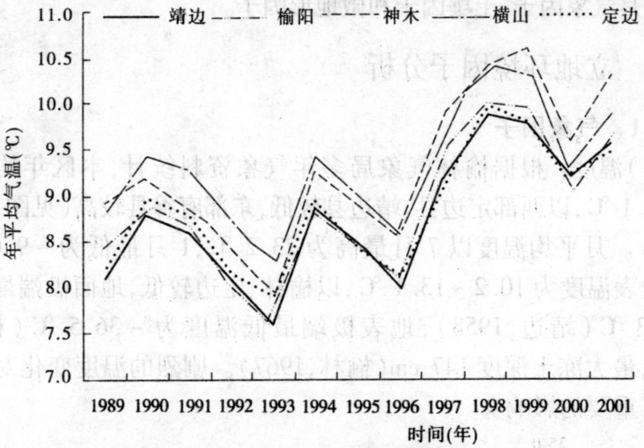

图4-3　各县(区)年平均气温逐年变化

本区热量条件呈现夏季短促而温热，冬季漫长而寒冷，季节变化明显，以春、秋两季变化剧烈。全年积温空间分布总的趋势是东部大于西部，≥0 ℃积温 3 524.2～3 970.5 ℃，持续 243.5～253.4 d，≥10 ℃积温 2 847.2～3 428.7 ℃，持续 154.1～178.3 d。

(2)降水量。由图4-4～图4-8可见，本区降水量少，而年际变化大，地域间很不平衡，区内年均降水量 316.4～453.8 mm，以定边县最少(316.4 mm)，府谷县最多(453.8 mm)，总的趋势是东部大于西

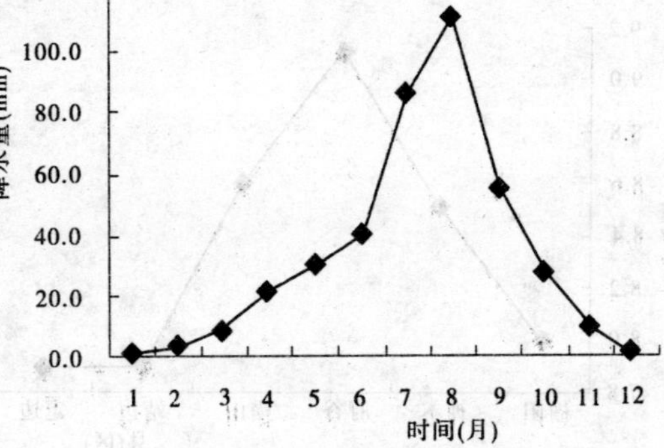

图4-4　全区降水量月变化

部,年内降水多集中于6~9月,占全年降水量的70%以上,其中生长季(4~9月)降水占到全年降水总量的94.5%,这对植被生长有重要意义。

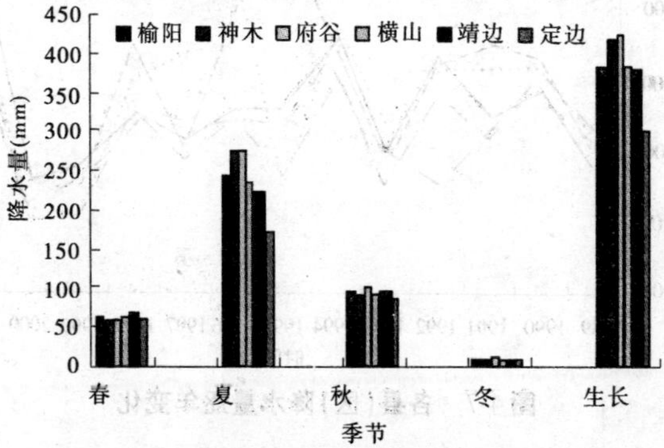

图4-5 各县(区)年降水量的季节分配

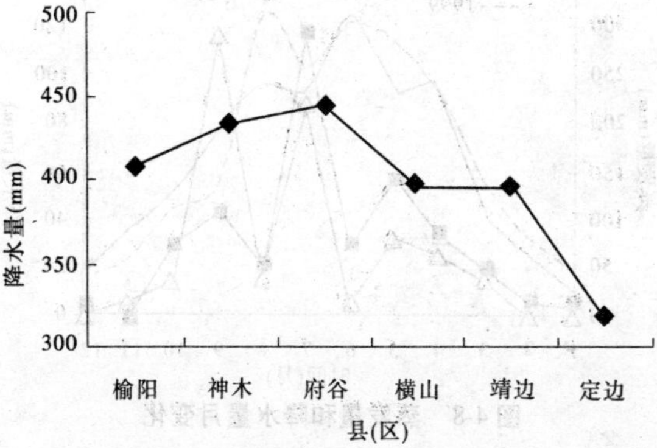

图4-6 各县(区)年均降水量差异

(3)蒸发量。本区全年蒸发量1 164.1~1 289.7 mm,逐月蒸发量变化见图4-8。湿润指数0.279~0.399,其中以定边县最低为0.279,其余各县差异不大,均在0.32以上。按照伊万诺夫湿润度分级标准,定边县为干旱区($k=0.3\sim0.13$),其他各县为半干旱区($k=0.3\sim0.6$)。全区蒸发量是降水量的2.8倍,定边县高达4.1倍,

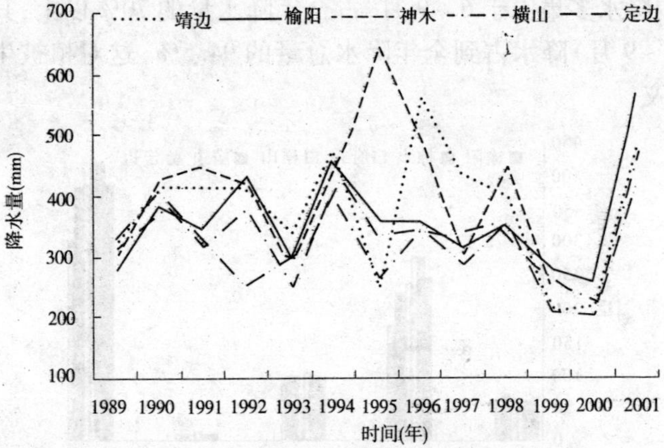

图 4-7　各县(区)降水量逐年变化

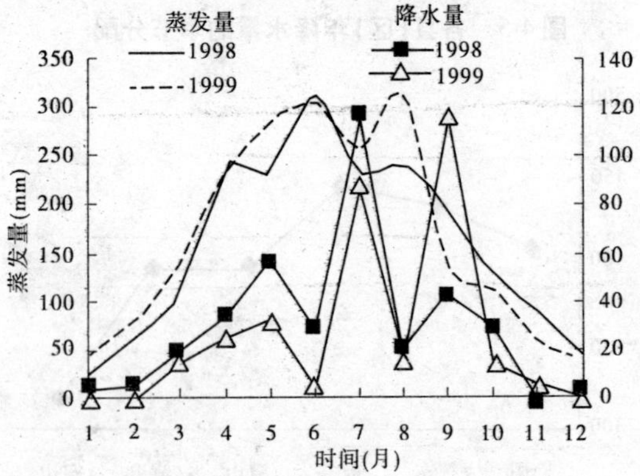

图 4-8　蒸发量和降水量月变化

强烈的蒸发使定边县成为榆林风沙区盐土的集中分布区。同时,由图 4-8 可见,蒸发量与降水量是同步变化的。

(4)光照。本区光照丰富,日照时间长,日照百分率高,太阳辐射强度大,总辐射量多,年均日照总数 2 739.9 ~ 2 914.2 h,平均日照百分率为 62% ~66%,年辐射总量 135.6 ~ 144.3 MJ/cm^2,有利于人工植被光合生产。

(5)风速。年均风速 2.2 ~ 3.2 m/s,年沙暴日数 4.3 ~20.8 d,

以定边风速最大,风沙日数最多(见图4-9和图4-10)。

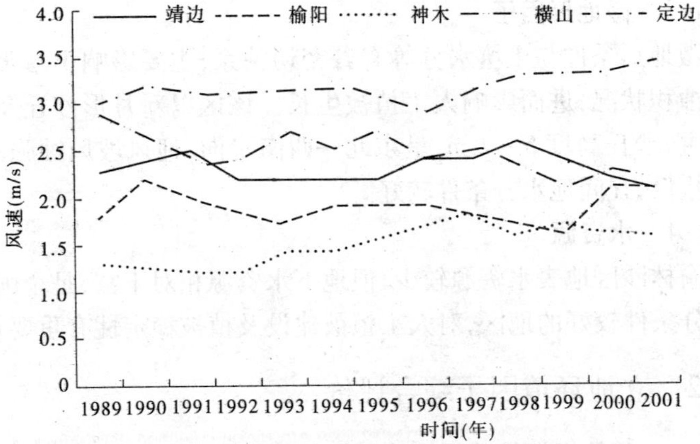

图4-9 各县(区)平均风速逐年变化

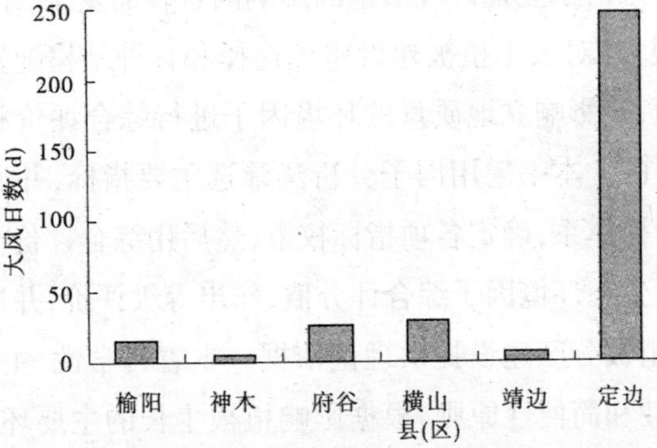

图4-10 各县(区)大风日数

4.1.1.2 土壤因子

本区属干草原地带,地带性土壤为淡栗钙土和淡灰钙土。由于风沙侵蚀,地带性土壤呈零星点状分布,面积仅占4%左右,而代之以风沙土广泛分布,占64.6%。土壤贫瘠,0~30 cm层有机质0.09%~0.72%,全氮0.006%~0.034%,全磷0.04%~0.06%,全钾1.78%~2.44%;碱解氮8~36.5 mg/kg,速效磷2.5~5.93 mg/kg,

速效钾35～141.18 mg/kg。

4.1.1.3　**微地形因子**

微地形条件与土壤水分等有着密切关系，主要影响土壤水分条件和蚀积状况，进而影响人工植被生长。该区以新月形沙丘及沙丘链为主，沙丘高度5～7 m，呈东北—西南走向，迎风坡风蚀强烈，水分含量低，丘间地水分条件较好。

4.1.1.4　**水资源**

榆林沙区地表水资源较少，但地下水资源相对丰富，是全国沙漠区水分条件较好的地区，对人工植被建设及植被稳定性有重要意义。

4.1.2　立地环境因子综合评价

4.1.2.1　**评价指标筛选及评价指标体系的确立**

榆林沙区由于立地环境质量的影响因素多而复杂，东、西部立地条件差异很大，对人工植被建设树种选择和林种结构配置影响也很明显。因而，对影响立地质量的环境因子进行综合评价和归类分区是十分必要的。本书采用因子分析法筛选主要指标，并通过层次分析法建立指标体系，确定各项指标权重，然后用综合评价模型计算出该区各乡镇生态环境因子综合评分值，作出等级评价，并进行立地分区，为人工植被分区建设提供理论依据。本着科学性、主导性、可操作性、综合性和简便性原则，根据影响植被生长的主要环境因子，选取了1个目标层、2个指标层和12个变量层，构建了榆林沙区立地环境因子综合评价的指标体系，见图4-11。

在对决定立地质量的水、土、气、生等因子的筛选中，因该区土壤以风沙土为主，总体差异不是十分显著，少量其他土类可在实践造林中视具体情况区别对待，因而没有列入综合评价指标中。该区地形高差不大，沙丘高度一般平均只有5～7 m，而沙丘阴风坡与背风坡的主要差异反映在风蚀和水分上，已归入气象因子考虑，因而地形因

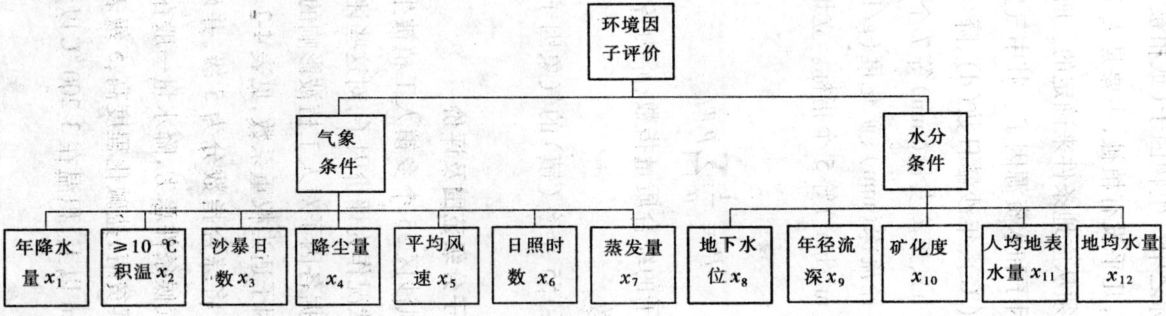

图 4-11 榆林沙区立地环境因子综合评价指标体系框图

子也没有列入评价指标之中。生物因子(或植被状况)因沙地植被稀少,特别是流沙地区,几乎没有植被,主要是人工造林形成的人工植被,这正是本研究必须从立地条件来确定的。所以,综合评价指标体系中只选择了气象因子和水资源因子。其中气象因子包括年降水量(mm)、≥10 ℃积温(℃)、年沙暴日数(d)、降尘量(t)、年平均风速(m/s)、年日照时数(h)、年蒸发量(mm)等7个指标,水资源状况包括地下水位(m)、年径流深(mm)、矿化度(g/L)、年人均地表水(m^3/人)、年地均水量(m^3/hm^2)等5个指标。立地环境因子综合指数 P 按下式确定:

$$P = \frac{1}{n}\sum_{i=1}^{n} p_i w_i \tag{4-1}$$

式中:P 为立地环境因子的综合质量指数;p_i 为各评价指标因子值;w_i 为各指标的权重系数。

榆林沙区6县(区)55个乡(镇)的气象因子和水资源状况见表4-1。

4.1.2.2 各项环境因子分级范围及评价

以影响榆林北部风沙区55个乡镇人工植被生长与稳定性的主要气象因子和水资源状况作为评价因子,对这些评价因子等距离,分为5个级差范围,并根据各因子对人工植被影响的重要程度,采用专家打分的方法赋予各因子适当权重系数,见表4-2。

根据分级值范围,将综合指数分为5级,并确定评判标准,见表4-3。其中1级表示气候条件恶劣,降水量一般在300 mm以下,风沙严重,蒸发量大,土壤贫瘠,盐碱化程度高,5级表示气候条件相对优越,降水量在400 mm以上,积温在3 200 ℃以上,水资源相对丰富;2、3、4级为过渡级。

表 4-1　榆林沙区立地环境因子评价指标值

序号	乡(镇)	x_1 (mm)	x_2 (℃)	x_3 (d)	x_4 (t)	x_5 (m/s)	x_6 (h)	x_7 (mm)	x_8 (m)	x_9 (mm)	x_{10} (g/L)	x_{11} (m^3/人)	x_{12} (m^3/hm^2)
1	大昌汉	353.1	2 654.5	4.3	181.86	2.6	2 962.2	1 200	4	80		2 720	404
2	老高川	411.3	2 721.9	4.3	181.86	2.6	2 962.2	1 250	4	80	0.29		
3	大柳塔	353.1	2 654.5	8	181.86	2.7	2 860.4	1 200	0.5 ~ 20	80	0.28		
4	中鸡	340.0	2 593.0	8	63.17	2.7	2 860.4	1 230	0.5 ~ 20	90		3 462	474
5	孙家岔	411.3	2 721.9	8	63.17	2.7	2 860.4	1 250	5 ~ 20	92		3 462	474
6	西沟	440.8	2 855.0	8	63.17	2.7	2 860.4	1 410	5 ~ 20	150		3 462	474
7	麻家塔	440.8	2 988.0	8	63.17	2.7	2 860.4	1 400	5 ~ 20	130		3 462	474
8	尔林兔	331.0	2 543.0	8	63.17	2.7	2 860.4	1 260	1.5	100	0.17	3 462	474
9	瑶镇	365.1	2 708.2	8	65.48	2.7	2 860.4	1 280	2 ~ 50	140	0.18	3 462	474
10	大保当	381.0	2 662.8	8	65.48	2.7	2 860.4	1 360	3	100	0.22	3 462	474

续表 4-1

序号	乡(镇)	x_1 (mm)	x_2 (℃)	x_3 (d)	x_4 (t)	x_5 (m/s)	x_6 (h)	x_7 (mm)	x_8 (m)	x_9 (mm)	x_{10} (g/L)	x_{11} (m^3/人)	x_{12} (m^3/hm^2)
11	高家堡	384. 9	3 269. 9	8	65. 48	2. 7	2 860. 4	1 420	3 ~ 20	100	0. 22	3 462	474
12	榆林镇	441. 5	3 367. 8	11. 5		2. 2	2 986. 5	1 400		65		2 017	477
13	鱼河镇	432. 7	3 351. 6	11. 5		2. 2	2 986. 5	1 450	2 ~ 5	50			
14	小壕兔	440. 2	3 326. 6	11. 5	48. 2	2. 2	2 986. 5	1 320	2	100			
15	孟家湾	381. 1	3 318. 1	11. 5	48. 2	2. 2	2 986. 5	1 350		90	0. 5		
16	岔河则	438. 0	3 209. 1	11. 5	48. 2	2. 2	2 986. 5	1 370		85	0. 5		
17	金鸡滩	430. 4	3 238. 4	11. 5	65. 48	2. 2	2 986. 5	1 370	0. 5 ~ 3	90	0. 5		
18	麻黄梁	389. 1	3 112. 3	11. 5	65. 48	2. 2	2 986. 5	1 400	2. 5	80	1. 9		
19	大河塔	329. 5	3 400. 1	11. 5	65. 48	2. 2	2 986. 5	1 410		95			

续表 4-1

序号	乡(镇)	x_1 (mm)	x_2 (℃)	x_3 (d)	x_4 (t)	x_5 (m/s)	x_6 (h)	x_7 (mm)	x_8 (m)	x_9 (mm)	x_{10} (g/L)	x_{11} (m^3/人)	x_{12} (m^3/hm^2)
20	牛家梁	442.0	3 240.3	11.5		2.2	2 986.5	1 380		70	0.5		
21	青云	446.2	3 326.3	11.5		2.2	2 986.5	1 410		65	0.3		
22	刘官寨	453.1	3 342.4	11.5		2.2	2 986.5	1 430		60	0.5		
23	马合	327.4	3 346.0	11.5	48.2	2.2	2 986.5	1 370		55	0.5		
24	芹河	437.6	3 357.4	11.5	33.3	2.2	2 986.5	1 390		55	0.5		
25	小纪汉	441.5	3 343.0	11.5	33.3	2.2	2 986.5	1 380		55	0.5		
26	补浪河	425.6	3 346.6	11.5	68.69	2.2	2 986.5	1 400		48	0.5		
27	红石桥	427.1	3 287.7	11.5	68.69	2.2	2 986.5	1 500		48	0.5		
28	巴拉素	326.7	3 346.6	11.5	68.69	2.2	2 986.5	1 430	0.9	47	0.5		

续表 4-1

序号	乡(镇)	x_1 (mm)	x_2 (℃)	x_3 (d)	x_4 (t)	x_5 (m/s)	x_6 (h)	x_7 (mm)	x_8 (m)	x_9 (mm)	x_{10} (g/L)	x_{11} (m^3/人)	x_{12} (m^3/hm^2)
29	波罗	400.8	3 087.5	13.4	116.2	2.2	2 856.9	1 450		48	0.87	2 747	529
30	横山镇	378.7	3 386.2	13.5	116.2		2 856.9	1 550		49			
31	白界	421.4	3 551.4	13.4	116.2	2.3	2 856.9	1 450	1.8	49	1		
32	雷龙湾	345.4	3 055.1	13.4	116.2	2.3	2 856.9	1 600	30	46	0.1~0.19		
33	赵石畔	357.6	3 321.6	13.4		2.3	2 856.9	1 610	30	50	1		
34	塔湾	357.6	3 147.2	13.4	125.26	2.3	2 856.9	1 650	70	51	0.004		
35	红墩界	246.1	3 255.4	19	125.26	2.3	2 820.7	1 690	30	44	1		
36	黄蒿界	244.0	3 174.6	19	125.26	3.2	2 820.7	1 700	30	45	1.5~3		
37	柠条梁	193.7	3 148.7	19	77.17	3.2	2 820.7	2 000	15	42	0.9	1 314	247

续表 4-1

序号	乡(镇)	x_1 (mm)	x_2 (℃)	x_3 (d)	x_4 (t)	x_5 (m/s)	x_6 (h)	x_7 (mm)	x_8 (m)	x_9 (mm)	x_{10} (g/L)	x_{11} (m^3/人)	x_{12} (m^3/hm^2)
38	海则滩	247.4	3 246.8	19	77.17	3.2	2 820.7	1 720	1 ~ 10	46	0.1 ~ 1		
39	杨桥畔	247.4	3 246.1	19	125.26	3.2	2 820.7	1 700	30	48	1		
40	新农村	247.4	3 088.6	19	125.26	3.2	2 820.7	1 730	10	46	1		
41	东坑	256.4	3 148.1	19	77.17	3.2	2 820.7	2 000	10	44	1		
42	高家沟	245.6	3 178.7	19	125.26	3.2	2 820.7	1 660	10	50	1		
43	张家畔	286.7	3 256.4	19	125.26	3.2	2 820.7	1 830	10	46	5		
44	定边镇	243.7	3 128.6	20.8	175.09	3	2 757.7	1 900		26	5 ~ 10		
45	安边镇	196.5	3 246.5	20.8	125.26	3	2 757.7	2 000	3	36	3 ~ 10		
46	砖井镇	203.5	3 128.6	20.8	77.17	3	2 757.7	1 950	3	28	3 ~ 10		

续表 4-1

序号	乡(镇)	x_1 (mm)	x_2 (℃)	x_3 (d)	x_4 (t)	x_5 (m/s)	x_6 (h)	x_7 (mm)	x_8 (m)	x_9 (mm)	x_{10} (g/L)	x_{11} (m^3/人)	x_{12} (m^3/hm^2)
47	堆子梁	197.6	3 246.5	20.8	77.17	3	2 757.7	2 000	3	32	3~10		
48	石洞沟	200.4	3 186.4	20.8	77.17	3	2 757.7	2 000	6.3	36	3		
49	郝滩	193.7	3 148.7	20.8	77.17	3	2 757.7	2 000	3~10	40	1.2~4.8		
50	白泥井	180.0	3 256.7	20.8		3	2 757.7	1 950	1~3	38	1~4		
51	周台子	225.6	3 247.5	20.8	175.09	3	2 757.7	1 900	2.5	24	2.5	625	41
52	海子梁	185.4	3 278.5	20.8	175.09	3	2 757.7	1 980	2.5	30	1~4		
53	贺圈	242.6	3 257.4	20.8	175.09	3	2 757.7	1 890	2.5	25	5~10		
54	盐场堡	224.7	3 345.4	20.8	175.09	3	2 757.7	1 880	2.3	24	90		
55	红柳沟	235.4	3 282.5	20.8	175.09	3	2 757.7	1 780	9	24	3		

表 4-2　各项因子分级范围及权重系数

项目	权重	分级数				
		5	4	3	2	1
降水量(mm)	1.0	>400	350 ~ 400	350 ~ 300	300 ~ 250	<250
蒸发量(mm)	0.6	<1 300	1 300 ~ 1 500	1 500 ~ 1 700	1 700 ~ 1 900	>1 900
≥10 ℃积温(℃)	1.0	>3 200	3 200 ~ 3 000	3 000 ~ 2 800	2 800 ~ 2 600	<2 600
日照时数(h)	0.6	>2 900	2 900 ~ 2 870	2 870 ~ 2 840	2 840 ~ 2 810	<2 810
风速(m/s)	1.0	<2.4	2.4 ~ 2.55	2.55 ~ 2.70	2.70 ~ 2.85	>2.85
沙暴(d)	1.0	<8	8 ~ 12	12 ~ 16	16 ~ 20	>20
降尘(t)	1.0	<35	35 ~ 70	70 ~ 100	100 ~ 130	>130
径流深(mm)	1.0	>100	100 ~ 80	80 ~ 50	50 ~ 30	<30
人均水(m^3/人)	0.8	>3 200	3 200 ~ 2 400	2 400 ~ 1 600	1 600 ~ 800	<800
地均水(m^3/hm^2)	0.8	>600	600 ~ 450	450 ~ 300	300 ~ 150	<150
地下水埋深(m)	0.5	<1	1 ~ 5	5 ~ 10	10 ~ 20	>20
矿化度(g/L)	0.5	<1.5	1.5 ~ 3	3 ~ 5	5 ~ 10	>10

表 4-3　综合指数分级范围及评价等级

级数	5	4	3	2	1
综合指数	≥3.2	3.2 ~ 2.5	2.5 ~ 2.0	2.0 ~ 1.5	≤1.5
评价	好	较好	中	较差	劣

利用式(4-1)对榆林北部沙区 55 个乡(镇)气候和水分环境因子进行计算,得出综合指数,并进行分级评判,结果见表 4-4。

表4-4 榆林沙区立地环境因子综合评价指数与分级评判

序号	乡(镇)	P	级数	评价	序号	乡(镇)	P	级数	评价
1	大昌汉	3.35	5	好	29	波罗	2.91	4	较好
2	老高川	3.35	5	好	30	横山镇	2.55	4	较好
3	西沟	3.12	4	较好	31	白界	2.84	4	较好
4	麻家塔	3.13	4	较好	32	赵石畔	2.26	3	中
5	大柳塔	2.95	4	较好	33	塔湾	2.77	4	较好
6	中鸡	2.95	4	较好	34	雷龙湾	2.68	4	较好
7	孙家岔	2.97	4	较好	35	红墩界	1.88	2	较差
8	尔林兔	2.92	4	较好	36	海则滩	1.67	2	较差
9	瑶镇	3.20	5	好	37	杨桥畔	1.67	2	较差
10	大保当	3.07	4	较好	38	新农村	2.05	3	中
11	高家堡	3.33	5	好	39	东坑	2.00	3	中
12	榆林镇	3.49	5	好	40	高家沟	1.89	2	较差
13	鱼河镇	3.29	5	好	41	张家畔	1.92	2	较差
14	小壕兔	3.58	5	好	42	黄蒿界	2.08	3	中
15	孟家湾	3.46	5	好	43	柠条梁	1.83	2	较差
16	岔河则	3.53	5	好	44	定边镇	1.20	1	劣
17	金鸡滩	3.53	5	好	45	安边镇	1.45	1	劣
18	大河塔	3.12	4	较好	46	砖井镇	1.45	1	劣
19	牛家梁	3.24	5	好	47	堆子梁	1.52	2	较差
20	刘官寨	3.27	5	好	48	石洞沟	1.45	1	劣
21	马合	3.27	5	好	49	郝滩	1.45	1	劣
22	芹河	3.27	5	好	50	白泥井	1.52	2	较差
23	小纪汉	3.14	4	较好	51	周台子	1.42	1	劣
24	麻黄梁	3.29	5	好	52	海子梁	1.48	1	劣
25	青云	3.29	5	好	53	贺圈	1.42	1	劣
26	补浪河	2.97	4	较好	54	盐场堡	1.37	1	劣
27	红石桥	2.97	4	较好	55	红柳沟	1.42	1	劣
28	巴拉素	2.93	4	较好					

4.1.2.3　立地环境质量分区

根据表4-4立地环境因子综合评价结果，榆林沙区大致可以划分为3个生态分区（见图4-12），其结果与气候分区结果基本一致。

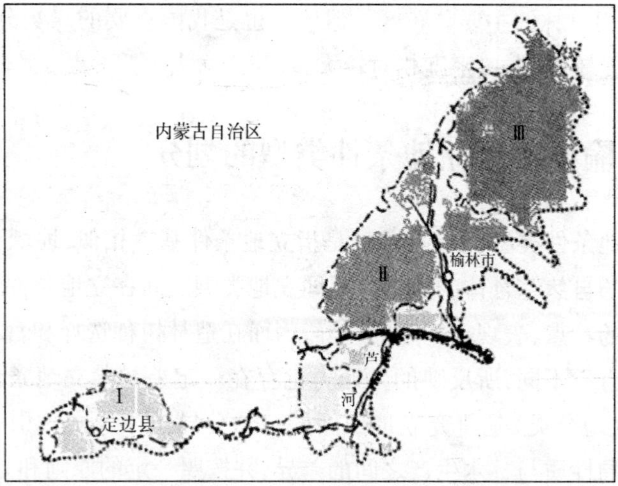

图4-12　榆林沙地分区示意图

西部区（Ⅰ区）：属于荒漠化草原带，为生态环境劣势区，其综合指数在1.5以下，包括定边县12个乡（镇）。该区年降水量在300 mm以下，蒸发量在1 600 mm以上，沙暴日数超过19 d/a，地下水矿化度高，地表水贫乏，土壤以沙土和盐渍化土为主，对植被生长不利，治理难度较大。

中部区（Ⅱ区）：属于干草原带，为生态环境较好、中等或稍差的地区，综合指数在1.5~3.2，包括榆阳、神木、横山、靖边县（区）的27个乡（镇）。该区为榆林沙地的主要分布区，占区域总面积的70%左右。区内水分条件相对较好，土壤以沙土和绵沙土为主，毛乌素沙地的大部分植物种均可以在该区生长，为人工防风固沙林的主要分布区。

东部区（Ⅲ区）：属于森林草原带，为本区自然生态环境优势地区,综合质量指数在3.2以上,包括榆阳、神木、府谷县(区)的16个乡(镇)。该区主要集中在窟野河、榆溪河等河流沿岸或水库、湖泊周围,水分等自然条件较好,土壤以沙壤土为主,是农田防护林和"四旁"用材林的主要分布区。但该区也是我国重要的煤炭分布区,经济发展较快,人口密度相对较大,环境压力大。

4.2 榆林沙区立地条件类型的划分

立地条件类型(立地类型)是指立地条件基本相似,地域上不一定相连的自然综合体的集合。不同立地类型之间在立地条件方面各有自己的特点,表现出一定的差异,因而在造林树种选择和营林措施上也应有所不同,所反映的生产力也存在一定差异。立地条件类型划分(立地分类)是研究立地田间的自然分异规律及由此引起的不同立地的性质与林木生产之间的差异,并按照一定的原则和方法,对不同综合自然体的立地条件进行划分与归并。划分立地条件类型是立地分类研究的中心环节,是认识造林地立地特点和植被空间格局的科学手段和方法,人工植被的营建工作只有以立地分类为基础,才能营造出生产力高和稳定性强的人工林,也才能培育出高质量的天然林。立地类型划分要依据科学实用的原则,既能反映立地分异规律,又便于应用,使基层技术人员易于掌握。地形变化造成光、热、水、养分的配置差异,影响植被的分布与组成,同时不同的地形也造成了土壤侵蚀的差异。在榆林沙区,水分是植被生长的主导限制因子。

4.2.1 立地分类原则

(1)综合因子原则。即以植物生态学原理为理论基础,生态环境诸因子(气候、地质、地貌、土壤等)为植物的生活物质条件,不同的生态条件决定了绿色植物发展的方向,绿色植物反映了生态条件量和质的特征。

(2)主导因子原则。在影响林木生长发育的诸因子中必然存在个别主导因子,他们决定着不同植物中的分布、结构组成及生物量,主导因子应该是区别不同立地单元最为直观和容易掌握的主要方法。

(3)多级分类原则。榆林沙区自然条件复杂,为区别不同立地性质,必须建立相应的多级立地分类体系。该体系应以立地带、立地区、立地类和立地类型4个等级单元组成。前两个单元为高级立地区划单元,后两个单元为基本立地分类系统单元。

4.2.2 立地分类系统

(1)立地带。依据地理位置、气候带和植被带划分,应属温带干草原立地带。

(2)立地区。依据立地环境因子综合评价指数(>3.2,3.2 ~ 1.5, <1.5),榆林风沙区划分为西部区(Ⅰ区)、中部区(Ⅱ区)、东部区(Ⅲ区)。

(3)立地类。根据地貌特点、土壤性质和成因、地形部位等微地形因子,划分为沙丘地类、风沙滩地类、沙盖黄土地类、风蚀沙化地类及风沙河谷阶地类5个立地类。

(4)立地类型。根据沙丘固定程度、覆沙厚度、土壤种类及坡位坡向等划分16个立地类型。此外,按照立地分区组合,还可以进一步形成48个立地条件亚型。

4.2.3 立地条件类型

根据以上分类原则和方法,榆林沙区立地条件类型分类见表4-5。

表 4-5　榆林沙区主要立地条件类型

类型	立地代号	立地类型名称	面积(万 hm^2)	比例(%)
沙丘地类	Ⅰ1	流动沙丘地迎风坡	21.45	11.85
	Ⅰ2	流动沙丘地丘间地	9.19	5.08
	Ⅰ3	半固定沙丘地	29.40	16.23
	Ⅰ4	固定沙丘地	54.09	29.87
	Ⅰ5	平缓沙地(耕种沙地)	3.35	1.85
风沙滩地类	Ⅱ6	干旱滩地	7.60	4.20
	Ⅱ7	下湿滩地	10.18	5.62
	Ⅱ8	盐碱滩地	2.08	1.15
河谷阶地类	Ⅲ9	河谷阶地	1.25	0.69
	Ⅲ10	河漫滩地(海子、水库)	1.21	0.67
盖沙黄土地类	Ⅳ11	盖沙梁地	28.91	15.97
	Ⅳ12	风蚀擦痕地	0.13	0.07
	Ⅳ13	明沙坨子地	4.87	2.69
风蚀沙化地类	Ⅴ14	梁地	2.91	1.61
	Ⅴ15	光板梁地	0.45	0.25
	Ⅴ16	沟谷地	4.01	2.22

上述立地类型按照立地分区组合,又可以进一步划分为 48 个立地条件亚型。

4.2.4 立地质量评价

立地质量也称地位质量，是影响森林或其他植被类型组成、生长发育及生产力的所有环境因子的综合，它反映森林立地生产力的高低。立地质量评价是对立地质量好坏的分析、判断，通常是以一个内部情况大致相同的林分为基础来评价立地生产力，并按其立地生产力的差异进行分级。常用立地指数或地位级等指标来表示其优劣。

4.2.4.1 乔木立地质量评价

1)乔木立地质量数量化简表

榆林沙地人工造林乔木树种主要有杨树、旱柳、榆树、油松、樟子松等，但以杨树和旱柳分布最广，造林最多。因此，本书以杨树和旱柳为例进行乔木立地质量评价。根据标准地调查和标准木树干解析资料，编制了杨树、旱柳立地质量数量化简表(见表4-6、表4-7)。

由表4-6可见，影响杨树生长发育的主要因子是水分条件、土地类型、土壤类型和质地。根据数量化分析结果看出，在该区杨树的适生立地类型应为阶地、滩地和丘间地等，适宜的土质是质地疏松的轻壤、沙壤土或沙黄土，有地下潜水或灌溉水利用，有利于杨树生长。而由表4-7可见，旱柳适宜的立地条件则为沙壤土质的湿滩地，以营造1~3行的林带较适宜。由此可见，杨树和旱柳适宜作为沙区农田防护林、水域防护林，这些林种在该区往往也是用材林、护路林等的兼用林种。而在沙丘地只能在水分条件较好的丘间地作为“前挡”林带造林。

表 4-6 杨树立地质量数量化简表

项目	类目	得分
土壤类型	沙土	10.12
	轻壤	10.71
	砂土	8.14
	粗沙	5.18
地貌类型	干滩	2.10
	湿滩	1.38
	阶地	2.39
	河漫滩地	1.02
	半固定、固定沙丘	-0.19
	平沙地、丘间地	0.10
	黄土	2.92
湿度	润	-0.12
	潮	1.34
	湿	1.82
水分	降水	-0.10
	潜水	1.92
	灌水	1.62
紧密度	紧	-0.14
	松	2.11
林种	片林	-0.07
	带状林	1.10
复相关系数		0.84
F 值		27.8**
F_s		3.08

表 4-7　旱柳立地质量数量化简表

项目	类目	得分
密度		-0.02
行数	1 行	30.11
	2 行	32.80
	3 行	32.94
	4 行	21.13
	5～8 行	25.51
	片林	2.36
年龄		3.97
地貌	干滩	-0.26
	湿滩	5.69
	盐碱滩	-20.59
	河漫滩	-9.32
	坡麓阶地	-1.67
	丘间地	
土质	沙壤	15.59
	砂土	7.52
	粗沙	1.12
复相关系数		0.65
F 值		6.25**
F_s		3.33

2) 不同立地乔木生长状况

乔木树种对立地条件的反应是十分敏感的,相同树种在不同立地条件下生长状况差异很大。因此,通过对现有植被生长状况的调查,可以直观地反映立地的质量和乔木树种对各立地的适应性,从而为正确选择和配置造林树种提供参考依据。

(1)杨树生长状况。

对杨树人工林调查结果(见图4-13～图4-21)表明,杨树树高、胸径和材积生长量均以阶地最好,丘间地次之,沙丘地最差。这与立地指数是一致的。因此,在毛乌素榆林沙地选择杨树造林应配置在河谷阶地或丘间地等水分条件较好的部位,以发挥较好的生态、经济效益。

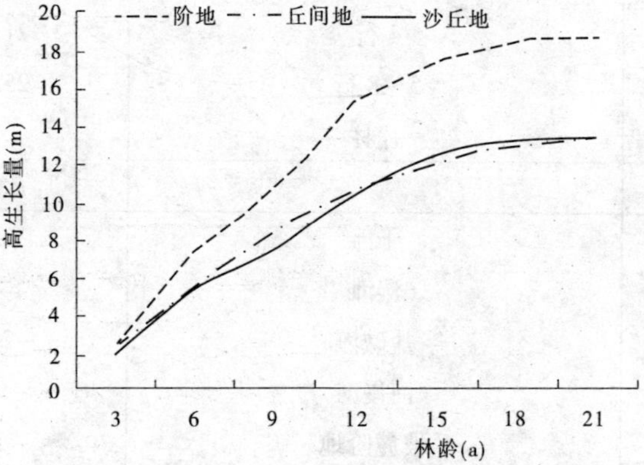

图4-13　不同立地下不同林龄的杨树高生长量

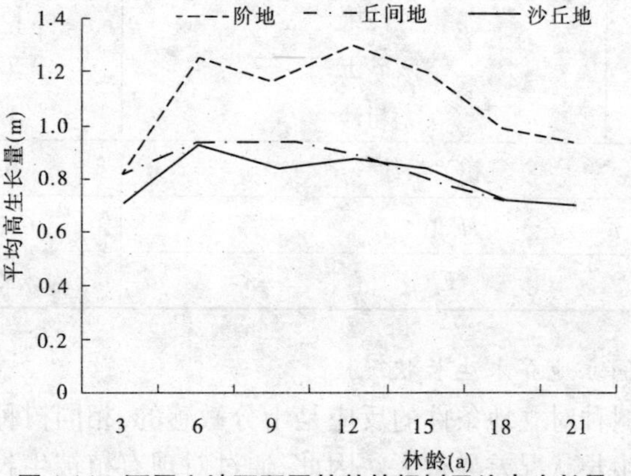

图4-14　不同立地下不同林龄的杨树平均高生长量

同时,由图4-15可见,杨树连年生长量具有波动性,这种生长波

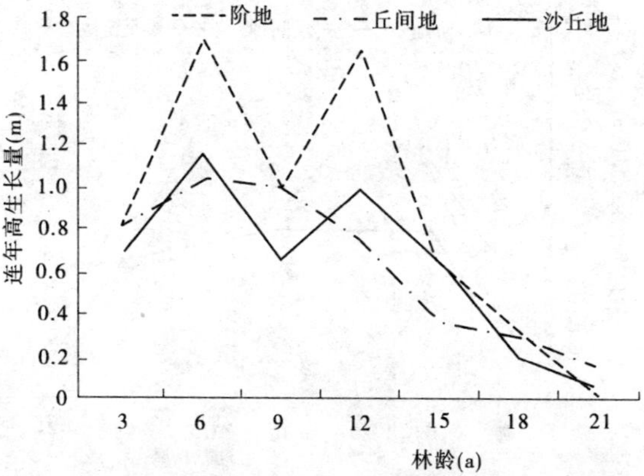

图 4-15　不同立地下不同林龄的杨树连年高生长量

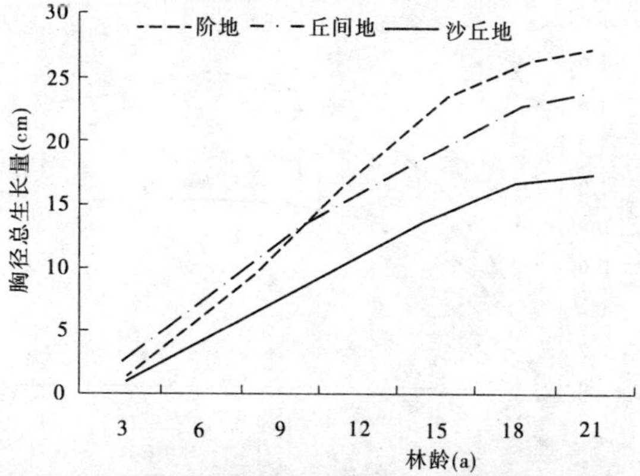

图 4-16　不同立地下不同林龄的杨树胸径总生长量

动性反映了气候的波动性。阶地和沙丘地的地下水分相对较深,土壤水分来源主要是降水,年降水量的差异对树高生长量有明显影响;而丘间地因汇集沙地水分,地下水位相对较浅,林木根系可以吸收浅层地下潜水,因而年生长量变化平缓。另外,从图 4-15、图 4-17 和图 4-21连年生长量曲线中可以看出,杨树的成熟年龄为 15 ~ 18 年,18 年以后进入成熟期,杨树高、胸径和材积生长量均开始下降,应进

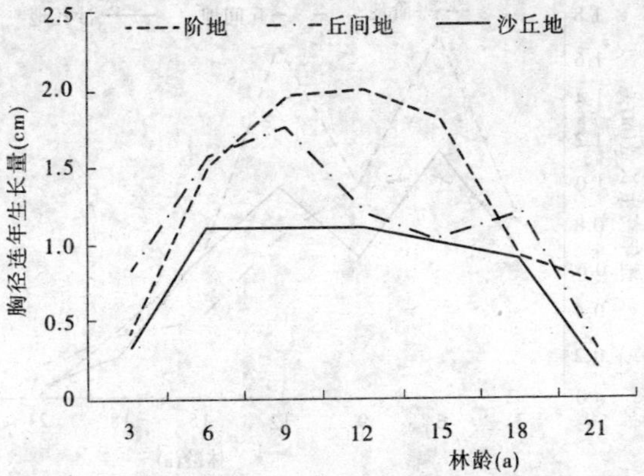

图 4-17　不同立地下不同林龄的杨树胸径连年生长量

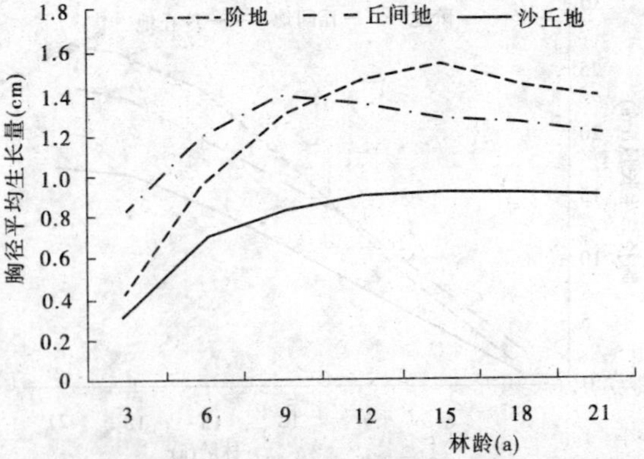

图 4-18　不同立地下不同林龄的杨树胸径平均生长量

行更新造林，以保证防护功能的持续发挥。

杨树树高、胸径和材积生长量随林龄增长而增加，与林龄存在一定相关性，经拟合所得杨树生长规律，见表 4-8 ~ 表 4-10。

由表 4-8 至表 4-10 可见，杨树高生长和胸径生长与林龄呈二次多项式函数关系，而材积生长则与林龄呈幂函数关系。

(2)樟子松生长状况。

由图 4-22 至图 4-25 可见，樟子松在榆林沙区中西部的靖边县生

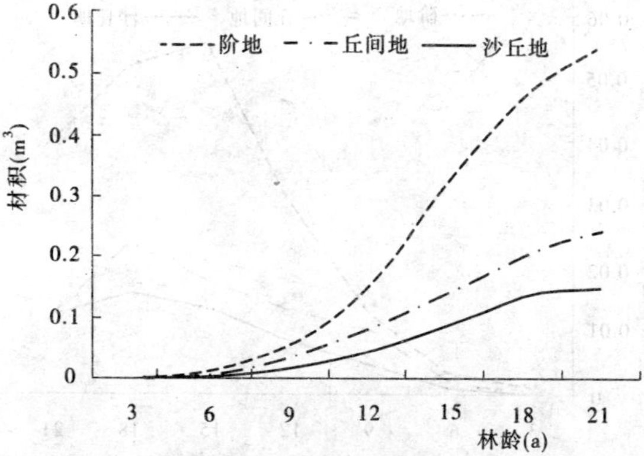

图 4-19　不同立地下不同林龄的杨树材积生长量

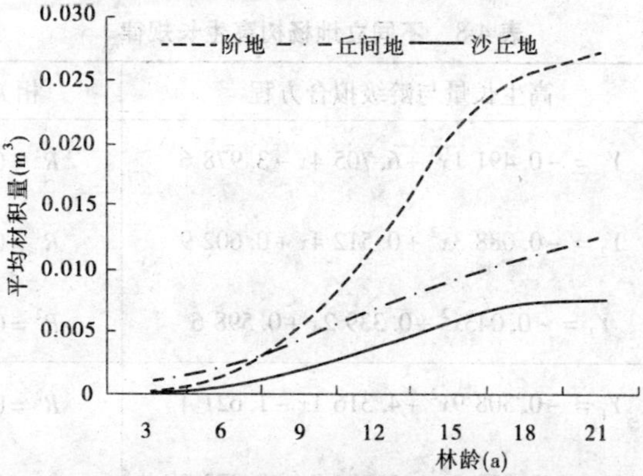

图 4-20　不同立地下不同林龄的杨树平均材积生长量

长状况较中东部榆阳区生长表现好，这正反映了樟子松是一种对干旱风沙适应性很强的乔木树种。樟子松高生长和胸径连年生长量波动性很大，反映了沙区气候条件和土壤水分条件的不稳定性，气候的异常对乔木树种生长影响很大。樟子松快速生长期出现在 15 龄左右，30 龄以后生长速度开始减缓，这除了与樟子松生物学特性有关外，可能与环境条件有很大关系，因为此时樟子松已成林郁闭，水肥条件、光照条件受到限制，植株个体间争水争肥严重。

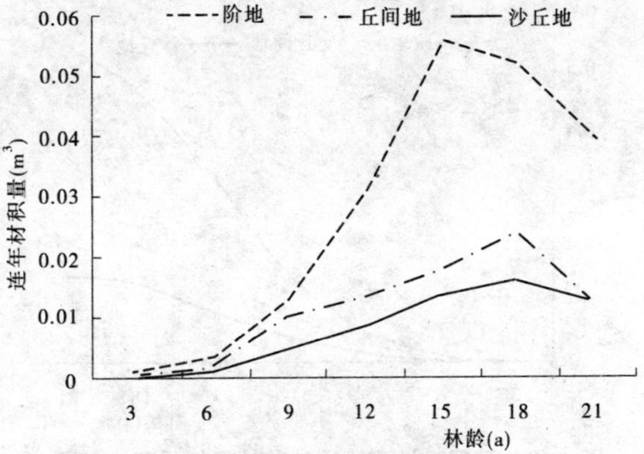

图 4-21　不同立地下不同林龄的杨树连年材积生长量

表 4-8　不同立地杨树高生长规律

立地	高生长量与龄级拟合方程	相关系数
阶地	$Y_1 = -0.4911x^2 + 6.7054x - 3.9786$	$R^2 = 0.9923$
	$Y_2 = -0.0883x^2 + 0.5124x + 0.6029$	$R^2 = 0.7165$
	$Y_3 = -0.043x^2 + 0.3392x + 0.5986$	$R^2 = 0.7658$
丘间地	$Y_1 = -0.3089x^2 + 4.3161x - 1.6214$	$R^2 = 0.9990$
	$Y_2 = -0.0288x^2 + 0.0848x + 0.8757$	$R^2 = 0.8739$
	$Y_3 = -0.0154x^2 + 0.0918x + 0.7729$	$R^2 = 0.8001$
沙丘地	$Y_1 = -0.2976x^2 + 4.331x - 2.0429$	$R^2 = 0.9937$
	$Y_2 = -0.0489x^2 + 0.2561x + 0.5943$	$R^2 = 0.7794$
	$Y_3 = -0.018x^2 + 0.1306x + 0.6414$	$R^2 = 0.6488$

注: Y_1 为高生长量,m;Y_2 为连年生长量,m;Y_3 为平均生长量,m;x 为林龄,a。

表 4-9 不同立地杨树胸径生长规律

立地	胸径生长量与龄级拟合方程	相关系数
阶地	$Y_1 = -0.3774x^2 + 7.6583x - 6.9571$	$R^2 = 0.9917$
	$Y_2 = -0.1593x^2 + 1.2621x - 0.5243$	$R^2 = 0.8892$
	$Y_3 = -0.0643x^2 + 0.6571x - 0.1286$	$R^2 = 0.9884$
丘间地	$Y_1 = -0.3393x^2 + 6.3393x - 3.7143$	$R^2 = 0.9974$
	$Y_2 = -0.0895x^2 + 0.6076x + 0.4857$	$R^2 = 0.7268$
	$Y_3 = -0.038x^2 + 0.3442x + 0.5957$	$R^2 = 0.8433$
沙丘地	$Y_1 = -0.2095x^2 + 4.5333x - 3.6571$	$R^2 = 0.9952$
	$Y_2 = -0.0969x^2 + 0.7424x - 0.2086$	$R^2 = 0.8940$
	$Y_3 = -0.0331x^2 + 0.3448x + 0.0771$	$R^2 = 0.9457$

注：Y_1 为胸径生长量，cm；Y_2 为胸径连年生长量，cm；Y_3 为胸径平均生长量，cm；x 为林龄，a。

表 4-10 不同立地杨树材积生长规律

立地	材积生长量与龄级拟合方程	相关系数
阶地	$Y_1 = 0.001x^{3.4277}$	$R^2 = 0.9913$
	$Y_2 = 0.0004x^{2.7382}$	$R^2 = 0.9388$
	$Y_3 = 0.0003x^{2.4448}$	$R^2 = 0.9850$
丘间地	$Y_1 = 0.0033x^{2.2813}$	$R^2 = 0.9913$
	$Y_2 = 0.0013x^{1.4774}$	$R^2 = 0.8680$
	$Y_3 = 0.0011x^{1.3076}$	$R^2 = 0.9772$
沙丘地	$Y_1 = 0.0005x^{3.0605}$	$R^2 = 0.9906$
	$Y_2 = 0.0002x^{2.403}$	$R^2 = 0.9485$
	$Y_3 = 0.0002x^{2.072}$	$R^2 = 0.9856$

注：Y_1 为材积生长量，m^3；Y_2 为材积连年生长量，m^3；Y_3 为材积平均生长量，m^3；x 为林龄，a。

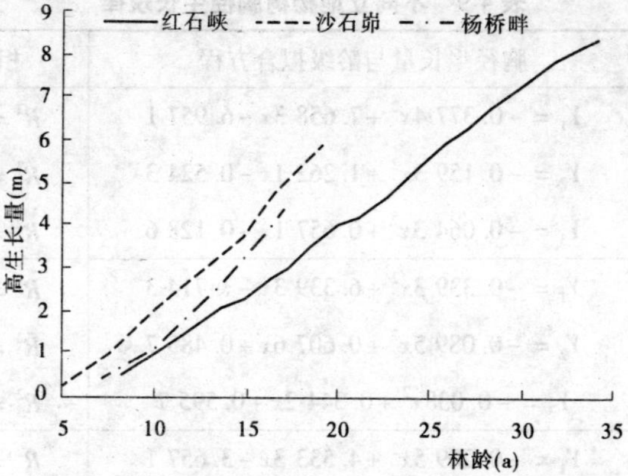

图 4-22　不同立地下不同林龄的樟子松高生长量

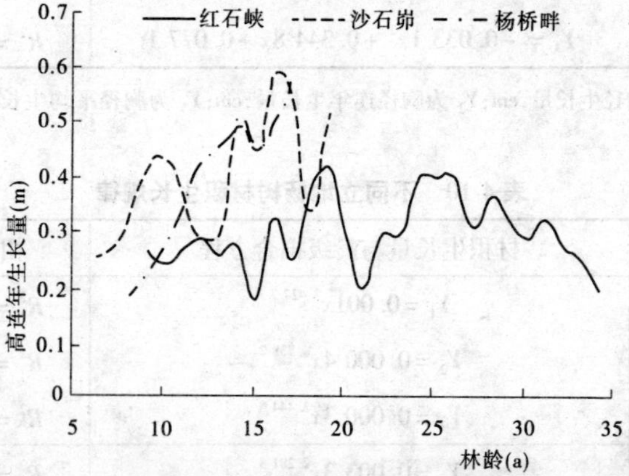

图 4-23　不同立地下不同林龄的樟子松树高连年生长量

同样可以看出,樟子松高生长和胸径生长均随林龄的增长而增加,生长量与林龄之间呈二次多项式函数关系(见表 4-11 和表 4-12),相关系数 R^2 均超过 0.9。但连年生长量与林龄之间的相关性不很明显,这主要是气候条件影响所致。

樟子松在同一区域沙丘的不同部位的生长表现也有差异。由图 4-26 和图 4-27可以看出,樟子松生长量以丘间地 > 迎风坡中下部 > 迎风坡上部;总生长量和连年生长量均与林龄增长呈良好一致性。

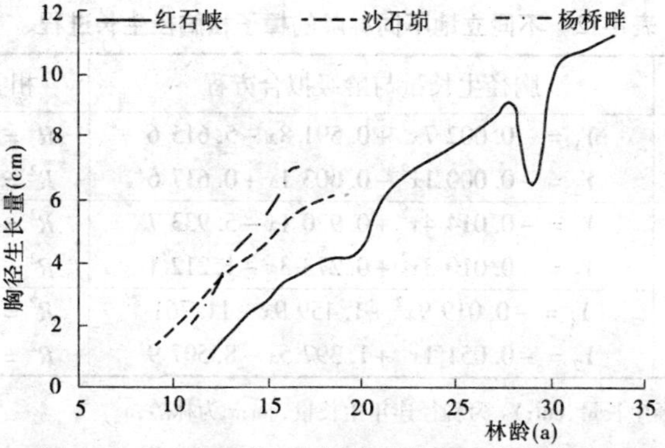

图 4-24　不同立地下不同林龄的樟子松胸径生长量

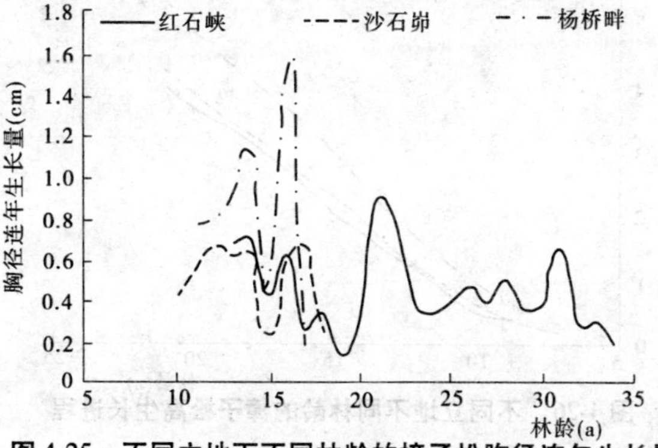

图 4-25　不同立地下不同林龄的樟子松胸径连年生长量

表 4-11　不同立地下不同林龄的樟子松高生长进程

立地	高生长量与龄级拟合方程	相关系数
榆阳红石峡植物园	$Y_1 = 0.001\ 6x^2 + 0.256\ 9x - 0.862$	$R^2 = 0.998\ 5$
	$Y_2 = -0.000\ 6x^2 + 0.022\ 6x + 0.123\ 8$	$R^2 = 0.257\ 6$
靖边沙石峁林场	$Y_1 = 0.008\ 5x^2 + 0.198\ 7x - 0.949\ 2$	$R^2 = 0.998\ 6$
	$Y_2 = -0.000\ 8x^2 + 0.028\ 7x + 0.246\ 2$	$R^2 = 0.416\ 3$
靖边杨桥畔治沙站	$Y_1 = 0.019\ 8x^2 - 0.072\ 8x - 0.090\ 8$	$R^2 = 0.999\ 3$
	$Y_2 = -0.002\ 4x^2 + 0.081\ 6x - 0.103\ 6$	$R^2 = 0.944\ 6$

注：Y_1 为高生长量，m；Y_2 为连年生长量，m；x 为林龄，a。

表 4-12　不同立地不同林龄的樟子松胸径生长进程

立地	胸径生长量与龄级拟合方程	相关系数
榆林红石峡植物园	$Y_1 = -0.0027x^2 + 0.5918x - 5.6156$	$R^2 = 0.9579$
	$Y_2 = -0.0001x^2 - 0.0031x + 0.6176$	$R^2 = 0.1104$
靖边沙石峁林场	$Y_1 = -0.0144x^2 + 0.9201x - 5.9337$	$R^2 = 0.9955$
	$Y_2 = -0.0103x^2 + 0.2733x - 1.2121$	$R^2 = 0.3780$
靖边杨桥畔治沙站	$Y_1 = -0.0199x^2 + 1.4599x - 11.761$	$R^2 = 0.9849$
	$Y_2 = -0.0511x^2 + 1.3975x - 8.5079$	$R^2 = 0.2073$

注：Y_1 为胸径生长量，cm；Y_2 为胸径连年生长量，cm；x 为林龄，a。

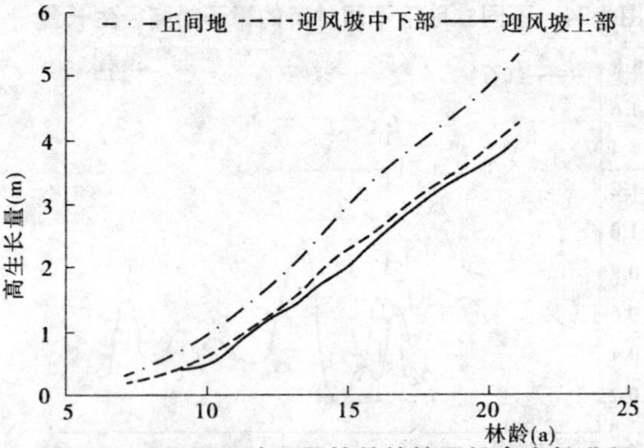

图 4-26　不同立地不同林龄的樟子松高生长进程

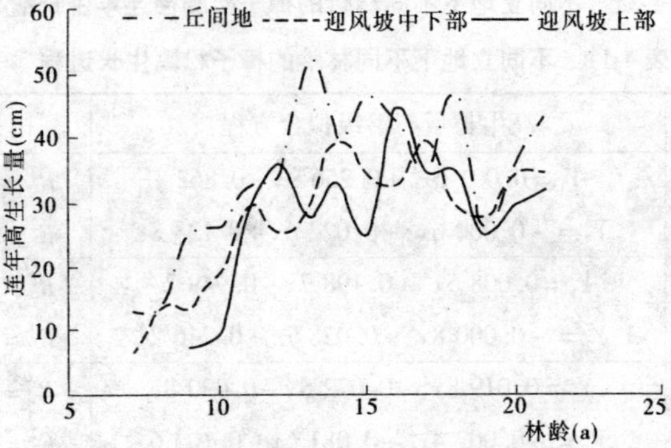

图 4-27　不同立地不同林龄的樟子松连年高生长进程

对沙丘不同部位樟子松高生长量与林龄之间关系进行拟合分析，得到高生长与林龄的拟合方程，见表4-13。

表4-13 沙丘不同部位樟子松高生长进程

立地	高生长量与林龄拟合方程	相关系数
丘间地	$Y_1 = 0.005\ 1x^2 + 0.237\ 3x - 1.788\ 9$	$R^2 = 0.995\ 5$
	$Y_2 = -0.377\ 7x^2 + 12.252x - 56.104$	$R^2 = 0.694\ 3$
迎风坡中下部	$Y_1 = 0.006\ 7x^2 + 0.118\ 7x - 1.098\ 9$	$R^2 = 0.996\ 7$
	$Y_2 = -0.288\ 1x^2 + 9.826\ 3x - 48.199$	$R^2 = 0.841\ 8$
迎风坡上部	$Y_1 = 0.002\ 8x^2 + 0.233\ 4x - 2.043\ 3$	$R^2 = 0.997\ 1$
	$Y_2 = -0.462\ 5x^2 + 15.294x - 90.475$	$R^2 = 0.626\ 7$

注：Y_1 为树高生长量，m；Y_2 为树高连年生长量，m；x 为林龄，a。

(3)油松和侧柏生长状况。对榆林沙区不同立地人工油松和侧柏林生长状况调查表明（见表4-14），油松、侧柏高生长和胸径生长状况均以固定沙地较半固定沙地要好，说明油松和侧柏的抗风蚀能力不如樟子松好，在沙地的适应性较差，适于盖沙黄土立地造林。

表4-14 油松和侧柏人工林生长状况调查

树种	立地条件	林龄(a)	保存率(%)	总生长量(cm)		年均生长量(cm)	
				树高	胸径	树高	胸径
油松	固定沙地	19	75.7	341.7	3.92	17.9	0.21
	半固定沙	18	88.2	298.5	3.83	16.6	0.21
侧柏	固定沙地	11	58.3	113.3	2.63*	10.3	0.24*
	半固定沙地	9	78.7	103.7	2.22*	11.5	0.25*

注：*为地径。

4.2.4.2 固沙灌木立地质量评价

1)灌木立地质量数量化简表

灌木是榆林沙区主要的人工造林树种，广泛分布于各种立地，其中以沙柳、踏郎、花棒、紫穗槐、柠条、沙棘、沙蒿、沙地柏等为主，占榆林沙区有林地面积的73%以上。因此，对灌木立地质量进行评价，是人工固沙植被建设与可持续经营的重要内容。本书以沙柳为例，选择了地貌、流动状况、坡位、坡度、风蚀沙埋、平茬、年龄、密度等8个项目、37个类目进行数据调查，采用数量化理论（Ⅰ）对影响沙柳生物量（干重）、灌高和灌幅生长量的立地质量进行评价，并编制了立地质量数量化简表，以期为林业生产中灌木树种的选择和配置提供理论指导。

数量化理论（Ⅰ）作为多元统计分析的一个分支，始于20世纪50年代的日本。该方法既可用于独立变量为定量，也可以用于独立变量完全或部分是定性的，使得许多定性问题可以用定量方法去研究其规律性，因而被用于无林地林木生长的最佳条件的选择和有林地林木生长状况、生物量的预估（朱灵益，1993）。

数量化理论（Ⅰ）的数学模型可以表述为以下线性形式：

$$y_i = \sum_{j=1}^{m} \sum_{k=1}^{r_k} \sigma_i(j,k) b_{jk} + \varepsilon_i \quad (i = 1,2,3,\cdots,n) \tag{4-2}$$

式中：$\sigma_i(j,k)$为j项目的k类目在第i样本中的反应；b_{jk}是仅依赖于j项目的k类目的常系数，即k类目的得分数；ε_i是随机误差项；m为项目个数；r_k为第k项的类目个数；b_{jk}可以根据最小二乘法估计出。

经过计算，即可得到沙柳生长立地质量数量化表，见表4-15。

对上述立地因子的评价结果进行偏相关系数的t检验，其检验公式为：

$$t = \frac{r\sqrt{n-m-1}}{\sqrt{1-r^2}} \tag{4-3}$$

式中：n为样本点的个数；m为立地因子数；r为偏相关系数。根据一般经验，$t>2$，对应项目对y_i为重要因子；$1 \leqslant t < 2$，对应项目对y_i有一定影响；$t<1$，对应项目对y_i的影响较小。经过计算，其结果见表4-16。

表 4-15　沙柳生长立地质量数量化简表

项目	类目	P_1	P_2	P_3
地貌	沙丘	-0.006	0.169	0.149
	黄土	0.007	0.421	0.226
	湿滩	-0.014	0.118	-0.137
	干滩	0.001	0.152	0.034
	轻盐碱滩	0.013	0.238	0.055
流动状况	固定	0.040	0.046	0.125
	半固定	0.003	-0.010	0.157
	无伏沙	0.018	0.076	0.021
坡位	上	0.048	0.016	0.019
	中	0.033	0.018	-0.143
	下	0.038	0.082	-0.124
坡度	平地	0.011	0.108	-0.001
	丘间地	0.018	0.082	0.026
	平地	0.060	0.155	0.162
	平缓坡	0.029	0.126	0.055
	缓坡	0.065	0.116	0.143
	缓斜坡	0.010	0.296	0.142
	斜坡	0.026	0.160	0.021
平茬	平茬	0.040	0.229	0.164
	没平茬	0.012	0.108	0.022

续表 4-15

项目	类目	P_1	P_2	P_3
风蚀沙埋	沙埋	0.085	0.168	-0.018
	风蚀	0.000	0.030	-0.102
	无风蚀沙埋	0.040	0.121	0.018
年龄	1	-0.024	0.165	-0.144
	2	0.071	0.360	0.183
	3	0.062	0.436	-0.040
	4	0.085	0.493	0.055
	5	0.076	0.466	0.060
	6	0.131	0.593	0.057
	7	0.066	0.507	-0.027
	>8	0.073	0.378	0.031
密度	1 000~2 000	0.007	-0.018	0.225
	2 001~3 000	0.012	0.046	0.172
	3 001~4 000	0.009	0.041	0.138
	4 001~5 000	-0.001	0.093	0.117
	5 001~7 000	0.009	0.052	0.094
	>7 000	0.006	0.133	0.030
复相关系数		0.799	0.796	0.718
剩余标准差		0.001	0.014	0.020

注:P_1 为立地质量对干生物量影响得分,P_2 为立地对灌高影响得分,P_3 为立地对灌幅影响得分。

表 4-16 沙柳生物量、灌高、灌幅偏相关系数 t 检验

项目	t_1	t_2	t_3	t	影响程度
地貌	1.07	4.36	2.72	2.72	重要因子
流动状况	1.99	1.03	0.86	1.29	有一定影响
坡位	1.32	1.46	2.32	1.70	有一定影响
坡度	2.22	1.93	1.62	1.92	有一定影响
平茬	3.78	1.99	1.78	2.52	重要因子
风蚀沙埋	1.66	2.01	2.33	2.00	重要因子
年龄	5.65	5.40	3.69	4.91	重要因子
密度	0.63	1.87	2.00	1.50	有一定影响

注：t_1、t_2、t_3 分别为生物量（干重）、灌高和灌幅对立地因子模型偏相关系数的 t 检验值，$t=1/3(t_1+t_2+t_3)$。

根据立地质量数量化简表就可以对灌木生长的立地质量进行评价，并根据各立地因子的得分值和立地条件的实际情况，选择各项目中类目最高得分值对应的类目，组合起来即可得出灌木生长的最佳条件，为无林地造林规划提供科学依据。由表 4-16 可见，地貌、平茬、风蚀沙埋和年龄是影响沙柳生长的重要因子，而流动状况、坡位、坡度和密度对沙柳生长有一定影响。

2）不同立地灌木树种生长状况

灌木植物的生长表现是对不同立地质量好坏的良好反映。通过对沙地现有人工固沙灌木植物生长状况的调查研究，是对沙地立地质量评价的一种有效途径，同时也可以对上述立地质量数量化评价结果进行实践检验。对榆林沙区不同立地主要固沙灌木人工林生长状况调查结果（见表 4-17）表明，由于沙丘迎风坡受风蚀严重，水分条件差，喜湿而不耐风蚀的沙柳、紫穗槐、沙棘等生长不良，生物量低；而花棒、踏郎、柠条适应性强，生长良好。丘间地和平缓沙地风蚀相对较轻，水分条件较好，因而各种结构防风固沙林的生长状况均优于沙丘迎风坡部位，生物量都有所提高。

此外，在榆林西部沙区盐碱滩地则分布有白刺、柽柳、白柠条、沙枣等一些耐盐抗碱的植物种。

表 4-17　不同立地人工固沙灌木纯林生长状况

立地	物种	株行距（m）	生物量（t/hm²）	冠幅（m²）	长势	立地	物种	株行距（m）	生物量（t/hm²）	冠幅（m²）	长势
迎风坡上部	柠条	1×1.5	1.11	1.20	良	迎风坡中下部	踏郎	1.5×2	2.21		良
	花棒	2×2	0.77	1.51	良		花棒	2×2	0.80	1.59	良
	踏郎	1×2	1.68		良		柠条	1.5×2	1.31	1.18	良
	沙柳	1.5×2	0.36	1.34	差		沙柳	1×2	0.88	1.30	良
	紫穗槐	1.5×2	0.41	1.04	差		沙蒿	1×2	0.57	0.84	良
丘间地	沙柳	0.5×2	1.32	1.95	优		紫穗槐	1.5×2	1.07	0.93	良
	沙棘	1.5×3	5.06		优		沙棘	1.5×2	6.41		优
	沙蒿	1×2	0.84	0.81	良	平缓沙地	沙柳	0.5×2	1.34	1.80	优
	紫穗槐	1.5×2	1.42	1.27	优		踏郎	1.5×3	2.15		良
	花棒	1×3	0.89	1.86	良		紫穗槐	1.5×2	1.15	1.19	优
	踏郎	1.5×3	2.33		良		花棒	1×3	0.88	1.78	良
	柠条	1.5×2	1.40	1.31	良		柠条	1.5×2	1.70	1.21	良
	柽柳	1.5×2	2.54		良		柽柳	1.5×2	2.30		良
	白刺	1.5×2	1.01		良		白刺	1.5×2	1.02		良

同时，由表 4-18 可见，在不同立地，采用多种灌木植物混交造林能取得较高生物量，获得更好的生态、经济效果。

表 4-18　不同立地人工固沙灌木混交林生长状况

立地	物种	株行距 (m)	生物量 (t/hm^2)	长势	立地	物种	株行距 (m)	生物量 (t/hm^2)	长势
迎风坡上部	沙柳×踏郎	1.5×2	0.75	沙柳差	丘间地	花棒×踏郎	1.5×2	1.61	良
	沙柳×花棒	1.5×2	0.65	沙柳差		花棒×柠条	1.5×2	1.37	良
	紫穗槐×踏郎	1×2	0.73	紫穗槐差		紫穗槐×柠条	1.5×2	1.36	良
	花棒×踏郎	1.5×2	1.48	良好		紫穗槐×沙柳	1.5×2	1.86	优
	沙柳×沙棘		0.59	差		紫穗槐×踏郎	1.5×2	1.78	良
迎风坡中下部	柠条×花棒	1.5×2	1.45	良		沙柳×沙棘	1.5×2	5.63	优
	沙柳×花棒	1.5×2	0.90	良		沙柳×花棒	2×2	1.08	良
	花棒×踏郎	1.5×2	1.66	良		沙柳×踏郎	1×2	2.00	良
	沙柳×紫穗槐	1.5×2	1.16	良		沙柳×柠条	1×2	1.27	良
平沙地	沙柳×沙蒿	1×2	1.07	良		沙地柏×踏郎	1.5×2	1.93	良
	紫穗槐×踏郎	1.5×2	1.40	良		踏郎×柠条	1.5×2	1.73	良
	沙柳×沙棘	1.5×2		良		紫穗槐×花棒	1.5×2	1.19	良

4.3　榆林沙区适生树种的选择

适地适树是造林树种选择应遵循的基本原则之一。不仅如此，梁一民等(2004)还认为就造林而言还应该强调适地适林，即造林树种选择既要适宜立地条件，又要适宜成林树种，在造林地营造有一定面积、适宜树种和林分结构的林地要做到适地适林，应依据植被地带性分布规律和树种的生物生态学、群落学特性及生态位理论，选择适宜成林的树种作为主要树种，并辅以相应的伴生种建立合理的林分(植物群落)结构。树种选择不当将会导致造林失败或造成成林不成材的后果，不仅浪费人力、财力，而且使造林地的生产潜力得不到发挥，沙漠也得不到治理。

因此，榆林沙区造林树种选择要根据该区环境特点和立地条件进行，应特别注意树种的抗逆性、稳定性及其经济价值的大小，首选生长稳定、速度快、生物量大、防护效益大、经济价值高的乡土树种。同时注意选择引种成功的优良树种，根据立地条件配置树种，以达到高效经济的目的。

4.3.1 主要防风固沙植物种生理生态学特性

植物的抗旱性是由形态解剖和生理生化两方面对干旱的适应性所构成的。形态与功能相互结合起来共同影响植物的抗旱性。而在功能方面，植物体内水分状况的变化却直接影响其生长发育。通过分析测定可以看出（见表4-19和表4-20）：花棒、踏郎、樟子松等固沙植物在外部形态上均表现为叶片小，有些退化成鳞片状或针状，有强大的根系网络；解剖结构方面则具有角质层厚、机械组织发达、气孔少而下陷、栅状组织发达、海绵组织退化等共同特点；水分生理方面则表现为水势低，束缚水与自由水的比值大，抗脱水能力强，水亏缺大，

表4-19 固沙植物种的蒸腾速率与水势值

植物种	蒸腾强度(g/(g·h))	水势(Pa)	植物种	蒸腾强度(g/(g·h))	水势(Pa)
沙柳	0.668 0	-5.30	旱柳	0.709 2	—
踏郎	0.702 6	-10.20	樟子松	0.115 5	-11.30
花棒	0.703 4	-11.60	油松	0.173 4	-11.70
柠条	0.932 0	-10.48	侧柏	0.329 4	-15.50
紫穗槐	0.898 0	-10.00	合作杨	0.756 0	—
沙地柏	0.203 7	-10.74	虫实	1.242 0	-10.01
籽蒿	0.730 8	-10.72	沙米	1.432 8	-6.07
油蒿	1.008 0	-10.11	沙竹	0.374 4	-9.73
沙棘	0.671 5	—	针茅	1.706 4	-21.94

蒸腾速率低等抗旱耐旱特点。由于它们在形态上和功能上都具有旱生型的共同特点，所以才能在贫瘠的风沙干旱立地存活生长，也是目前榆林沙地防风固沙造林和低效林分更新造林的理想树种。

表 4-20　主要树种水分生理特性测定

植物种	含水量(%)	束缚水(%)	自由水(%)	束缚水/自由水	水分亏缺(%)	失水时间(h)	水分保持率(%)
樟子松	56.32	37.00	19.31	1.92	26.60	360	4.90
油松	58.86	43.58	15.28	2.85	16.67	336	5.59
侧柏	53.87	41.39	12.48	3.32	17.40	312	5.00
沙地柏	63.98	37.71	26.27	1.44	17.14	312	6.10
花棒	71.70	44.21	27.49	1.61	18.60	168	7.50
柠条	59.89	34.28	25.62	1.34	20.60		

4.3.2　主要树种解剖结构特征

4.3.2.1　花棒和踏郎的形态特征

花棒、踏郎外部形态都表现为叶小，退化，纸质，呈条形或条状披针形，叶两面均有附属物，为白色柔毛，花棒还具有同化枝（见表 4-21）。退化的叶及附属物的存在是对干旱胁迫的一种适应，可以减少水分的蒸腾损失。但植物的外部形态并不是孤立存在的，它是与内部结构特征相互协调一致的。

4.3.2.2　花棒和踏郎的叶结构特征

对花棒和踏郎叶片进行解剖观测（见表 4-22），发现花棒和踏郎具有如下特征：

（1）具有较小的表面积与体积比值。这是旱生植物的一个最普遍的特征，荒漠植物在炎热干旱的环境下，通常以缩小其自身蒸腾面积来减少水分的蒸腾损失，适应干旱胁迫，植物表/体比值花棒 < 踏郎。

表 4-21 花棒和踏郎形态特征

植物种	茎			叶						
	冠幅(m)	高(m)	分枝	形状	长(cm)	宽(cm)	颜色	附属物	分布	同化枝
花棒	4~5	2.0	稀	条形、披针形	1.5~3.0	0.4~0.6	灰绿	白色柔毛多	稀	有
踏郎	2~4	1.5	密	条形	1.5~2.5	2.0~2.7	灰绿	白色柔毛少	密	无

(2)表皮及附属物具有厚的角质层。角质由不透水的脂类物质组成,具有阻止过度蒸腾,保持水分和减轻机械损伤的作用,也是旱生植物的一个特性。植物角质层花棒比踏郎厚。

(3)气孔数量减少,气孔下陷,表皮细胞外壁加厚。荒漠植物以其较少的气孔数和下陷的结构,减少叶面水分的强烈蒸腾,达到保持水分,抵抗干旱胁迫的目的。表皮细胞壁增厚,可以弥补角质层厚度的不足,起保护作用,气孔数量及气孔大小踏郎 < 花棒,而下陷深度则以花棒较深。叶附属物白色柔毛可以改变阳光直射强度,起到反射光线、减轻蒸腾的作用。

(4)叶肉组织中栅栏组织发达而海绵组织退化。栅栏组织细胞中含有叶绿体,其排列方向同栅栏组织的排布,这种排列方式增大了光合作用面积,栅栏组织为全栅型,这是一种抗旱性最强的类型。在叶横切面上,花棒、踏郎的上表皮下含有大型囊状细胞,内含淡黄色树胶物质,这些囊状细胞下规则地延伸排列在 2~3 层栅栏细胞中,而在下表皮的一侧,则有一层不连续的呈带状分布的黏液细胞,这两种细胞内都含有亲水性的树胶物质。这种树胶物质的存在可能起提高原生质胶体的亲水性,更有效地保持水分,并增加吸收水分能力的作用。

(5)维管组织结构发达。维管组织有机械支持和水分输送两种

表 4-22　花棒和踏郎叶解剖结构特征

植物种	导管		维管组织		角质层（μm）	表皮细胞		气孔			叶肉		附属物		表/体
	中脉（μm）	侧脉（μm）	木/韧	管鞘（μm）		壁厚（μm）	大小（μm）	数量（个/mm^2）	下陷（μm）	大小（μm）	栅栏组织（μm）	黏液细胞（$μm^3$）	数量（根/mm^2）	长度（μm）	
花棒	17.7	6.0	2.2	34.1	2.2	1.1	17.2	128	6.8	26.0	41.5	11 834.9	83.0	214.9	7.0
踏郎	8.0	7.8	2.0	34.3	2.0	1.3	22.1	114	4.1	25.9	34.2	12 620.8	29.5	154.5	2.0

功能，特别是木质部的分化量越大，其机械支持力和输水能力也就越强，其抵抗逆境的能力就越大。因而旱生植物都具有发达的维管组织，叶脉分布密集。花棒侧脉距较大，但密度都较小，侧脉导管分布较稀疏。主脉导管口径则以花棒较大，分布也较密集，花棒、踏郎是一种少浆质旱生植物，其叶肉的薄壁贮水细胞较小，因此机械强度较大，主脉导管主要起水分、养分运输和机械支持作用，侧脉维管束则主要起水分输导作用。

(6)机械组织发达。花棒、踏郎除了有发达的角质层和维管束以及表皮细胞外壁外，还有一些特殊的结构，如厚壁(或厚角)组织及晶体。在横切面上，花棒、踏郎的主脉及侧脉的远轴面都不同程度地发育着厚壁或厚角组织，在主脉维管束远轴面外侧形成3~4层厚壁细胞组成的维管束鞘，在鞘外的薄壁组织与表皮组织间分布有很少的厚角组织，这种机械支持与发达的维管组织共同形成一种强度较大的机械结构，来抵御风沙危害，在侧脉的远轴面也不同程度地发育着厚壁组织形成的维管束鞘。此外，花棒、踏郎叶的维管束鞘外分布有淡黄色菱形晶体，这些晶体一方面可加强叶的机械抵抗力，同时，它可改变细胞渗透压，提高吸收水分和贮存水分的能力，还可凝聚体内过多的盐分，防止单盐毒害。

4.3.2.3 花棒和踏郎的茎结构特征

茎的结构包括表皮、皮层、维管组织、髓及晶体几个部分。植物在特定环境中长期生长，环境对其形态及结构的系统发育产生重要的影响，不同环境下植物所形成的适应结构不完全相同。花棒和踏郎茎的结构都呈现旱生结构特点，从表皮结构上看，花棒、踏郎茎表皮角质层相对较厚，表皮细胞外壁较薄，具气孔，且明显下陷(见表4-23)；从皮层结构上看，花棒、踏郎的下皮层细胞是一层黏液细胞，具有亲水性物质，因此有吸水和保水作用，下皮层内有3~4层细胞排列成栅栏组织，栅栏细胞在茎中的分布，主要是为了补充叶内光合能量的不足，提高光合效率，这对抵抗逆境胁迫起很重要的作用；从维管组织上看，花棒、踏郎茎中维管组织的韧皮部呈带状位于轴器官的外围，髓内有一些黏液细胞，这可能与茎内薄壁细胞的吸水、保水性能有关。

表 4-23　花棒和踏郎茎解剖结构特征

植物种	导管口径（μm）	导管壁厚（μm）	维管组织（μm）	角质层（μm）	表皮细胞壁（μm）	髓（μm）	气孔下陷（μm）
花棒	86.8	22.0	252.8	2.1	2.8	394.1	5.3
踏郎	93.7	11.1	163.9	1.6	2.6	489.5	4.1

4.3.3　不同立地适生树种的选择

综合上述立地分类及立地质量评价结果，并结合标准地植被调查结果和树种的生理生态学特性、解剖结构特征等，对榆林风沙区各立地类型适生树种进行了筛选，以供选择造林树种时参考，结果见表 4-24。

4.3.4　主要树种适宜性评价

以生长状况相对较好的阶地杨树和沙地花棒作为参考树种，采用灰色关联分析法，对几种主要乔灌木树种的适宜性进行评价。灰色关联分析法是一种相对性的排序分析法，以参考点和比较点之间的相对距离为基础，比较数据到曲线几何形状的接近程度，从距离中找出各因素的差异性和相近性。灰色关联分析法对样本量的大小没有严格要求，分析时也不需要典型的分布规律，可从众多因素中提炼出影响系统的主要因素、主要特征和因素间对系统的影响差异，具有广泛的适用性。

进行灰色关联分析的步骤为：首先，确定比较数列 $X_i = \{X_i(k) \mid k = 1,2,3,\cdots,n\}\ (i = 1,2,\cdots,m)$ 和参考 $X_0 = \{X_0(k) \mid$

表 4-24 榆林风沙区立地条件类型与适生树种一览表

立地类	立地条件类型		林种	适生树种	
	代号	名称		乔木	灌木
沙丘地类	Ⅰ1	流动沙丘丘间地(堆积区)	防风固沙林、用材林	合作杨、河北杨、小叶杨、樟子松、刺槐	花棒、沙柳、紫穗槐、柠条
	Ⅰ2	流动沙丘迎风坡(风蚀区)	防风固沙林	樟子松	花棒、踏郎、沙地柏、白沙蒿、柠条
	Ⅰ3	半固定沙丘地	防风固沙林	樟子松、侧柏、油松、刺槐	沙柳、踏郎、紫穗槐、花棒、沙地柏、柠条
	Ⅰ4	固定沙丘地	防风固沙林、薪炭林	樟子松、油松、榆树、小叶杨、刺槐	踏郎、黑沙蒿、柠条、沙柳、沙地柏
	Ⅰ5	平缓(耕种)沙地	防护林兼用材林	合作杨、旱柳、小叶杨、樟子松	紫穗槐、毛桑、乌柳
风沙滩地类	Ⅱ6	干沙滩地	防护林兼用材林	榆树、合作杨、小叶杨、樟子松	沙柳、沙棘
	Ⅱ7	下湿滩地	用材林、防护林	旱柳、加杨、合作杨	沙棘、沙柳、柽柳
	Ⅱ8	盐碱滩地	防护林	沙枣、新疆杨	柽柳、白刺、沙棘
河谷阶地类	Ⅲ9	河谷阶地淤土地	用材林、防护林、经济林	合作杨、北京杨、旱柳、新疆杨、箭杆杨、苹果	紫穗槐、毛桑
	Ⅲ10	河谷湿潮土地	防护林、用材林	旱柳、合作杨、小叶杨	沙棘、沙柳、紫穗槐、柽柳
盖沙黄土地类	Ⅳ11	盖沙绵沙土地	防护林	合作杨、河北杨、樟子松、白榆	柠条、沙柳、紫穗槐
	Ⅳ12	风蚀黄土地	水土保持林	榆、小叶杨、刺槐、油松、侧柏、樟子松	柠条、杠柳、沙柳
	Ⅳ13	明沙坨子地	防护林	樟子松、油松、小叶杨、合作杨、河北杨、刺槐	沙地柏、柠条、沙柳、紫穗槐
风蚀沙化地类	Ⅴ14	风蚀黑垆土梁地	防护林	刺槐、油松、榆树、山杏、椿树	柠条、荆条、沙棘
	Ⅴ15	风蚀料姜黄土地	水土保持林	榆树、臭椿、刺槐、山定子、山杏	杠柳、柠条
	Ⅴ16	沟谷绵沙土地	用材林、经济林	榆树、合作杨、旱柳、山杏、山桃	桑、紫穗槐、沙柳

$k = 1,2,3,\cdots,n\}$；其次，求关联系数 $\xi_i(k) = \frac{\Delta_{\min} + \rho\Delta_{\max}}{\Delta_{0i} + \rho\Delta_{\max}}$，其中 $\Delta_i(k) = |X_0(k) - X_i(k)|$，$\rho$ 为分辨系数，一般在 0 ~ 1 之间，通常取 0.5；再次，求关联度 $\gamma_i = \frac{1}{n}\sum_{k=1}^{n}\xi_i(k)$；最后，按关联度大小排序。

4.3.4.1 乔木树种适宜性评价

根据对杨树、樟子松、油松、侧柏等榆林沙区的几种主要乔木林种标准地调查结果（见表 4-25），以生长表现较好的阶地合作杨（*Populus opera*）作为参照树种，对其他几个树种进行灰色关联性分析，结果如表 4-26 所示。

表 4-25 不同乔、灌木树种主要性状

树种	初植密度（株/hm^2）	成林密度（株/hm^2）	郁闭度	树高（m）	胸径（cm）	冠径 1（m）	冠径 2（m）
合作杨 1	1 200	555	0.5	13.00	9.63	3.62	3.34
合作杨 2	2 250	1 200	0.4	4.68	6.34	2.12	2.02
小叶杨	3 150	2 250	0.9	6.63	6.53	2.64	2.76
油松	1 200	480	0.1	1.36	1.00	0.95	0.89
侧柏	2 400	1 470	0.6	4.93	11.6	2.69	2.62
樟子松	1 200	375	0.1	4.43	8.80	2.05	1.95

注：合作杨 1 立地为阶地，合作杨 2 立地为丘间地。

由表 4-26 可见，几种乔木树种关联度大小排序为：阶地合作杨（1.0）> 樟子松（0.70）> 侧柏（0.66）> 丘间地合作杨（0.63）> 油松（0.60）> 小叶杨（0.58）。依据灰色关联分析的原则，比较树种与参考树种的关联度越大，比较树种与参考树种越接近，说明该树种越

表 4-26　乔木树种关联系数及关联度

树种	关联系数							关联度
	初植密度	成林密度	郁闭度	树高	胸径	冠幅 1	冠幅 2	
合作杨 1	1.000 0	1.000 0	1.000 0	1.000 0	1.000 0	1.000 0	1.000 0	1.000 0
合作杨 2	0.643 4	0.619 9	0.812 1	0.411 6	0.689 1	0.609 2	0.630 9	0.630 9
小叶杨	0.492 7	0.382 9	0.519 2	0.477 4	0.701 7	0.704 6	0.795 5	0.582 0
油松	1.000 0	0.933 4	0.519 2	0.333 3	0.458 0	0.466 8	0.479 4	0.598 6
侧柏	0.612 2	0.534 8	0.812 0	0.419 0	0.787 4	0.715 4	0.758 1	0.662 7
樟子松	1.000 0	0.853 9	0.519 2	0.404 5	0.897 8	0.598 2	0.618 8	0.698 9

适宜在该类立地条件上生长,因此乔木树种适应性顺序为合作杨、樟子松、侧柏、油松、小叶杨。这一结果与立地质量分析和标准地调查结果完全吻合,樟子松喜沙性土壤,耐旱性较好,而合作杨是由当地树种小叶杨和北京杨杂交培育的品种,具有较强的适应性。

4.3.4.2 灌木树种适宜性评价

沙丘地树种则以灌木为主,不同灌木树种因其生物生态学特性的不同,而在沙地的生长表现也存在很大差异(见表4-27)。以生长表现较好的花棒为参考树种,对几种主要固沙灌木进行灰色关联分析,其结果见表4-28。

表4-27 不同灌木树种主要性状

植物种	株高(cm)	新梢(cm)	地径(cm)	冠幅(cm)	盖度(%)	鲜生物量(kg/hm^2)	干生物量(kg/hm^2)
花棒	113.1	41.2	0.72	98.2	27	2 389.5	1 010.7
踏郎	110.0	16.6	0.30	87.0	40	2 130.0	1 045.0
紫穗槐	68.4	68.4	0.98	79.9	19	979.5	328.5
沙柳	100.8	35.0	1.20	70.0	40	2 368.0	1 597.5
柠条	75.4	53.9	0.40	99.3	23	1 332.0	466.2
沙地柏	52.4	9.9	1.24	29.6	30	999.3	6 320.0

由表4-28可见,灌木树种关联度大小排序为花棒(1.0)>踏郎(0.86)>沙柳(0.84)>柠条(0.83)>紫穗槐(0.77)>沙地柏(0.65)。因此,固沙灌木树种适宜性顺序为:花—棒、踏郎、沙柳、柠条、紫穗槐、沙地柏。灰色关联分析结果与上述立地评价和标准地调查结果也是一致的。花棒和踏郎适应性强,在各类沙丘立地均能很

表 4-28　灌木树种关联系数及关联度

植物种	关联系数							关联度
	株高	新梢	地径	冠幅	盖度	鲜生物量	干生物量	
花棒	1.000 0	1.000 0	1.000 0	1.000 0	1.000 0	1.000 0	1.000 0	1.000 0
踏郎	0.976 4	0.692 8	0.739 6	0.910 8	0.772 4	0.906 5	0.987 3	0.855 1
紫穗槐	0.741 5	0.671 0	0.821 1	0.862 1	0.846 6	0.640 7	0.795 5	0.768 4
沙柳	0.912 5	0.899 4	0.713 1	0.802 3	0.772 4	0.991 6	0.819 0	0.844 3
柠条	0.772 8	0.813 7	0.788 5	0.990 4	0.916 9	0.703 9	0.829 8	0.830 9
沙地柏	0.678 7	0.639 3	0.696 5	0.625 1	0.936 3	0.643 9	0.333 3	0.650 5

好生长，紫穗槐和沙柳喜湿润环境，在丘间地、平沙地生长相对较好。

4.4 小结

(1)采用因子分析法和层次分析法，选取了1个目标层、2个指标层和12个变量层，构建了榆林沙区立地环境因子综合评价指标体系，并用综合评价模型对榆林北部沙区55个乡(镇)环境因子进行了综合评价，按立地环境质量综合指数将榆林沙区划分为3个立地区、5个立地类、16个立地类型、48个立地条件亚型。

(3)根据标准地调查，对乔木、灌木立地质量进行了评价，编制了乔木(杨树)和灌木(旱柳)立地质量数量化简表，并进行了各立地条件类型的适宜性分析。

(4)遵循适地适树原则，根据立地环境质量和植物种生理生态学特性，筛选了适宜榆林沙区不同立地条件类型的乔灌木造林树种，并采用灰色关联分析法，对几种主要乔灌木树种的适宜性进行了评价。按照关联度大小，灌木树种适宜性排序为花棒 > 踏郎 > 沙柳 > 柠条 > 紫穗槐 > 沙地柏；乔木树种适宜性排序为合作杨 > 樟子松 > 侧柏 > 油松 > 小叶杨。

5 人工植被群落特征与景观格局分析

景观由不同的土地利用方式或植被覆盖类型所组成。组成景观的结构单元包括缀块、廊道和本底。缀块是指与周围环境在外貌或性质上不同,并具有一定内部均质性的空间单元;廊道是指景观中相邻两边环境不同的线性或带状结构;本底是指景观中分布最广、连续性最大的背景结构(傅伯杰,2003)。沙漠景观是以沙漠作为本底,在内部分布着湖泊、农田、草地、林地、居民区等缀块与河流、道路等廊道的景观。人工植被作为沙漠景观的重要结构单元,影响着沙漠景观格局及动态。通过对植被群落物种组成、层次结构、数量特征等方面进行研究,探讨沙地植被演替方向、演替机制和演替过程,分析景观格局与动态,可以研究景观的生物多样性、稳定性和生产力,为建立稳定人工植被、缩短建设周期提供理论依据。

5.1 榆林沙区植被区系组成与特征

群落结构反映群落的所有种类以及个体在空间中的配置,是群落的一个重要特征,每个群落类型都有其相对固定的结构,反映出群落对环境的适应、动态和功能。群落结构研究对揭示群落形成、发展规律及生态功能,对于指导各种群落结构的恢复与重建、群落结构人工优化与调控、人工仿拟自然群落等方面均有十分重要的理论与实践意义。长期以来,群落结构一直是群落生态学研究的重要内容。群落结构的研究内容包括很多方面,本书主要研究榆林沙区植被群落物种区系组成及其数量特征。

5.1.1 植被的区系组成

调查研究毛乌素沙地植物资源状况,明晰植物种群和植被恢复的最新动态,进行优势植物种群及生产力分析研究,可为毛乌素沙地植物资源保护、生态环境建设、人工植被恢复与重建以及沙区生态经济可持续发展提供理论依据。根据实地调查并参考有关文献(刘翠英,2006;李新荣,1999;延晓东等,2004;李杰等,1999;贾厚礼等,1985),经初步统计,毛乌素沙地共有植物 731 种(含变种),分属于 117 科、400 属,植物科属种数量组成见表 5-1。一些耐旱种类占较大比重,主要为禾本科、菊科、豆科、蔷薇科的一些属、种。其自然植被建群种多由典型的旱生、广旱生、沙生植物组成。

表 5-1　毛乌素沙地植物群落物种组成

植物类群		科		属		种	
		科数	比例(%)	属数	比例(%)	种数	比例(%)
被子植物	双子叶	80	68.38	310	77.5	583	79.75
	单子叶	15	12.82	64	16.0	109	14.91
裸子植物		5	4.27	9	2.25	20	2.74
蕨类植物		3	2.56	3	0.75	5	0.68
地衣植物		1	0.85	1	0.25	1	0.14
苔藓植物		4	3.41	4	1.0	4	0.55
菌类植物		6	5.12	6	1.5	6	0.82
藻类植物		3	2.56	3	0.75	3	0.41
总计		117	100	400	100	731	100

统计分析表明,毛乌素沙地植物区系中,较小科含有较多的种数,其中单种科、小科(2~4 种) 占植物科的绝大多数(约 71%);而较大科(20~30 种)和大科(>30 种)只有 8 个,依次为菊科(Compositae,35 属 84 种)、豆科(Leguminosae,41 属 74 种)、蔷薇科(Rosaceae,17 属 58 种)、禾本科(Gramineae,37 属 52 种)、藜科(Chenopdiaceae,15 属 30 种)、杨柳科(Saluarinaceae,3 属 20 种)、十字花科(Cruciferae,11 属 20 种)、唇形科(Labiatae,15 属 20 种),仅占科总数的 6.8%,但却含有 174 属 358 种,分别占本区系植物总属数、种数的 43.5% 和 48.9%,说明本区的植物种类已趋向集中于有限的少数科,即优势科内。

属内种的组成与科内种的组成相似,较少属含有较多的种数,而绝大多数属都含有较少的种数。其中大属(>10 sp)只有 4 个,含 66 种,即蒿属(*Artemisia*,28 种)、梅属(*Prunus*,18 种)、杨属(*Populus*,10 种)、葱属(*Allium*,10 种),分别占属、种总数的 1.00% 和 9.03%;较大属(5~9 sp)有 17 个,含 115 种,分别占属、种总数的 4.25% 和 15.73%;小属(2~4 sp)有 123 个含 294 种,分别占属、种总数的 30.75% 和 40.21%;单种属有 256 个含 256 种,分别占属、种总数的 64% 和 35.02%。这些单属科和少属科在区系组成中占有重要的地位。

位于毛乌素沙地东南缘的榆林沙区的植物组成具有同样的特点,也主要集中于少数科属。全区分布有野生种子植物 87 科、290 属、468 种,其中含有 10 种以上的科有 12 个,依次为禾本科(62 sp)、菊科(58 sp)、豆科(42 sp)、藜科(31 sp)、莎草科(23 sp)、唇形科(22 sp)、毛茛科(19 sp)、蔷薇科(14 sp)、蓼科(14 sp)、伞形科(10 sp)、十字花科(10 sp)、百合科(10 sp),占全区种子植物总科数的 13.79%,但却含有 315 种,占全区植物总数的 42.7%。另外,还分布有大量的单种科(15 个),约占总科数的 12.8%。这些植物种是该区人工植被建设的主要种质资源,对人工植被的建设和可持续经营有极其重要的意义。

5.1.2 植物生活型构成

植物生活型是不同种类的植物对相似环境的趋同适应而在形态、结构、生理,尤其是外貌上所反映的植物类型,它是表征群落外貌特征和垂直结构特征的重要指标。生活型与生境特点是密切联系的,不同的生活型在本质上就是对所在环境长期适应的综合反映模式(姜汉侨等,2004)。层片是群落中同生活型的不同种植物个体组成的有规律的较稳定的种类组合,是群落结构的基本单位。从生活型上看,榆林沙区野生植物资源以草本为主,共有351种,占植物种总数的75%,在植物资源中占绝对优势;灌木植物(含半灌木)65种,占13.89%;乔木植物(含变种)46种,仅占9.83%(见表5-2)。从总体来看,草灌植被是该区植被的主体,这也是由该区生境条件所决定的。由于该区处在干旱季风气候区,干旱少雨,风大沙多,一些耐旱草灌木和短命草本植物发育,而乔木分布较少,这是长期自然选择的结果。因此,榆林沙区人工植被建设必须遵循自然规律,选择适应性强的灌草植物种,才有可能建立稳定持久的人工植被体系,发挥防风固沙、改善区域生态气候条件的生态功能。

表5-2 榆林沙区主要野生植物资源生活型构成

生活型		种数	占总种数(%)
木本植物	乔木	46	9.83
	灌木(含半灌木)	65	13.89
	木质藤本	6	1.28
草本植物	一年生	137	29.27
	二年生(含越年生)	32	6.84
	多年生	175	37.39
	草质藤本	4	0.85
蕨类植物		3	0.64

5.1.3 植被类型与分布

榆林沙区植被分布具有明显的水平分带性。由于受生境影响和制约,该区地带性植被退化,而非地带隐育性植被如沙生、盐生、草甸、沼泽植被成为主体,尤以沙生植物占主导地位。

(1)森林草原植被类型。分布在长城以南的沙盖黄土丘陵区内,具有明显的草原化特征。代表类型有以白沙蒿(*Artemisia desertorum*)、柠条(*Caragana korshinkii*)、黄蒿(*Artemisia annua*)等为主的植物群落,以地椒(*Thymus mongolicus*)等为主的植物群落,以铁杆蒿(*Artemisia gmelinii*)、黄蒿、羊厌厌(*Wikstroemia chamaedaphne*)等为主的植物群落。

(2)典型草原植被类型。主要分布在长城以北风沙草滩和盖沙黄土梁地。主要有以黑沙蒿(*Artemisia ordosica*)、白沙蒿、牛心卜子(*Pycnostelma lateriflorum*)、沙地柏(*Sabina vulgaris*)、沙柳(*Salix cheilophila*)为主的植物群落区,以白刺(*Nitraria sibirica*)、寸草(*Carex Stenophylla*)、芦草(*Agropyron mongolicum*)、沙柳为主的植物群落系,长芒草、百里香(*Thymus mongolicu*)、兴安胡枝子(*Stipa bungeana* + *Lespeza dahuric*)、甘草(*Glycyrrhiza uralensis*)等群系。

(3)荒漠化草原植被类型。分布在定边县西北部典型草原向荒漠草原过渡地带的局部生境中,以短花针茅(*Stipa breviflora*)、沙生针茅(*Stipa glareosa*)、刺叶柄棘豆(*Oxytropis aciphylla*)、银灰旋复花(*Convolvulus amm annii*)、无芒隐子草(*Cleistogens songorica*)、兔唇花(*Lagochilusilici folium*)等成团块群聚成为优势种。

(4)沙生植被类型。分布在流动沙地、固定半固定沙地上。主要有沙蓬(*Agriophyllum squarrosum*)群系、沙竹(*Psammochloa mongolica*)群系、沙鞭(*Psammochloa mongolica*)群系、蓼子朴(*Inula salsoloides*)群系、苦豆子(*Sophora alopecuroides*)群系、赖草(*Aneurolepidium dasystachys*)或白草(*Pennisetum flaccidum*)群系以及虫实(*Corispermum hyssopifolium*)、黄蒿、狗尾草(*Setaria viridis*)等一年生杂类草群系等。

(5)草甸植被类型。分布在草甸和盐渍化草甸上。主要类型有寸草(*Carex Stenophylla*)草甸、芦苇(*Agropyron mongolicum*)草甸、芨芨草(*Achnatherum splendens*)草甸、碱草(*Aneurolepidium dasystchys*)及狗尾草草甸、马蔺(*Iris ensata*)草甸等。

(6)沼泽植被类型。分布在小河沟、水库、湖泊周边。主要有香蒲(*Typha minima*)、芦苇、沼泽花蔺(*Butomaus umbellatus*)、荆三棱(*Scirpus yagara*)等沼泽植被。

(7)盐生植被类型。分布在西部盐碱滩地上。主要有西伯利亚白刺(*Nitraria sibirica*)群系、西伯利亚滨藜(*Atriplex fera*)群系、盐爪爪(*Kalidium foliatum*)群系、细枝盐爪爪(*K. gracile*)群系等。

(8)人工植被类型。全区广泛分布,主要作为农田、村庄周围及公路沿线的防护林及防风固沙林分布。主要有杨树类(*Populus*)、榆树(*Ulmus pumil*)、旱柳(*Salia matsudana* Koidz)等落叶阔叶林,樟子松(*Pinus sylvestris* L. Var. MongoLicaLitvin)、油松(*Pinus tabulueformis* Carr.)、侧柏(*Platycladus orientalis*(L.) Franco)等针叶林,柠条(*Caragana korshinskii*)、沙柳(*Salix psammophilu*)、花棒(*H. scoparium*)、踏郎(*Hedysarunlaeve*)、紫穗槐(*Amorpha fruticasaL*)、沙棘(*Hippophac rhamnoides*)、沙地柏(*Sabina vulgaris*)等固沙灌丛。

5.1.4 人工植物群落结构特征

榆林沙区人工植物群落主要是在人为综合治沙技术条件下,改变了沙地生态条件,为植物生存创造了小环境,并人为栽植或播种建群植物种所形成的植物群落(党兵,2003),主要有杨树、旱柳、白榆、樟子松、油松、侧柏等乔木及踏郎、花棒、紫穗槐、沙柳、柠条、沙地柏、沙蒿、沙米、沙竹等灌草组成的纯林或混交林群落。其主要特征是:①沙丘起伏不平,但相对高程差异不大,群落结构没有垂直分布的特征。但受沙丘部位不同和治理年限不同的影响,群落在水平分布上呈片状结构。②沙地生态条件苛刻,植物种稀少,群落的形成是在人工栽植或播种植物种基础上,经过种子散布或根蘖繁殖蔓延形成的,类型单一,结构简单。③由于所处季风气候区,受温度和湿度影响,植被季相明显,尤其干旱直接影响群落外貌特征和结构,如夏季与冬季,丰雨年和干旱年,群落的外貌、结构及生物量都有显著不同。

对榆林古城滩林场人工固沙林标准地群落结构调查结果进行主成分排序后,发现固沙林明显地分为两种类型群落(见图5-1):群落A

包括标准地4、5、11、15，群落B包括标准地9、10、12、13、16、17。从图5-1可见，群落A位于Y_2左边；群落B位于Y_2右边，说明群落A、B的划分主要由主分量Y_2起作用。由因子负荷量计算结果可知，与主成分Y_2正相关最大的是紫穗槐和柠条，负荷量分别为0.80、0.68；负相关最大的是沙竹和沙米，负荷量分别是-0.61、-0.51。说明紫穗槐、柠条与沙竹、沙米一般不会同时出现，它们是划分这两个类型的主要因素。两类群落植物种结构有很大差异（见表5-3）。

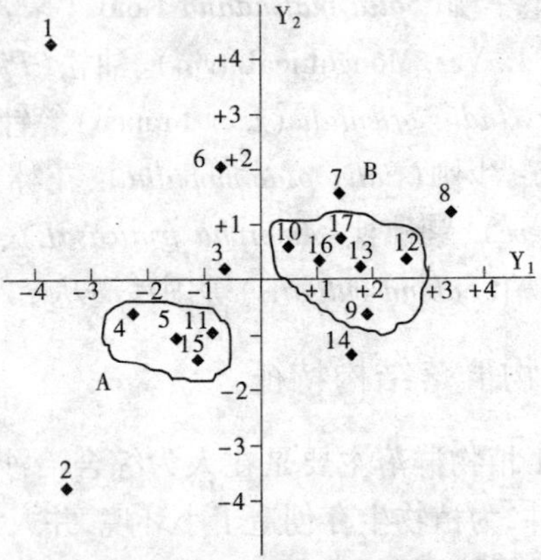

图5-1　主成分排序图

表5-3　沙地不同群落类型植物种构成

类型	植物种	踏郎	沙米	沙竹	绵蓬	沙柳	紫穗槐	花棒	其他	合计
A类	I	82.94	76.72	55.49	52.70	9.47	8.89	4.64	9.15	300
	D	0.276	0.256	0.185	0.176	0.032	0.030	0.015	0.031	1.00
	H	0.355	0.349	0.312	0.306	0.109	0.104	0.064	0.106	1.71
类型	植物种	紫穗槐	沙蒿	绵蓬	沙柳	花棒	针茅	柠条	其他	合计
B类	I	62.67	60.38	39.20	24.31	23.40	22.01	16.69	51.34	300
	D	0.209	0.201	0.131	0.081	0.078	0.073	0.056	0.171	1.00
	H	0.327	0.323	0.266	0.204	0.199	0.192	0.161	0.302	1.97

注：群落A分布于流动沙丘和半固定沙丘迎风坡，群落B分布于固定沙丘下部和丘间地。

群落 A 分布在流动半流动沙丘或固定沙丘的迎风坡，以踏郎（*Hedysarunlaeve*）、沙米（*Agriophyllum squarrosum*）、沙竹（*Psamm ochloa villcsa*）、绵蓬（*Corispermumsp.*）为主要建群种，其 Shannon-Weiner 多样性指数为 1.706；群落 B 分布在固定沙丘底部和丘间地，以紫穗槐（*Amorpha fruticasaL*）、沙蒿、绵蓬为主要建群种，其 Shannon-Weiner 多样性指数为 1.973；其他类型处于两类的过渡态。这种分布特点是由植物种生理生态学特性和沙地生境所决定的，完全是植物与环境的统一。踏郎是一种萌蘖力强、分枝多、适应性强、群体抗风蚀能力显著、固沙能力强的灌木树种，在流动沙丘上较易定居和生长，它与沙竹、沙米等短命植物具有不同的根层分布和相同的流沙适应性。因此，以踏郎为建群种的群落具有结构的合理性和群落相对稳定性。

而紫穗槐是中性树种，但其蒸腾量较低、水分利用率较高，在水分条件较好的沙地上具有较强竞争力，生长良好，生产力较高，且与半灌木沙蒿、草本绵蓬等具有不同的根系分布层，成为群落的建群种，同样形成结构合理、生态稳定的群落。

由 Shannon-Weiner 多样性指数也可以反映出两种类型群落组织复杂性和群落生境特征的差异。群落 B 分布于固定沙地下部和丘间地，沙地流动性小，生境条件好，物种较为丰富，多样性高，多样性指数 I 为 1.973，群落的复杂程度相对较高，因而比较稳定。而群落 A 所处的流动半流动沙丘，侵蚀强烈，生境条件差，所形成的踏郎、沙米群落也是一种相对稳定的群落，但其抗干扰能力较差，受到自然和人为干扰极易发生正、逆演替变化。

对沙柳、花棒、踏郎等主要人工固沙灌木在群落结构中的重要值和优势度的测定与分析表明，以踏郎、紫穗槐较优，而以柠条、花棒较差（见表 5-4）。这个顺序与其光能利用率表现了很好的拟合性。花棒虽然适应性很强，在各种立地条件下生长表现均良好，但花棒多散生，没有群居习性，因而难以形成优势建群种。优势度反映了种群在群落中重要地位和优势程度，应作为综合生态效益的评价因素之一。

表 5-4　固沙灌木林的优势度

树种	沙柳	花棒	踏郎	紫穗槐	柠条
优势度	11.26	9.35	27.65	23.85	5.56

5.2　植被群落的动态演替

5.2.1　沙地植被演替过程

固沙植被的存在是一个动态过程，从植物种的侵入，到定居、竞争、反应，而达到群落和环境的相互作用、相互依赖、相互适应的状态，这种在特定区域内，群落由一种类型转变为另一种类型的整个取代顺序，称为群落植被的演替过程或演替系列（张龙生，1994；沈渭寿，1999）。对榆林沙地植被群落调查发现，人工固沙林介入后，沙地植被的演替过程大致可以分为以下几个阶段。

5.2.1.1　流沙或天然稀疏草本阶段

此阶段为毛乌素榆林沙地人工植被演替初期阶段。沙地基本上处于流动状态，因地表流动不固定，除少数有特殊抵抗风力侵蚀的先锋植物种，如一些一年生短命草本沙米、绵蓬和少数串根草本沙竹等外，一般植物入侵与定居相当困难，只有经过人为干预改变这种状态，才能使先锋植物种能够在流沙上站住脚。在流动沙地封禁后，首先出现的是散生的单株籽蒿（*Artemisia sphaerocephala*）和沙竹；而搭设柴草沙障固沙后，由于沙障增加了地面糙率，改变了地面状况，流动沙地开始固定，为其他植物种的生存创造了条件，油蒿（*Artemisia ordosica*）、猫头刺开始侵入定居。但总的来说，该阶段只有一些结构简单、极不稳定的天然稀疏草本群落，覆被率很低。

5.2.1.2　人工灌木固沙林阶段

此阶段流沙经过飞播封禁或沙障固沙等人为干预后，生境条件得到了改善，为人工先锋植物定居创造了生存条件。不同的人为治沙措施和自然条件，逐步形成不同的先锋植物群落。同时，由于人工造林改变了地表粗糙度，减弱了近地气层风速，减小了输沙量，因此从根本上改变了沙地的流动性，反过来也为天然植物种的入侵创造了条件。在生境逐渐改变的条件下，半灌木沙蒿和一年生草本植物绵蓬、草木樨(*Melilotus albus*)、紫云英、冰草等开始侵入并定居，形成了以花棒、踏郎、紫穗槐、柠条、沙柳、沙地柏(*Sabina vulgaris*)等人工灌木或樟子松(*Pinus sylvestris* L. Var.)为建群种，半灌木和草本植物为伴生种的人工固沙林群落。这个阶段将持续10年左右。在此期间，沙丘由流动逐渐向半固定过渡，沙面结皮开始出现。

5.2.1.3 人工灌木—天然半灌木—天然草本阶段

经过上一阶段人工固沙植物群落对环境的改造过程，固沙林的郁闭度可达50%～60%，沙地环境发生明显变化，沙面结皮已经形成，标志着流沙固定和成土过程的开始。据测定，15年左右的固沙林地可形成厚度在0.8 cm左右的灰褐色结皮，基本上控制了风沙流，使沙丘固定。但是，人工植物群落发展到一定阶段，随着植被盖度的增加、沙面的稳定及表层土壤的形成，沙层水分状况不断恶化(见图5-2)。

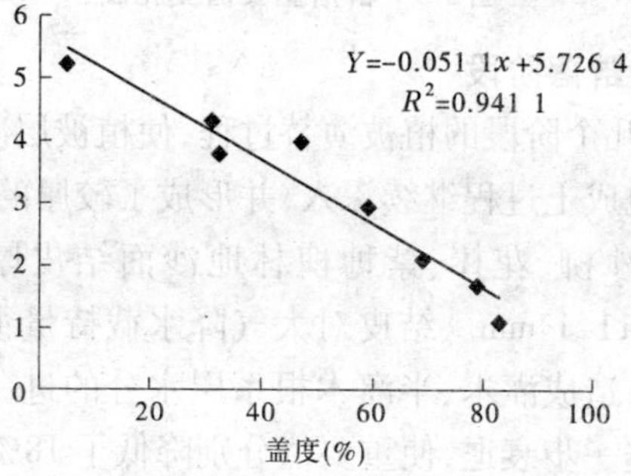

图5-2 植被盖度与土壤含水率关系

由于人工植物群落自身引起的群落环境的改变，造成某些不能适应新环境的植物种逐渐开始衰退，从群落中退出(沈渭寿，1996)，而某些适生的天然灌木和草本植物种如油蒿种群开始入侵，并迅速扩展蔓延,取而代之,在群落中的优势度明显增加(重要值约 200 以上)(见图 5-3)。所以,这一时期为人工植物不断从群落中退出,天然植物种不断入侵的时期。但是,这一时期无论是人工植物或天然植物,都不在群落中占据绝对优势,群落中植物种的优势地位由两种成分共享,所以称之为人工植物+天然植物(或油蒿 *Artemisia ordosica*)群落阶段。此阶段持续 35 年左右,也就是说,35 年以后,油蒿在群落中占绝对优势,而飞播植物仅作为伴生种存在。

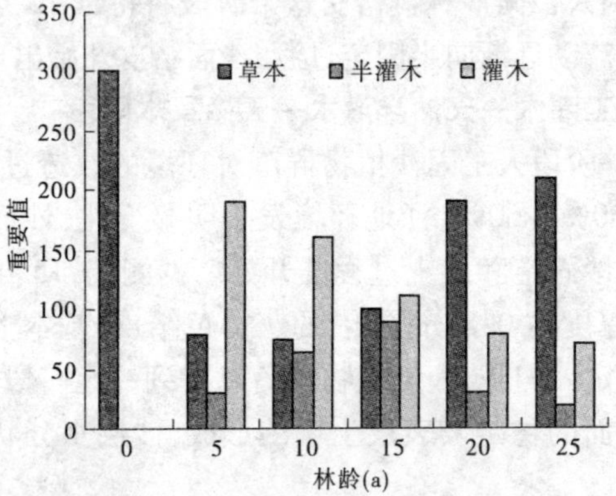

图 5-3　群落重要值变化图

5.2.1.4　顶级群落阶段

经过以上几个阶段的植被演替过程,使植被层次更加复杂,植被盖度增大,沙地成土过程继续深入,并形成了较厚的沙面结皮。据测定,20 年生的沙柳、花棒、紫穗槐林地沙面结皮厚度分别达 13.0 mm、12.3 mm、11.1 mm。结皮对大气降水截持量很高,从而减少了沙地水分补给,造成灌木、半灌木根系层水分的进一步短缺,导致灌木、半灌木的进一步衰退,使重要值分别降低了 18% 和 54%。相反,由于沙面结皮的持水作用,使表土层含水量阵性增加,为浅根性草本植物创造了较优越的条件,使其迅速扩展,重要值上升了 72%,一跃为群落优势种。此时形成以草本植物为优势种,灌木、半灌木为伴生种的群落,和造林前的天然稀疏草本为优势的群落相比,具有结构复杂、功能齐全、状态稳定等特点，是一个生物进化的飞跃过程。但是，优势明显的籽蒿群落很快使土壤坚实化并向淡栗钙土方向发展，促使生境转化得不利于自身。籽蒿是好氧植物，氧气供应减少则不能生长，在非灌木人工生境自然状态下的非沙质生境或沙地坚实化后也很少有籽蒿分布。因此，随着群落环境的进一步改变，人工植物大部分从群落中退出，天然植物种特别是油蒿逐渐在群落中占据统治地位。此时为人工植被演替的后期，即顶级群落阶段。

而在营造樟子松的沙地地段，随着各植物种的生长，林地光照条件等生境环境的改变，各植物种的种间关系也相应改变。樟子松郁闭成林后，处于樟子松林冠下的其他植物种全部退出而消失，形成樟子松纯林群落。如红石峡沙地植物园自 1975 年开始治沙造林以来，经过长期演替，现在形成两类群落，一类是油蒿、踏郎群落，一类是樟子松纯林群落。

可见，在人工林的介入下，榆林沙地植被经历了天然稀疏草本阶段—人工灌木固沙林阶段—人工灌木 + 天然草本阶段—天然草本优势种阶段的演替过程，这是一种在时间上、空间上、功能上的有序过程，正是人工固沙林基本生态效益的反映。

5.2.2 人工植被演替的驱动因素

群落植被的演替是多方面因素引起的，既有自然因素也有人为因素，是多种因素共同作用的结果。自然因素主要是由于光照、水分、物种竞争等引起的自然稀疏过程，人为因素则是由于人工平茬、放牧利用、更新造林等人工调控措施造成植被的生境改变，引起演替发生。

5.2.2.1 种间竞争与自然稀疏

植物群落的形成受环境的影响，同时，群落也反馈于环境，二者相互作用、相互影响。在群落未郁闭前，一切群落是短期的、暂时的现象；当群落郁闭后组成群落的各植物种间和种内就要进行对改变后环境条件的适应性调整，自然稀疏就是群落自行调整的一种现象。

随着群落郁闭度的增加，造成沙地土壤水分大量蒸腾消耗，土壤含水率显著下降，导致部分根系主要分布在10～60 cm沙层的灌木树种死亡，以增加生活植株的吸水面积，特别是在干旱年份，土壤水分变化十分明显（见图5-4）。据测定，在5～7月连续高温无雨条件下，红石峡试验区0～100 cm层土壤含水率只有0.3%～0.4%，此时，各植物种生长表现差异十分明显，如踏郎生长正常，紫穗槐、沙打旺部分叶片萎蔫枯落，沙柳、柠条部分枝条死亡，油松则大部分死亡。

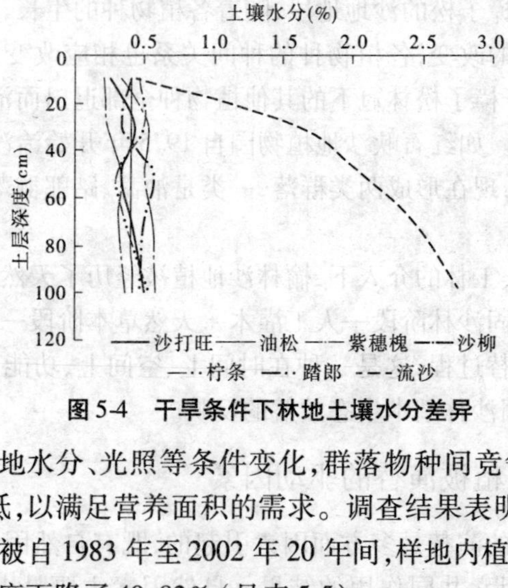

图5-4 干旱条件下林地土壤水分差异

由于沙地水分、光照等条件变化，群落物种间竞争产生自然稀疏，密度降低，以满足营养面积的需求。调查结果表明，榆林红石峡试区沙地植被自1983年至2002年20年间，样地内植物总数减少了44.80%，密度下降了49.82%（见表5-5）。

表5-5 固沙植物种自然稀疏情况

种名	1983年7月		2002年7月		密度增减(%)
	总株数	密度(株/m^2)	总株数	密度(株/m^2)	
踏郎	310	0.380	855	0.864	127.37
油蒿	772	0.953	228	0.230	-75.87
沙竹	402	0.490	84	0.080	-83.67
紫穗槐	266	0.328	30	0.170	-48.17
沙柳	64	0.079	9	0.009	-88.61

续表 5-5

种名	1983 年 7 月		2002 年 7 月		密度增减(%)
	总株数	密度(株/m^2)	总株数	密度(株/m^2)	
花棒	70	0.086	15	0.015	-82.56
沙芦苇	210	0.259	9	0.009	-96.53
柠条	8	0.010	18	0.018	80.00
沙棘	20	0.025	0	0	-100.00
旱柳	5	0.006	0	0	-100.00
猫头刺	134	0.164	0	0	-100.00
合计	2 261	2.78	1 248	1.395	-49.82

在沙地生态条件很严酷的情况下,植物群落的种间竞争也很激烈,种间竞争是植被自然稀疏的主要驱动因素之一。种间竞争是植被群落中普遍存在的一种现象,在植物种间竞争过程中,一些耐旱性较差的物种死亡退出,而一些繁殖力高、适应性强的植物种迅速扩展,使群落物种组成结构发生变化。人工固沙 20 年间,踏郎增加 175.8%,上升为优势植物种,而旱柳、沙棘、猫头刺已在种间激烈竞争中被淘汰消失,花棒、沙柳长势渐弱,且濒临绝迹,其他植物种也都大幅度减少。群落中植被物种的重要值发生显著变化(见表 5-6)。

表 5-6 不同时期红石峡植物种重要值变化

种名	1983 年					2002 年				
	排序	*I*	*RC*	*RD*	*DF*	排序	*I*	*RC*	*RD*	*DF*
油蒿	1	125.6	13.1	40.7	71.8	2	73.2	14.6	11.7	46.9
紫穗槐	2	54.8	4.5	18.0	32.3	4	19.2	10.8	0.1	8.6
沙竹	3	44.2	0.7	15.1	28.4	5	17.6	0.6	0.1	3.5
花棒	4	42.4	1.2	26.2	15.0	7	5	5.0	0.4	12.2
踏郎	5	37.4	5.2	14.1	18.1	1	141.9	54.6	24.8	62.5
沙柳	6	28.7	1.1	12.6	15.0	8	4.7	0.6	0.6	3.5

续表 5-6

种名	1983 年					2002 年				
	排序	*I*	*RC*	*RD*	*DF*	排序	*I*	*RC*	*RD*	*DF*
猫头刺	7	24.7	2.3	8.2	14.2	10	0	0	0	0
沙芦苇	8	21.7	3.6	3.9	14.2	9	4.2	1.0	0.5	3.5
樟子松	9	12	0.6	2.7	8.7	3	68.8	12.7	30.1	26.0
柠条	10	7	0.1	2.2	4.7	6	15.3	1.2	3.7	10.4
沙棘	11	4.2	0.3	2.3	1.6	11	0	0	0	0
旱柳	12	3.6	0.1	1.9	1.6	12	0	0	0	0

注：*I* 表示重要值，*RD* 表示相对密度，*RC* 表示相对盖度，*DF* 表示相对频度。

由表 5-6 可见，油蒿重要值指标在 1983 年为 125.6，居首位；踏郎重要值为 37.4，居第 5 位。到 2002 年踏郎重要值已增至 141.9，已跃居第 1 位，成为群落中的优势种。樟子松重要值从 12.0 增至 68.8，跃居第 3 位。因此，在榆林红石峡植物园沙地植物群落演替过程中，樟子松和踏郎将可能成为最后优势种，形成顶级群落，其他植物种大都处于劣势地位。

5.2.2.2 人为干扰

一切陆地植物群落均受人为因素影响。脆弱的沙地植物群落对人为因素影响反应更敏感，群落组成稍有改变，就会引起整个群落组成的变化。人为干扰主要是平茬、放牧、更新造林等。对红石峡试区花棒林地采取平茬复壮措施后，因平茬导致林地光照条件改变，踏郎、油蒿趁机侵入，最终花棒被演替消失。

5.3 榆林沙区景观格局分析

景观格局，也即景观结构，是指大小和形状不一的景观镶嵌体在景观空间上的排列，它既是景观异质性的集中体现，又是各种景观生态过程在不同尺度上相互作用的结果。景观的形成与发展是自然基础发育和人类改造利用自然环境的共同过程。景观格局及其变化是自然与人为因素相互作用所产生的一定区域内土地质量的综合表现，景观嵌块的类型、形状、大小、数量和空间组合既是土地质量差异、各种干扰因素相互作用的结果，又影响着该区域的生态过程和边缘效应。对榆林沙区景观格局的研究，是揭示该区域土地质量状况及空间变异特征的有效手段，也是人工植被建设和调控的基础条件。

5.3.1 景观类型的划分

榆林沙区现存的景观起源于 5 个主要的自然过程，即地貌、气候、动植物定居、土壤发育和自然干扰。景观在此自然基础的发育过程中又受到人类活动的深刻影响。地貌和气候在较大的空间尺度上对景观过程起主导作用，而植被、土壤及人类活动等在中小尺度上的分异作用更为明显，植被格局是各要素相互作用的综合反映。以地貌和基质为基本线索，以植被为标志，根据全国《土地利用现状调查技术规程》和榆林沙区的实际特点，可将榆林沙区的景观类型划分为耕地、园地、林地、草地、水域、居民工矿交通建设用地和未利用地等 7 类。其中耕地包括各类旱地、水浇地和灌溉地，园地包括经济林、“四旁”树等树园子，林地包括有林地、疏林地、灌木林地等林业用地，草地包括天然荒草滩地、人工牧草地等，水域包括河流、湖泊、海子、水库等，建设用地包括居民点、城镇、工矿、交通、电力设施等各类建设用地，未利用地包括流沙地、盐碱滩地等目前未利用或难利用土地。各类景观构成见图 5-5、图 5-6 和表 5-7。

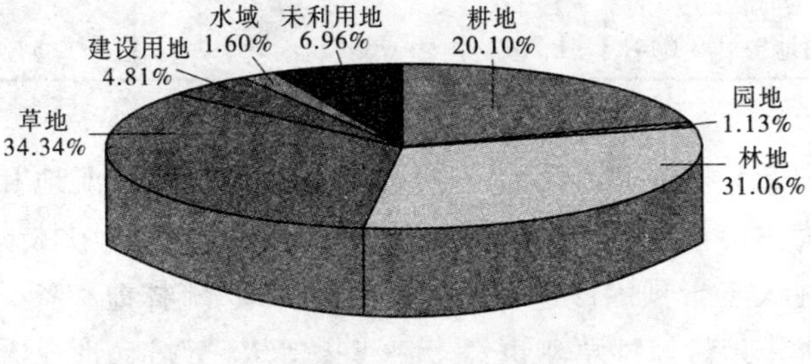

图 5-5 榆林沙区景观格局构成

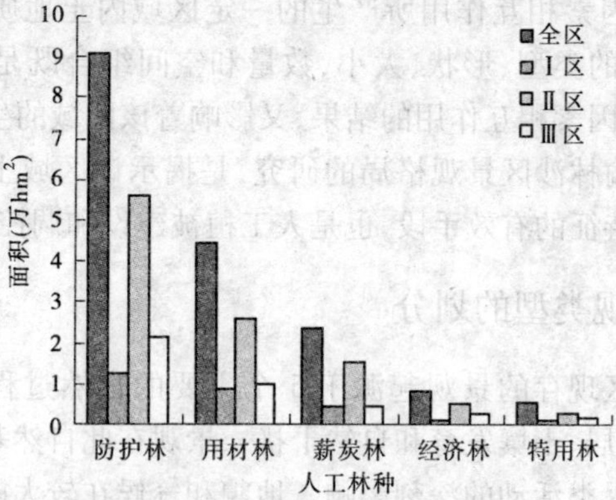

图 5-6　人工植被景观格局

表 5-7　榆林沙区景观格局类型面积特征值

项目	斑块数（个）	面积（km^2）	比例（%）	斑块密度（个/km^2）	斑块平均面积（hm^2）
耕地	77 413	3 639	20.1	21	4.70
园地	17 673	204	1.13	87	1.15
林地	6 572	5 624	31.06	1	85.58
草地	6 844	6 218	34.34	1	90.85
居民工矿交通建设用地	1 372	871	4.81	2	63.48
水域	1 920	290	1.6	7	15.10
未利用地	3 644	1 261	6.96	3	34.60

由图 5-5 和图 5-6 可见，榆林沙区景观以风沙草滩地和防风固沙林地为主要景观类型，占到全区景观的 65.4%。其中林地主要是风沙地在人工干预固沙造林后形成的有林地、疏林地和各类灌木林地等各类土地。风沙草滩也经多年飞播等人工改造，形成天然植被和人工植被混合草场。因此，可以说人工植被是榆林沙区景观的主

宰,是维持整个生态系统稳定的决定因素,人工植被的变化影响着整个区域景观格局的动态。由于林地、草地分布区的水、土等自然条件相对较好,地表植被覆盖程度相对较高,它们成为区域内生物多样性以及系统物质、能量、信息提供和传输的物质基础,对改善区域土地质量,维护生态系统的稳定性和安全性具有十分重要的作用。因此,在区域发展中,应注意保护并尽可能地增加此类景观的面积,为区域的可持续发展奠定良好的自然环境基础。

居民地及工矿交通各类景观是以流沙或沙质土地为本底背景,经镶嵌分布,构成整个区域景观。作为人类活动的主要表征,居民点与农耕区在区域景观格局中是不可忽视的,它们是人类依据土地质量而对土地开发利用的直接反映,24.91%的面积比重说明人类在区域景观格局发展过程中参与的力度已十分强烈,且产生了明显的效果,人类活动成为榆林沙区自然景观格局最大的外来影响因素。

5.3.2 景观格局特征

对景观空间格局特征的分析及量度是景观空间格局结构研究的依据和深化方向,本研究从斑块特征指标和多样性指标等几个方面分析榆林沙区景观格局特征。经过计算,榆林沙区景观格局特征值见表5-7和表5-8。

由表5-7可见,景观斑块数以耕地、园地最多,草地、林地次之,但面积却以草地和林地最大,分别占总面积的34.34%和31.06%。同时,由斑块密度和平均面积也可以看出,林地和草地整体性高,是榆林沙区主导景观类型,而耕地和园地斑块比较破碎,这与榆林沙区的自然特点是一致的。

表5-8　区域景观格局多样性特征值

景观格局指标	景观破碎度(FN)	景观均匀度(E)	景观多样性(H)	景观优势度(D)
特征值	0.157	0.771	1.501	0.688

从表 5-8 可以看出，对景观异质性进一步分析表明，整个区域的景观破碎度很低，景观类型较单调，各类型景观的分配也不均匀，景观多样性较低。以沙质草地和林地占区域面积的 65.4%，在整体景观中优势突出，但土地质量差，严重抑制了区内的土地综合利用。同时，也反映出区域内各类型景观较完整。大面积的沙质草地和林地是其他类型景观斑块间的连通渠道，对各类型斑块间物质、能量以及信息的传输与交流起着重要作用。

5.3.3 景观动态分析

榆林沙区经过多年的治沙造林、植被建设，生态环境明显改观，这点可以从榆林沙区景观格局动态中很好反映(见表 5-9 和图 5-7)。

表 5-9 榆林沙区景观动态分析

项目	1986 年		1996 年		2000 年		2005 年	
	面积(万 hm^2)	比例(%)	面积(万 hm^2)	比例(%)	面积(万 hm^2)	比例(%)	面积(万 hm^2)	比例(%)
耕地	29.77	16.44	40.06	22.12	37.19	20.54	36.39	20.10
园地	0.51	0.28	0.98	0.54	1.47	0.81	2.04	1.13
林地	45.83	25.31	50.9	28.11	53.04	29.29	56.24	31.06
草地	55.59	30.70	56.03	30.94	61.33	33.87	62.18	34.34
居民工矿交通等建设用地	7.67	4.24	8.33	4.60	8.59	4.74	8.71	4.81
水域	2.97	1.64	2.96	1.63	2.95	1.63	2.9	1.60
未利用地	38.73	21.39	20.81	11.49	16.5	9.11	12.61	6.96

由表 5-9 和图 5-7 可以看出，从 1986 年到 2005 年 20 年间，在各类生态工程建设中，大面积植树造林种草，使榆林沙区各类景观格局发生了显著变化，林地、草地、园地面积比例逐年升高，其中林地面积增加了 22.71%，草地增加了 11.86%，园地增加了 3 倍，三类土地在

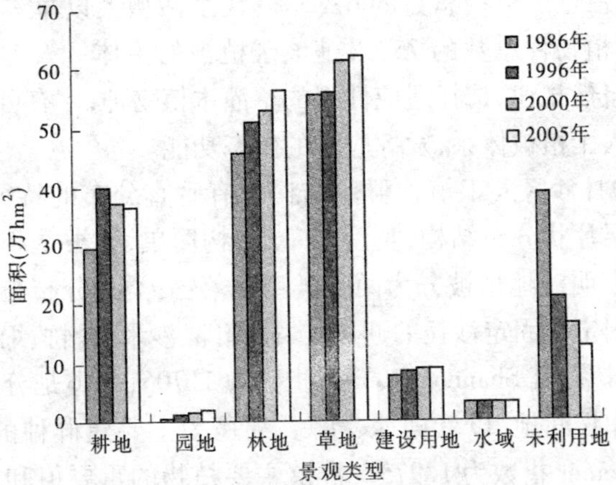

图 5-7　榆林沙区景观构成及动态

整个景观格局中的比例增加了 18.18%；而流沙地、盐碱地等各类未利用、难利用土地减少了 67.46%，在整个景观中的比例下降了 13.85%。可见，近年来榆林沙地治理力度是很大的，人工植被建设取得了显著成效。但是，我们也应当看到，当地的城镇、工矿、交通、电力等建设速度也是很快的，20 年间建设用地面积增长了 13.56%，在整个景观中的比例增加了 0.57%，对区域人工植被乃至全区生态环境的影响是不容忽视的。

5.4　小结

人工植被作为沙漠景观的重要结构单元，影响着沙漠景观格局及动态。通过对植被群落物种组成、层次结构、数量特征等方面的研究，探讨了沙地植被演替及景观格局动态，为建立稳定人工植被、缩短建设周期提供了理论依据。

(1)由于受生境影响和制约，榆林沙区地带性植被退化，而隐域性旱生、广旱生、沙生植被占优势。统计分析表明，该区植物种类已趋向集中于有限的少数优势科内，含有 10 种以上的科仅 12 个，却含有316种，占全区植物总数的67.5%；在生活型上以草本和灌木植物为主，占植物种总数的75%，是该区植被的主体。人工植被建设必须遵循自然规律，选择适应性强的草灌木植物种，才有可能建立稳定持久的人工植被体系，发挥应有的生态功能。

（2）榆林沙区人工植物群落结构没有垂直分布的特征，却有明显的水平层片状分布结构，类型单一，结构简单，植被季相明显。主成分分析表明沙地植被分为两种类型群落：一类是分布在流动半流动沙丘或固定半固定沙丘的迎风坡，以踏郎、沙米、沙竹、绵蓬为主要建群种的群落，其Shannon-Weiner指数为1.706；一类是分布在固定沙丘底部和丘间地，以紫穗槐、沙蒿、绵蓬为主要建群种的群落，其Shannon-Weiner指数为1.973。群落主要植物的重要值和优势度以踏郎、紫穗槐较优，而以柠条、花棒较差。

（3）水分变化是引起植被动态演替的决定因素。在人工林的介入下，榆林沙地植被经历天然稀疏草本阶段—人工灌木固沙林阶段—人工灌木+天然草本阶段—天然草本优势种阶段（顶级群落阶段）的演替过程，这是一种在时间上、空间上、功能上的有序过程，使植被层次结构更加复杂，功能趋于稳定。引起水分变化和植被演替的驱动因素是种间竞争、自然稀疏和人为干扰（平茬、放牧、造林）。在人为干扰下，目前红石峡沙地经过一系列演替形成以踏郎、油蒿群落和樟子松群落为演替顶级的相对稳定群落。

（4）对榆林沙区景观特征分析表明，该区景观破碎度很低（0.157），景观类型较单调，分配不均匀，景观多样性较低（1.501），稳定性差。景观类型中林草植被面积最大，占65.4%，在整体景观中优势突出（0.688），为主要景观类型；农耕地、居民建设用地占24.91%，表明人类活动在区域景观格局发展过程中参与的力度已十分强烈，成为自然景观格局变化最大的外来影响因素。

（5）对景观格局动态分析表明，人工植被建设取得了显著成效，20年间使林地、草地、园地面积地在整个景观格局中的比例增加了18.18%；而流沙地、盐碱地等景观比例下降了13.85%，反映了近年来榆林沙地的治理力度和显著成效。但是，当地的城镇、工矿、交通、电力等各类建设用地面积增长了13.56%，在整个景观中的比例增加了0.57%，对区域人工植被乃至全区生态环境的影响是不容忽视的。

6 人工植被结构配置研究

6.1 基于土地资源的人工植被合理覆盖率

植被覆被率是植被资源丰富程度和生态环境质量的一个衡量指标,是区域土地利用结构的集中体现。当前,森林覆被率的确定既有面向区域发展的,也有面向某一生态目标的。面向区域发展的森林覆被率是根据整个区域的社会经济可持续发展所需要的生态防护功能而确定的森林覆被率,面向某一生态目标的森林覆被率则是根据对森林的某一生态防护功能需要,如水源涵养、防风固沙等,确定最佳的森林覆被率,是在一定的目的和条件下,充分利用现有条件而最好地达到特定目的的森林覆被率(余新晓等,2001)。榆林沙区林草植被合理用地比例及植被覆盖率是从最大限度地发挥防风固沙生态功能,实现区域内能量流动、物质循环,获得较高的生态、经济、社会效益,保证该区社会经济可持续发展的需求角度出发来确定的。

6.1.1 土地利用结构现状与调整

人工植被建设作为大农业的一部分,不能不考虑到地方经济,特别是整个农业的发展战略与规划及诸如人口等社会因素,即所谓"约束条件"。因此,研究人工植被结构,必须首先依据自然的和社会的各种因子,确立沙区的土地利用结构。

6.1.1.1 土地利用结构现状

从表 6-1 中可以看出,榆林沙区土地利用结构现状中,耕地(包括各类旱地、水浇地、灌溉地等)面积 36.39 万 hm^2,占本区土地面积的 20.1%,虽然低于陕西省耕地面积所占土地面积的比例(26%),

但由于该区干旱少雨，风沙大，土壤瘠薄，农业产量低而不稳，因此应当实行退耕还林还草，农业发展应注重高精准农业，提高耕地的集约化经营水平。林地面积为58.28万hm^2，占总土地面积的32.2%，草地面积62.18万hm^2，占总土地面积的34.3%(见图6-1)。全区农林牧比例为1∶1.6∶1.7，结构不太合理，积极发展林草植被面积是有基础的，也是该区生态、经济建设的需要。

表6-1　榆林沙区土地利用结构现状(2005年)

项目	全区		Ⅰ区		Ⅱ区		Ⅲ区	
	面积(万hm^2)	比例(%)	面积(万hm^2)	比例(%)	面积(万hm^2)	比例(%)	面积(万hm^2)	比例(%)
总土地	181.07	100	40.40	100	113.67	100	27.00	100
耕地	36.39	20.1	14.09	34.9	17.09	15.0	5.18	19.2
草地	62.18	34.3	17.06	42.2	34.37	30.2	10.74	39.8
林地	58.28	32.2	6.73	16.7	44.68	39.3	6.85	25.4
其他	24.22	13.4	2.52	6.2	17.54	15.4	4.22	15.6
农∶林∶牧	1∶1.6∶1.7		1∶0.5∶1.2		1∶2.6∶2.0		1∶1.3∶2.1	

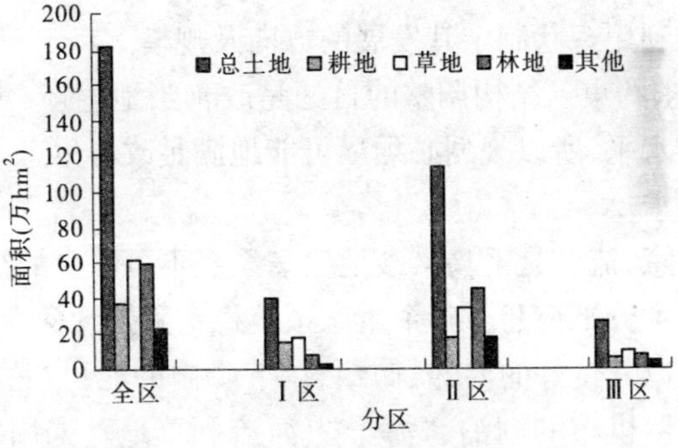

图6-1　土地利用现状(2005年)

6.1.1.2 土地利用结构优化调整

随着榆林沙区社会经济的发展，特别是能源基地建设，沙区经济持续增长，人口不断增加，生活质量和消费水平进一步提高，这就要求从实际出发，优化调整土地利用结构，建立人工生态系统新的平衡。为此，本书以动态仿真(System Dynamics)方法的基本思想为指导，以C语言编制模型，模拟适合各区的基础产业结构及产业部门结构，进而对土地利用结构进行优化调整和预测。

模型方程的一般形式为：

$$\frac{\mathrm{d}L}{\mathrm{d}t} = f(L_i, R_i, A_i, C_i) = R \tag{6-1}$$

$$L(t + \Delta t) = L(i) + f(L_i, R_i, A_i, C_i)\Delta t \tag{6-2}$$

其差分方程为：

$$L(t + \Delta t) = L(t) + f(L_i, R_i, A_i, C_i)\Delta t \tag{6-3}$$

式中：L 为状态变量；R 为流率变量；A 为辅助变量；C 为参数；t 为时间段；i 为不同分区或区域。

模型建立的约束条件：

(1)政策约束。一个地区的各种产业结构均与政策有很大关系。因此，在建模时充分考虑到对于该区农业生产结构有较大影响的各种政策条件。

(2)土地约束。农业生产受土地限制很大，所以根据榆林沙区土地条件和利用现状制定其发展的方向及规模。

(3)需求约束。结构调整的目的是改善当地生产、生活条件，提高人民消费水平，所以规划必须尽可能地满足改善生态条件、促进经济发展的需求。

应当注意，流沙是毛乌素沙地生态系统不可缺少的组成部分，它对维持沙地水分平衡乃至整个生态系统稳定和持续良性发展有重要意义。沙地以其良好的渗透、储藏、调节降雨的能力，滋养着沙地内部和边缘星罗棋布的湖泊、“海子”、河流和草地。采用线性规划方法以产值为目标函数，以水资源为主要约束条件，以满足沙区人民生产、生活而必需的绿色植物量为基数,并计算其需水量,确立沙区土地资源利用的阈值。计算结果表明,沙区土地应有5% ~10%的剩余土地作为流沙保留,以维持榆林沙地生态系统平衡,特别是在沙地水资源的平衡中发挥重要作用。另外,作为居民生活用地、工矿用地、道路用地等建设用地,占总土地面积的3% ~5%。因此,在本区所投入的主要力量应放在农、林、牧经营水平的提高上,而不应盲目开发、利用流沙从事第一性生产。由于水资源的制约,新的绿洲的建立,可能引起老绿洲的荒漠化。

根据榆林沙区资源环境状况和社会经济条件,以2010年和2030年为系统的时间界限,以资源、人口、环境和政策为约束条件,经动态仿真(SD)预测榆林沙区各行业的发展趋势,从而对榆林沙区农、林、牧土地利用结构进行预测和优化调整,调整结果如表6-2所示。

表6-2　榆林沙区土地利用结构调整

项目	2010年				2030年			
	全区	Ⅰ区	Ⅱ区	Ⅲ区	全区	Ⅰ区	Ⅱ区	Ⅲ区
总面积(万 hm^2)	181.07	40.4	113.7	27.0	181.07	40.4	113.7	27.0
耕地(万 hm^2)	33.12	12.87	15.59	4.66	27.77	11.83	12.04	3.9
比例(%)	18.3	7.1	8.6	2.6	15.3	6.5	6.6	2.2
草地(万 hm^2)	64.15	17.97	35.91	10.27	67.6	17.77	40.54	9.29
比例(%)	35.4	9.9	19.8	5.7	37.3	9.8	22.4	5.1
林地(万 hm^2)	60.13	7.06	45.52	7.55	63.35	8.3	46.17	8.88
比例(%)	33.2	3.9	25.1	4.2	35	4.6	25.5	4.9
流沙(万 hm^2)	23.67	2.5	16.65	4.52	22.35	2.5	14.92	4.93
比例(%)	13.1	1.4	9.2	2.5	12.3	1.4	8.2	2.7
农:林:牧	1:1.8:1.9				1:2.3:2.4			

从表6-2和图6-2、图6-3可以看出，到2010年，林地面积将增加1.85万hm^2，草地面积增加1.97万hm^2，各增加了3.2%，耕地面积和流沙面积分别减少了3.27万hm^2和0.55万hm^2。远期目标(2030年)，林地面积将增加4.07万hm^2，草地面积增加5.42万hm^2(以人工草场为主)，耕地减少8.62万hm^2，流沙地减少0.87万hm^2。这一土地利用结构的调整主要是通过退耕还林和治沙造林来实现的。据卫片判读资料，榆林沙区目前有沙荒地、撂荒地、轮耕地面积达96.18万hm^2，因此增加林草地面积是有基础的。同时，该区人均耕地面积基数大，但耕地因严酷的自然环境条件，产量低而不稳，

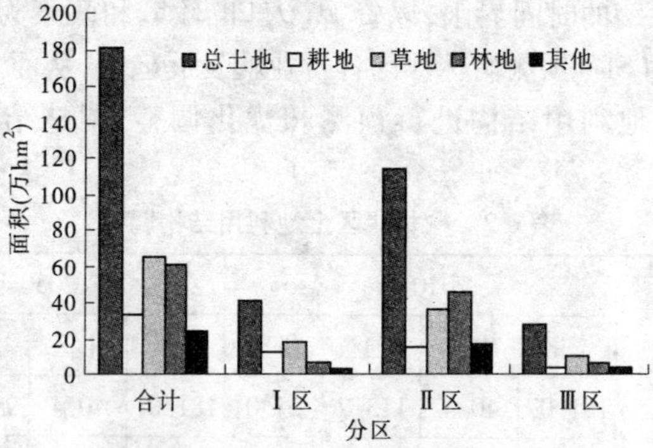

图6-2　土地利用结构调整(2010年)

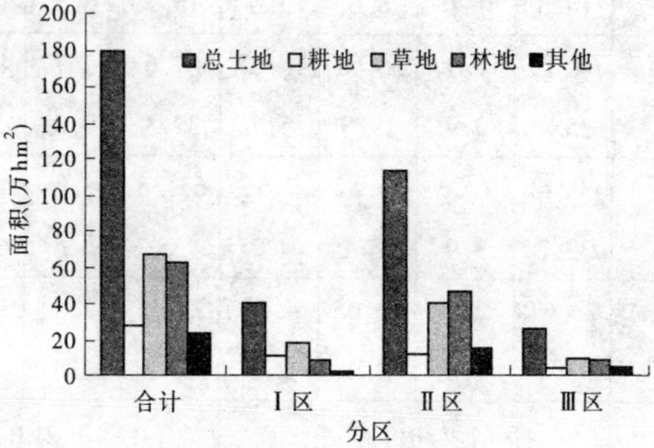

图6-3　土地利用结构调整(2030年)

可以将一部分耕地退耕还林还草，以改善区域生态环境，农业可以通过集约化经营，推广设施种植业、养殖业，提高产值，以满足人口增长的需要。届时，农、林、牧用地比例将由现在的1:1.60:1.71调整到2030年的1:2.25:2.43，这一结构将对维持并发展榆林沙区生态与经济系统的良性运转有积极意义。

从人工生态经济系统的建立出发，该区的固沙林与农田防护林因生产条件的需要，自然成为发展的重点。因此，林业建设在整个时段内处于直线发展的趋势，林地面积逐次递增，至2030年将增长6.98%，届时，林地面积将占到土地总面积的34.43%，将大大改善区域生态环境。

6.1.2 人工植被用地结构的现状及调整

6.1.2.1 人工植被类型及土地利用结构现状

林种配置结构是指依据经营目的所确立的林分及林分内部树种选择及其配置方式。按《中华人民共和国森林法》规定的林种划分方法及毛乌素榆林沙地的特点，人工林种类可以分为防护林、用材林、经济林、薪炭林、特用林等五种类型，其中防护林包括防风固沙林、农田防护林、水域防护林、牧场防护林和道路防护林等，为榆林沙区主要的人工植被类型，在各类植被中占绝对优势，其他几种植被类型也同时兼有防护林的功能。各种人工植被土地利用结构现状见表6-3。

表6-3 人工植被土地利用结构现状

林种	全区		Ⅰ区		Ⅱ区		Ⅲ区	
	面积（万 hm^2）	比例（%）	面积（万 hm^2）	比例（%）	面积（万 hm^2）	比例（%）	面积（万 hm^2）	比例（%）
防护林	30.77	52.81	3.10	46.13	24.02	53.74	3.65	53.36
用材林	14.79	25.39	2.11	31.40	10.98	24.56	1.70	24.85
薪炭林	8.27	14.19	1.01	15.03	6.52	14.58	0.74	10.82
经济林	2.73	4.69	0.26	3.87	2.02	4.52	0.45	6.58
特用林	1.70	2.92	0.24	3.57	1.16	2.60	0.30	4.59

由表6-3和图6-4可以看出，榆林沙区人工植被林种结构的特征如下：

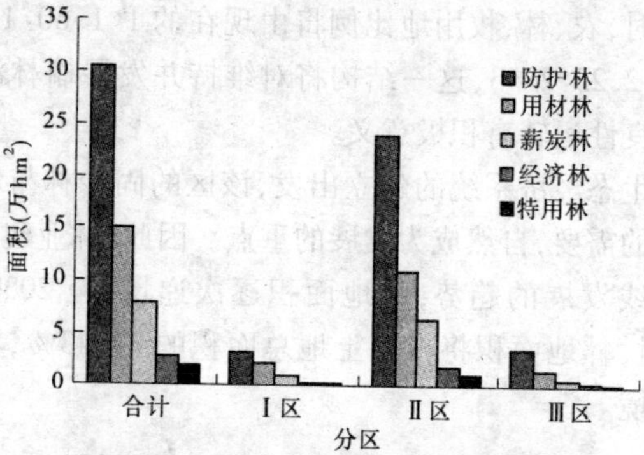

图6-4　人工林结构现状(2005年)

(1)林种结构不甚合理，整个人工植被体系几乎全部由防护林和用材林构成，两个林种约占到林业用地的80%，占13.76%的薪炭林本质上也是防护林的兼用林种。而其他几个林种的比例较小，林分质量也较低，结构并不稳定，很难满足人们对林业多方面的需求。

(2)阔叶乔木用材林比重过大。在自然地带性植被为干草原或荒漠化草原的毛乌素沙地，客观上不可能有那么大的地域发展杨、柳、榆等乔木用材林树种。过去盲目发展这些用材树种，是造成本区分布大量"小老树"的主要原因之一。

(3)与全国其他沙区相比，该区气候、土壤条件相对较好，应发挥多林种的综合生态、经济效益。

同时，在林业用地内部结构中，灌木固沙林所占比重远大于其他林种所占比重，表明灌木应该在该区林地中占据主要的地位，这也是受自然条件制约的结果。

6.1.2.2　人工林土地利用结构的调整

从表6-4、图6-5、图6-6中可以看出，经过人工林用地结构调整后，到2030年人工林土地利用结构表现为：①防护林面积稳步增加，但相对比例保持平衡，重在提高防护林的质量。②用材林的相对比例下降一个百分点，今后的工作重点主要是通过对用材林的更新、抚育和改造，提高其生产力。③其他林种增加幅度较大，借以提高林业自身的整体生态、经济效益。特别是经济林增加基数较大，绝对数量有显著增加。但需要注意的是，经济林应以经济灌木树种占主要地位，果树应选择抗逆性较强的品种。

表 6-4　人工植被土地利用结构调整

项目	2010 年				2030 年			
	全区	Ⅰ区	Ⅱ区	Ⅲ区	全区	Ⅰ区	Ⅱ区	Ⅲ区
防护林(万 hm^2)	31.70	3.22	24.45	4.03	32.63	4.09	23.55	4.99
占林地(%)	52.75	45.93	53.70	53.31	51.49	49.34	50.95	56.32
用材林(万 hm^2)	15.27	2.20	11.20	1.87	15.39	2.23	11.06	2.10
占林地(%)	25.41	31.38	24.60	24.74	24.29	26.90	23.93	23.70
薪炭林(万 hm^2)	8.52	1.05	6.65	0.82	8.29	1.25	6.13	0.91
占林地(%)	14.18	15.00	14.61	10.84	13.08	15.08	13.26	10.27
经济林(万 hm^2)	2.84	0.28	2.06	0.50	3.64	0.36	2.78	0.50
占林地(%)	4.72	3.99	4.52	6.61	5.74	4.34	6.02	5.65
特用林(万 hm^2)	1.77	0.26	1.17	0.34	3.42	0.36	2.70	0.36
占林地(%)	2.94	3.70	2.57	4.50	5.40	4.34	5.84	4.06

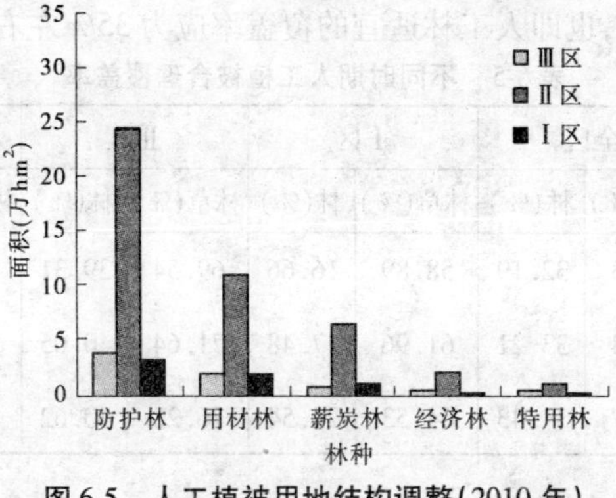

图 6-5　人工植被用地结构调整(2010 年)

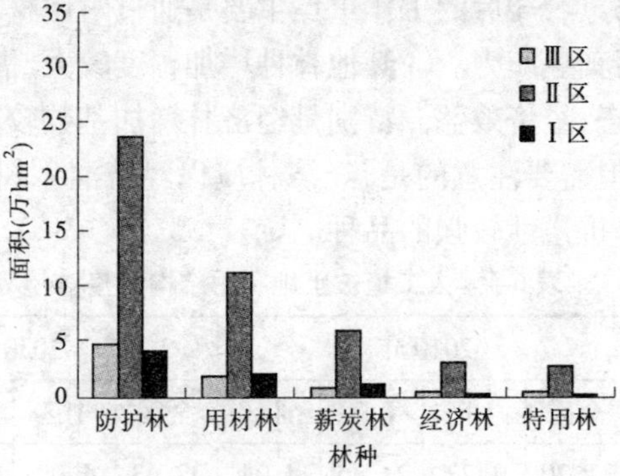

图 6-6　人工植被用地结构调整(2030 年)

6.1.3　人工植被合理覆盖率

植被覆被率通常是指林草植被面积占土地总面积的百分比,即

$$植被覆盖率=\frac{林草地面积}{土地总面积}\times 100\%$$

榆林沙区经过土地利用结构调整后,林地、草地面积将有所增加,相应的林草植被覆盖率也将提高,这对该区生态环境的改善有积极意义。按照上式计算,该区各时期适宜的林草覆盖率见表 6-5。计算表明,除去天然草地之外,在榆林沙地人工林地面积平均达到35%是适宜的,也即人工林适宜的覆盖率应为 35% 左右。

表 6-5　不同时期人工植被合理覆盖率

项目	全区		Ⅰ区		Ⅱ区		Ⅲ区	
	林草(%)	林(%)	林草(%)	林(%)	林草(%)	林(%)	林草(%)	林(%)
2005 年	66.53	32.19	58.89	16.66	69.54	39.31	65.15	25.37
2010 年	68.64	33.21	61.96	17.48	71.64	40.05	66.00	27.96
2030 年	71.77	34.43	64.53	20.54	76.28	40.62	67.30	32.89

由表6-5和图6-7可以看出，不同时期榆林沙区人工植被覆盖率总体上是呈增加的趋势，到2030年人工林覆盖率将达到34.43%，林草植被总体覆盖率也将达到71.77%，这将有效地减轻风沙侵蚀，降低荒漠化和沙尘暴危害，对全区生态环境有较大改善，有利于促进榆林沙区生态、经济和社会的可持续发展。

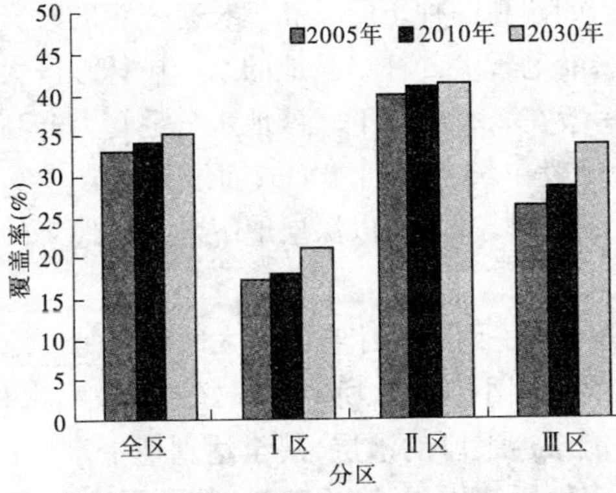

图6-7 不同时期人工植被覆盖率

6.2 基于水分条件的人工植被合理密度

水分是沙区林木生长的第一限制因子，固沙林在这种特定的环境条件下，通过自身形态、生理及生态等方面的变化来实现对干旱环境的适应，同时，也对沙地生态系统的水分平衡和循环产生一定的影响，以达到林木与环境的统一。为此，依据古城滩林场灌木固沙林的水分平衡来探讨人工植被的合理密度结构。

6.2.1 流沙地的水分平衡

6.2.1.1 沙地水分来源

沙地水分主要有以下三种来源：

一是大气中水汽的地面凝结物——霜、露等。从榆林沙区历年各月空气相对湿度来看，相对湿度40% ~50%的月份占4个月，50% ~60%的月份占5个月，60% ~68%的月份占3个月。由于相对湿度较低，而沙地热量交换和水分交换强烈，大气中水汽在地面凝结物很少，年累积量低于27 mm，仅占年降水量的7.4%。但这部分水分对沙生植物如沙蒿的种子萌发和生长有一定的意义。

二是地下水沿毛管上升补给沙地的水。榆林沙区大部分沙丘地的地下水埋深一般在2.5 m以下。沙地水分毛管上升高度随季节而变化，上升幅度一般在53.7 ~74.8 cm；而沙地水分蒸发由于受干沙层的庇护，蒸发量相对较低，所以深层地下水对沙地2 m层内湿度没有显著影响。

三是大气降水——雨、雪、冰雹等。大气降水是沙地水分的主要补给来源，沙粒黏结性小、松散，所以能很好地吸收雪水和雨水，有大量降水时，水分能渗透很厚的沙层，甚至达到地下水位；在大气干旱无降水时，沙层表面很快干燥，变得松散，使下层水分不易散失。所以，大气降水时大部分入渗并存储在沙层内，是沙地水分的主要补给来源。

6.2.1.2 裸沙地的水分平衡

裸沙地的水分平衡可用下式表示：

$$P = E + N + R + \Delta S \tag{6-4}$$

式中：P为降水量，mm；E为沙面蒸发量，mm；N为地表径流量，mm；R为渗蓄量，mm；ΔS为渗漏量，mm。

在试验区对以上各项因子进行了观测，结果如下：①年降水量为430.3 mm；②对2 m湿沙层含水量测定结果表明，该沙层5 ~10月平均含水量很低，平均只有1.92% ~2.31%，且平均含水量值变幅很小，因此渗漏量ΔS可以忽略不计，即$\Delta S \approx 0$；③沙面蒸发量为210.6 mm；④人工降水试验表明，在强度为50 mm/h的强降雨情况下，未发现地表径流，即$N \approx 0$，该降水强度在试验区是20年一遇，属小概率事件，可以满足研究沙地水分平衡的需要。

因此，流沙地的水分平衡动态为：

$$
\begin{aligned}
\text{渗蓄量}(R) &= \text{降水量}(P) - \text{沙面蒸发量}(E) \\
&= 430.3 - 210.6 = 219.7(\text{mm})
\end{aligned}
$$

也就是说，在年降水量为 430.3 mm 时，有 219.7 mm 的降水量渗入沙层，存储在 2 m 沙层之内。

6.2.2 固沙林地的水量平衡

人工造林后，林地陆面蒸发与流沙地不同，由于林冠的遮阴，使沙面蒸发量减小，而一部分降水却被林冠截留而蒸发损失掉。所以，水分平衡方程表述为：

$$P = E_1 + E_2 + N + R + \Delta S \tag{6-5}$$

式中：P 为降水量，mm；E_1 为沙面蒸发量，mm；E_2 为冠层截留蒸散量，mm；N 为地表径流量，mm；R 为渗蓄量，mm；ΔS 为渗漏量，mm。

对以上各项进行了观测，并通过计算，得出各灌木林地的水分平衡动态（见表 6-6）。

表 6-6 人工灌木林地水分平衡 （单位：mm）

项目	降水 P	沙面蒸发 E_1	冠层截留蒸散 E_2	渗蓄量 R
沙柳	430.3	95.0	21.3	314.0
花棒	430.3	101.4	25.2	303.7
踏郎	430.3	90.3	25.0	315.0
紫穗槐	430.3	90.0	26.2	314.2
柠条	430.3	92.2	22.3	315.8
平均	430.0	93.78	24.0	312.54

6.2.3 固沙林的水分利用

6.2.3.1 土壤有效水含量

对土壤持水量的测定表明，在正常的沙地含水情况下（1 m 沙层平均含水率为2.07%),1 m 沙层仍可继续容水 543 t/hm²,相当于54.3 mm的降水量,也就是说,20 年一遇 50 mm/h 的暴雨持续 1 h,可全部保留在1 m 沙层内。因此,在榆林沙区一般降雨量除蒸散损失外,全部入渗并蓄持在1 m 以内沙层中,绝大部分可供植物吸收利用。只有当土壤含水量接近萎蔫系数,即土壤水势为 -15 Pa 左右时,水分才难以被植物吸收利用。因此,在测定各林地萎蔫含水量的基础上,求得各林地的有效含水量(见表 6-7)。

表 6-7 不同固沙林地 1 m 沙层的有效含水量

植物种	渗蓄量(mm)	土壤萎蔫含水量(mm)	土壤有效含水量(mm)
沙柳	314.0	8.7	305.3
花棒	303.7	9.0	294.7
踏郎	315.0	9.2	305.8
紫穗槐	314.3	8.6	305.7
柠条	315.8	8.3	307.5
平均	312.56	8.76	303.8

6.2.3.2 固沙林的蒸腾耗水量及水分利用率

固沙植物的蒸腾耗水量及水分利用率是衡量其生态功能的又一重要指标。水分利用率是指生产每克干物质所消耗的水分,也叫蒸腾系数。测得各植物种生长季的蒸腾强度及其鲜重后,就可以推算其单株耗水量,并在此基础上,和当年生物量相比较而得到水分利用率。蒸腾耗水量的计算式为:

$$生长季耗水量 = 蒸腾强度 \times 鲜叶重 \times 24 \times 150 \quad (6\text{-}6)$$

经过测定并计算,几种主要固沙植物种的蒸腾强度及水分利用率见表 6-8。

表 6-8　固沙灌木单株耗水量及水分利用率

项目	单株鲜叶重 (g)	蒸腾强度 (g/(g·h))	生长季耗水量 (kg)	单株生物量 (kg)	蒸腾系数
沙柳	350.6	0.668	843.12	0.310	1 041
花棒	987.6	1.087	3 864.68	2.030	1 904
踏郎	262.3	1.001	946.67	0.542	1 747
紫穗槐	193.3	0.898	624.90	0.540	1 157
柠条	262.6	0.932	881.08	0.643	1 370
平均	411.28	0.917 2	1 432.09	0.813	1 443.8

从表 6-8 可知，不同固沙灌木因其生物生态学特性的差异，而具有不同的蒸腾强度，五种灌木蒸腾强度以花棒较高，为 1.087 g/(g·h)，沙柳的蒸腾强度较低，为 0.668 g/(g·h)，因而水分利用效率以沙柳较高，而以花棒较低。五种灌木水分利用率由高到低的顺序是沙柳 > 紫穗槐 > 柠条 > 踏郎 > 花棒。

6.2.4　固沙林地理论造林密度

造林密度受供水条件(即土壤有效含水量)的限制，因此固沙植被合理密度确定的首要原则是保证固沙植物的存活及正常生长所必需的水分需求，即水分营养面积，并能在较长时间保持或增强绿化效果。造林密度的确定方法通常有三种：一是通过不同种植密度对比试验或对现有植被调查寻求最佳方案；二是将植物根系的伸展幅度作为确定适宜种植密度的标准；三是通过分析植物的水分需求，确定单株植物的水分营养面积来确定合理密度。本书根据植物种单株水分营养面积(单株耗水量)、沙地有效含水量和沙地水分盈亏来确定合理造林密度。

6.2.4.1 林分密度与水分盈亏

林地植被密度是受水分条件限制的。在对沙地水分定量分析的基础上,通过对部分成龄林地固沙植物种的水分需求和林地有效水分含量的计算,可以得出不同灌木林地水分盈亏状态(见表6-9、图6-8)。

表6-9 固沙林地密度与水分盈亏状态

项目	林地密度(株/hm^2)	林地需水量		林地有效水量		盈亏量	
		t/hm^2	mm	t/hm^2	mm	t/hm^2	mm
花棒	7 140	3 069	4 605	1 782	2 673	-1 284	-1 929
	1 395	2 289	3 429	2 850	4 441.5	681	1 021.5
踏郎	3 330	1 159.5	1 726.5	1 477.5	2 206.5	318	480
	9 795	8 628	12 942	2 364	3 544.5	-6 267	-9 403.5
紫穗槐	7 260	2 230.5	3 345	1 468.5	2 202	763.5	1 143
	6 105	2 298	3 447	2 350.5	3 525	52.5	72

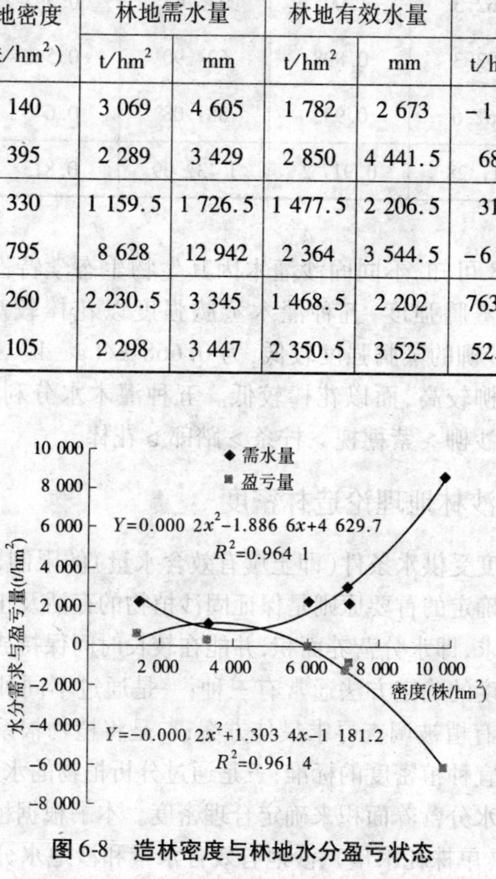

图6-8 造林密度与林地水分盈亏状态

由表6-9计算结果可以看出,随着密度或林龄的增加,沙地水分急剧下降，其可利用有效水的含量越来越低，分别只占流沙的51.8%、84.3%。因此，在造林密度配置上，应保证足够的水分营养面积。

由图6-8可见，林木密度对沙地水分有着显著的影响，总体来说，随着林木密度的增加，水分亏缺越严重，水分盈亏与林地密度密切相关：

$$Y = -0.000\,2x^2 + 1.303\,4x - 1\,181.2$$

$$R^2 = 0.961\,4$$

按照林地水量平衡原理求解，即 $Y=0$，则 $x=3\,258$，即从水分盈亏角度分析适宜的林地密度应为3 250 株/hm^2 左右。

固沙林在生长发育过程中，具有自身调节密度的能力。初始栽植时的林分是不稳定的，而后经自然稀疏逐渐降低密度，达到稳定。随着林地水分的进一步恶化，又处于不稳定状态。在这一过程中固沙林的密度和造林树种在植物群落中的重要值也在变化之中。

6.2.4.2 固沙林合理造林密度

综合固沙林单株耗水量和林地有效水含量，并参考林地水分亏缺状况，可以初步确定各灌木种的理论造林密度，计算结果见表6-10。

表6-10 固沙灌木的理论造林密度

项目	土壤有效含水量（kg/hm^2）	单株耗水量（kg）	理论造林密度（株/hm^2）	实际造林密度（株/hm^2）
沙柳	3 052 995	843.12	3 621	3 540
花棒	2 947 005	3 864.68	763	705
踏郎	3 058 005	646.67	4 729	3 150
紫穗槐	3 057 000	624.90	4 892	4 800
柠条	3 075 000	881.00	3 490	3 330

注：实际造林密度是对20年生灌木纯林地调查的平均密度。

理论造林密度实际上就是沙地对灌木的土地承载能力。由表6-9可见,灌木固沙林合理密度理论计算结果与实际调查密度基本接近,说明以水分营养面积推求合理造林密度是科学的、合理的。所计算的灌木林种理论造林密度和灌木水分利用率,可作为造林实践的理论指导和依据。同时,灌木植物种的水分利用率,也是干旱适应性和系统整体功能的表征,应作为综合生态效益的衡量指标之一。

6.3 基于防护功能的合理空间结构

榆林沙区人工植被建设的首要目标就是实现其生态防护功能,即防风固沙,改善环境生态条件。而生态功能的高低受植被自身生物生态学特性及林分结构特征影响,特别是林分结构决定着人工林对小气候的调节、土壤的改良、水分的利用能力以及生物量和生产力的高低。因此,生态防护功能的高低是防护林结构优劣及稳定性的主要衡量标准。

6.3.1 防风固沙片林结构因子的筛选及确定

在固沙林生物学稳定性能够得到保证的前提下,降风量和减沙量都可以作为衡量其结构优劣的指标。采用多元回归方法,在2 m高处风速相近(7.2 ~7.8 m/s)的条件下,对防风固沙片林不同配置类型的输沙量和防风效能与其影响因子(即植被结构因子)分别作了多元回归分析,以筛选与防护功能关系密切的结构因子。经过回归分析,所筛选的植被形态结构因子指标包括:Y—防护功能,即在2.0 m高程7.2 ~7.8 m/s风速下,固沙林成林林地(林龄5年左右)的输沙量(g/(cm · min))或防风效能值(%);x_1—林木每丛的分枝数(枝/丛);x_2—固沙林的密度(株/hm^2);x_3—乔木或灌木的平均高(cm);x_4—乔木或灌木的平均冠(灌)幅(cm);x_5—林地草本植物的总盖度(%)。

6.3.1.1 输沙量与防风固沙林结构

依据上述因子，建立固沙林输沙量与各因子的回归方程（见表6-11）。从标准化回归方程可以看出，在乔木林配置类型与输沙量有关的因子中，密度和草本盖度的权重最大，在灌木林或乔灌混交林中，以地表分枝数和地面草本盖度的权重最大；而在逐步回归方程中，树高、冠（灌）幅等因子已被筛除。因此，单纯从固沙的角度看，应选择地表分枝数多而又能有效地改善生境，促使天然植物种发育的灌木树种。

表6-11 防风固沙林输沙量的回归方程

类别	方程	R^2	F
乔木林	$Y_1=1.804-0.015x_2+0.067x_3-0.411x_4-1.803x_5$	0.865	7.44
	$Y_2=-0.520x_2+0.096x_3-0.265x_4+0.411x_5$	0.865	7.44
	$Y_3=1.092-0.015x_2-0.205x_5$	0.842	8.60
灌木林	$Y_1=1.268-0.008x_1-0.002x_2+0.100x_3-0.164x_4-1.168x_5$	0.865	9.50
	$Y_2=-0.391x_1-0.423x_2+0.138x_3-0.191x_4-0.374x_5$	0.965	9.50
	$Y_3=1.158-0.009x_1-0.002x_2-0.918x_5$	0.837	11.6
乔灌林	$Y_1=1.617-0.034x_1-0.004x_2+0.256x_3-0.511x_4-0.123x_5$	0.921	10.1
	$Y_2=-0.591x_1-0.327x_2+0.393x_3-0.468x_4-0.136x_5$	0.921	10.1
	$Y_3=1.390-0.040x_1-0.004x_4$	0.859	16.8

注：Y_1—线性回归方程；Y_2—标准化回归方程；Y_3—逐步回归方程。

6.3.1.2 减风效能与防风固沙林结构

根据上述筛选出的防风固沙林结构配置主要指标因子和调查测定结果，对固沙林的防风减风效能与各个结构因子进行回归分析，其结果见表6-12。

从表 6-12 可以看出，在固沙林减风效能的回归分析结果中，树高和冠(灌)幅均占有一定的权重，特别在乔灌混交林中，经逐步回归处理，筛除了大部分因子，而只保留了树高，说明减风效能以树高的权重为最大；地面草本盖度也具有很大作用，草本植物有效地改变了下垫面的性质，影响了地表粗糙度和近地表气层的风速值。因此，在可能的条件下，采取乔灌混交造林将具有多层次的防风固沙效益。

表 6-12 防风固沙林减风效能的回归方程

类别	方程	R^2	F
乔木林	$Y_1 = -74.279 + 0.029x_2 + 8.0x_3 + 34.561x_4 + 35.974x_5$	0.945	9.87
	$Y_2 = 0.034x_2 + 0.398x_3 + 0.771x_4 + 0.283x_5$	0.876	9.27
	$Y_3 = -72.032 + 7.953x_3 + 34.619x_4 + 34.449x_5$	0.994	12.0
灌木林	$Y_1 = 6.074 - 0.020x_1 + 0.012x_2 + 23.909x_3 - 4.902x_4 - 31.692x_5$	0.900	7.65
	$Y_2 = -0.029x_1 + 0.078x_2 + 0.973x_3 - 0.168x_4 - 0.297x_5$	0.900	7.65
	$Y_3 = 3.807 + 20.921x_3 - 28.257x_5$	0.893	9.87
乔灌林	$Y_1 = -1.630 - 0.368x_1 + 0.038x_2 + 15.653x_3 + 0.391x_4 - 4.078x_5$	0.891	6.92
	$Y_2 = -0.239x_1 + 0.104x_2 + 0.896x_3 + 0.013x_4 - 0.167x_5$	0.891	6.92
	$Y_3 = -2.112 + 14.878x_3$	0.852	14.6

注：Y_1—线性回归方程；Y_2—标准化回归方程；Y_3—逐步回归方程。

6.3.1.3 植被盖度与防护效能

除了植株个体形态结构因子对防护功能的影响外，防风固沙林总体植被盖度对其功能的发挥起着重要作用。风蚀和沙尘暴对地表土壤的大量搬运和堆积，是导致干旱半干旱区土地沙化和荒漠化进程最重要、最直接的作用过程之一。植被覆盖度在风蚀过程中可通过多种途径对地表土壤形成保护，降低风速，减少风蚀输沙量。植被覆盖率与风蚀输沙率、减风效能之间存在一定的定量关系,如图 6-9 ~ 图 6-11 所示。

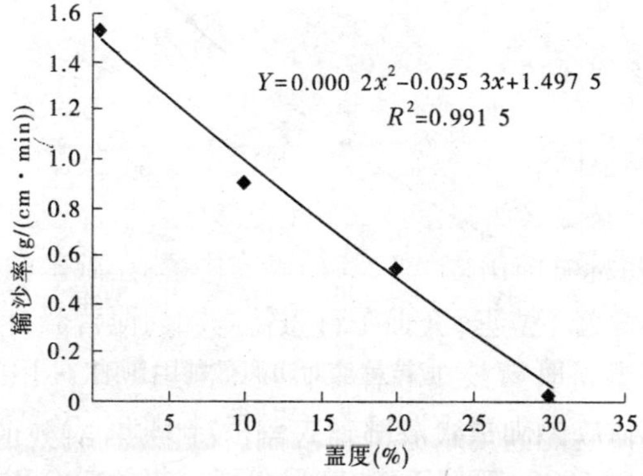

图 6-9 植被盖度对输沙率的影响

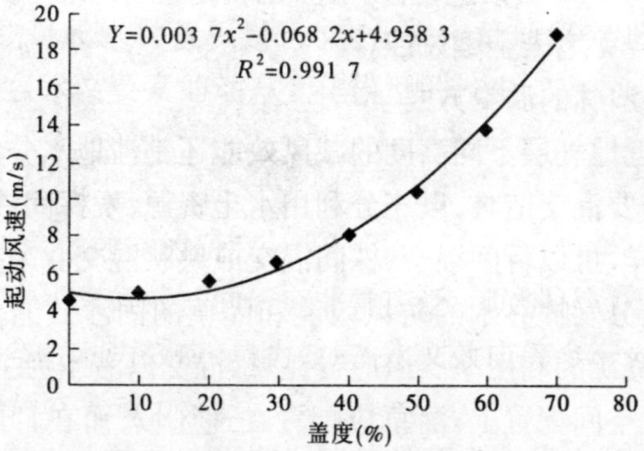

图 6-10 植被盖度对沙粒起动风速的影响

由图 6-9 ~ 图 6-11 可见,植被盖度与风速和输沙量存在密切关系,随着植被盖度的增加,植被对风速的干扰和对地表的庇护作用加强,大大降低了近地表层风速,提高了沙粒的起动风速,减小了输沙量,减轻了风沙侵蚀。植被盖度越大,防护功能越大。然而,植被盖度受水分等条件限制,盖度越大水分消耗也越大。因此,必须选择合

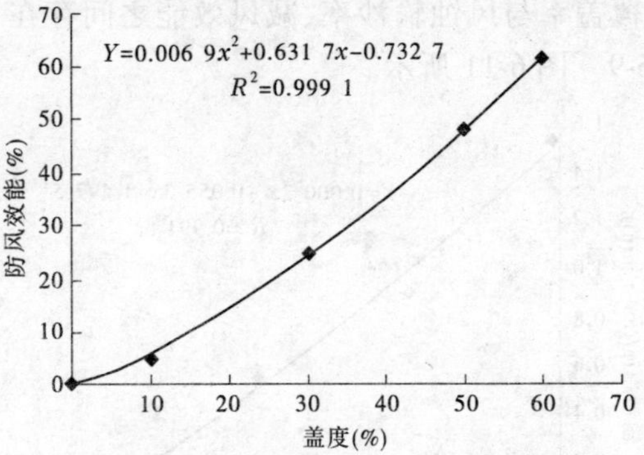

图 6-11　植被盖度对防风效能的影响

理的盖度，以便既能满足水分消耗限制，又能发挥有效的防护功能。测定结果表明，当流沙地 2 m 高处风速为 7.3 m/s 时，盖度为 30% 的林地风速为 5.7 m/s，输沙量是流沙地的 1.32%；而盖度为 40% 的林地风速仅为 5.0 m/s，接近起沙风速，也就是说林草植被总盖度超过 40% 就可以避免地表土壤风蚀。

6.3.1.4　固沙林的混交方式

无论从近地气层不同高度的减风效能还是沙地水分的动态变化过程看，都需要混交造林，以充分利用水土资源，发挥固沙林的功能。混交方式多样，可以行间混交、株间混交或块状混交。采用乔、灌、草混交，可以充分发挥乔木的防风效能和灌草的固沙效能，同时，可以提高对水土资源的利用率。但应当注意，混交以灌木为主，乔木为辅并且稀植；在空间配置上，灌草应配置在迎风坡，而在背风坡脚和丘间地栽植乔木，形成“前挡后拉”模式，植物长势好，防护效能高。横山县长城滩生长在落沙坡的小叶杨(*populus simonii*)平均高 9.28 m，平均胸径 13.9 cm，而生长在迎风坡的小叶杨却长成了“小老树”。

6.3.2　乔木防护林带的配置结构

6.3.2.1　林带结构因子的筛选

乔木防护林带与防风固沙片林不同，一般由单行、双行或数行组成，加之乔木树种与灌木树种生物学特性存在很大差异，因此林带的结构因子组成也与固沙林不同。通过对农田防护林、道路防护林等以乔木为主组成的林带的结构因子与其防护功能的调查分析，进一步筛选出决定防护林带功能（Y）的主要结构因子有林带间距（x_1）、林带密度（x_2）、林带高度（x_3）和疏透度（x_4）。各结构因子与林带防风效能的关系见表6-13。

表6-13　防风效能与结构因子的关系

序号	防风效能 Y(%)	主间距 x_1(m)	密度 x_2(株/m)	带高 x_3(m)	疏透度 x_4(%)
1	16.5	432.5	3.80	4.33	35.0
2	24.5	320.0	4.00	5.50	38.0
3	26.5	356.0	3.40	5.10	55.0
4	27.0	300.5	1.80	7.00	40.0
5	28.5	306.0	3.20	6.70	41.0
6	29.2	273.6	3.35	8.26	45.0
7	30.0	239.6	3.10	9.20	44.6
8	32.0	200.4	2.90	9.00	46.5
9	33.4	194.5	2.50	16.30	49.0
10	35.0	180.5	2.75	13.50	47.5
11	38.2	58.4	2.68	15.70	48.0
平均	29.16	260.18	3.04	9.14	44.21

由表6-13可见，林带的防风效能与其结构有着密切的关系。不同结构类型的林带，由于树种组成及树木各部分在带内空间分布、搭配状况的差异，形成了特定的外部形态，对风速的影响也有着显著的差异。进一步对防风效能（Y）与林带主间距（x_1）、密度（x_2）、带

高(x_3)、疏透度(x_4)等各结构因子进行回归分析,得出林带防风效能与其结构因子的数量关系,并可确定各因子在结构中的权重大小。相关分析结果见表6-14~表6-16。

表6-14 逐步回归方程

序号	回归方程	相关系数 R^2	F 值
1	$Y=34.1574-0.0483x_1-0.8216x_2-0.0657x_3+0.2401x_4$	0.980	34.90
2	$Y=32.9664-0.0461x_1-0.7729x_2+0.2371x_4$	0.979	53.68
3	$Y=31.1366-0.0485x_1+0.2393x_4$	0.976	81.83

表6-15 各因子间相关性分析

相关系数	x_1	x_2	x_3	x_4	Y	显著水平 P
x_1	1.000 0	0.517 9	-0.889 4	-0.475 5	-0.954 5	0.000 1
x_2	0.517 9	1.000 0	-0.541 3	-0.266 8	-0.559 4	0.0736
x_3	-0.889 4	-0.541 3	1.000 0	0.472 1	0.857 6	0.000 7
x_4	-0.475 5	-0.266 8	0.472 1	1.000 0	0.634 7	0.035 9
Y	-0.954 5	-0.559 4	0.857 6	0.634 7	1.000 0	0.000 1

表6-16 逐步回归协方差阵

协方差阵	x_1	x_2	x_3	x_4	Y
x_1	101 734.476 4	322.729 7	-3 777.828 1	-2 717.308 2	-5 586.977 3
x_2	322.729 7	3.816 5	-14.083 4	-9.339 4	-20.052 5
x_3	-3 777.828 1	-14.083 4	177.346 7	112.650 5	209.576 8
x_4	-2 717.308 2	-9.339 4	112.650 5	321.009 1	208.683 6
Y	-5 586.977 3	-20.052 5	209.576 8	208.683 6	336.745 5

由上述分析结果可看出，回归分析结果表明各结构因子中系数最大的是疏透度，其次是主林带间距。经过逐步回归，最先引入方程的因子是疏透度和主林带间距，或者采用逐步删除法，则最终只保留的也是疏透度和主林带间距两个因子。也就是说，对乔木防护林带防风效果影响最大的结构因子是疏透度和主林带间距，林带间距决定有效防护距离，疏透度决定减风效能。各结构因子对防风效能影响程度（或密切相关性）顺序为疏透度 > 林带间距 > 密度 > 带高。由此可见，在防护林林带结构设计和建设时，应优先考虑林带疏透度和带间距。

6.3.2.2　林带疏透度的确定

不同结构类型的林带，由于树种组成及树木各部分在带内空间分布、搭配状况的差异，形成了特定的外部形态。对风沙区不同类型林带调查测定结果表明，林带疏透度对防风效能有显著影响。

从表6-17和图6-12可以看出，林带防风效能与林带疏透度有密切关系，防风效能的大小随林带疏透度的增大而降低。以稀疏型林

表6-17　林带结构类型及其防风效能

结构类型	序号	疏透度（%）	平均疏透度（%）	防风效能（%）	平均防风效能（%）
稀疏型	1	40	40	35.4	30.8
	2	40		26.9	
	3	40		30.0	
疏透型	1	55	53	23.6	21.7
	2	50		19.9	
	3	50		21.6	
通风型	1	65	65	17.6	18.2
	2	60		19.2	
	3	70		17.9	

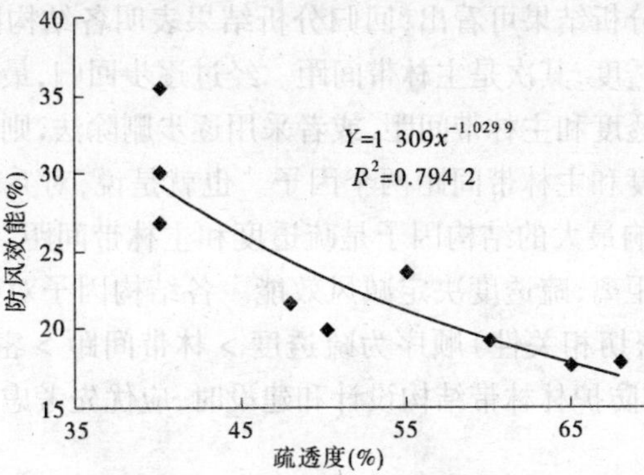

图 6-12　林带疏透度与防风效能关系

带防风效果最佳，平均为 30. 8%，疏透型次之，通风型防风效果较差，其主要原因是稀疏型林带上下稀疏，空隙分布均匀，致使气流被枝叶、树干等部分分割、阻挡、摩擦，动能消耗多，风速降低显著；而疏透型林带因下部有通风空隙，使气流较畅通，动能消耗少，风速降低也较少；通风型林带因林干层有大量通风孔道，气流更畅通，动能消耗更少，风速降低不明显。因此，风沙区主林带结构应选择稀疏型为主，也可适当选用低度疏透型和低度通风型配置副林带。

虽然稀疏型农田防护林带最适于风沙区，但同为稀疏型林带因疏透度大小不同其防风效能也有明显差异。从表 6-18 可看出，同种结构类型即总体疏透度相同的林带，因干层和冠层两部分的差异，导致了林带总体防风效能的不同。如 3 号和 4 号林带平均疏透度均为 50%，但前者林冠层、林干层疏透度均为 50%，后者分别为 40% 和 60%，林干层通透度过大，结果防风效能为 27. 8%，比 3 号低 8. 9%。这说明分层疏透度不同也直接影响防风效果。由此可见，风沙区林带结构配置中主林带应以稀疏型结构为主，总平均疏透度宜为 40% ~ 50%，分层疏透度应控制在林冠层 30% ~50%，林干层 50% 左右，分层疏透度之差不超过 15% 为宜；副林带可采用低度疏透型或低度通风型结构类型，但疏透度也应控制在 50% 左右。

表 6-18　林带分层疏透度与防风效能的关系

林带编号	林带疏透度(%)			防风效能(%)
	林冠层	林干层	平均	
1	30	50	40	35.4
2	40	50	45	37.6
3	50	50	50	36.7
4	40	60	50	27.8
5	45	60	53	29.2

注:观测点林带树种均为杨树,树龄 22 年。

6.3.2.3　林带间距的确定

适当的林带间距能使气流通过林带后还未恢复到旷野风速,又遇到下一个林带阻挡,从而有效地降低风速。如果间距过大,气流通过一定距离后很快恢复到旷野风速,对田间土壤产生风蚀。从表 6-19可以看出,在林带疏透度、带高相同的条件下,主林带间距小的林带防风效果好,小网格防风效果优于大网格。如 1-2 号主林带间距比 1-3 号林带小 100 m,防风效能增加 10.4%,1-2 号小网格(150×250)防风效能显著高于 1-3 号大网格(250×360);2-6 号小网格也显著高于 2-5 号大网格的防风效能。

表 6-19　林带间距对防风效能的影响

林带编号	平均疏透度(%)	林带平均高度(m)	林带间距(m)		防风效能(%)	对照风速(m/s)
			主林带	副林带		
1-2	43	16.4	150	250	38.2	3.4
1-3	43	16.6	250	360	27.8	4.8
2-5	35	5.8	300	340	7.7	2.6
2-6	35	5.8	160	270	29.4	3.4

对稀疏型林带结构因子与防风效能进行逐步回归分析,其结果如下:

$$Y = -15.6350 + 1.4416x_1 - 0.0909x_3$$

$$\text{相关系数 } R^2 = 0.9997, F_{\text{值}} = 917.98$$

回归分析结果表明,同种类型的防护林带,其结构因子对防风效能权重最大的仍然是林带疏透度,其次是主林带间距,其他因子处于从属地位。因此,榆林沙区林带的设计在充分考虑树种的生物生态学特性的前提下,主要需注意以上两因子。

同时,榆林风沙区风沙危害严重,每年春秋季常出现的风害以17 m/s以上的大风较多,当风力达到6级以上(12 m/s)时就会对农田造成危害,如果要把17 m/s以上风速降到12 m/s以下,需降低风速30%以上才能控制风沙危害。由表6-20中实测结果和图6-13表明,风速降低30%以上的有效防护距离在林带树高(*H*)的20倍以内。

表6-20 林带背风面不同距离风速的变化

观测位置	小叶杨林带		合作杨林带	
	风速(m/s)	防风效能(%)	风速(m/s)	防风效能(%)
1*H*	3.3	31.3	3.0	36.2
3*H*	3.2	33.3	2.7	42.6
5*H*	2.3	52.1	2.5	46.8
10*H*	3.1	35.4	2.9	38.3
15*H*	3.3	31.3	3.2	31.9
20*H*	3.4	29.2	3.3	29.8
25*H*	3.9	18.8	3.8	19.2
旷野(对照)	4.8	0	4.7	0

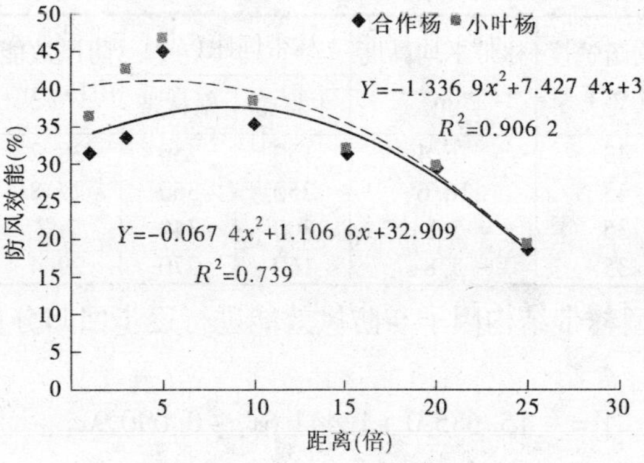

图6-13 林带的有效防护距离

因此，榆林风沙区农田防护林主林带的间距离应以主林带树高(H)的20倍为依据确定，一般应按主林带间距150～200 m、副林带200～250 m的规格确定为宜。

6.3.2.4 林带走向的确定

榆林沙区主害风向为西北风，因此该区主林带走向应与主害风方向垂直，同时应能与渠系、道路相结合。构成林网时，四条林带共同作用，可以有效防止各个方向上的风害。主林带为窄带(2～3行)时，主带与主害风方向呈45°以上夹角为宜；而主林带为宽带(4行以上)时，林带走向与主害风方向垂直为宜，但考虑到便于农业耕作，一般允许有大于45°的夹角。

6.3.2.5 林带树种的选择

在林带树种选择上，主要考虑其适应性、防护性及经济性。特别是随着环境变化和生活水平提高，对树种选择应注意长效和常绿树种、抗病虫害和经济效益高的树种的选择应用。榆林沙区常用合作杨、新疆杨、樟子松、侧柏、油松、梨、苹果、桑等既能发挥防护功能又有较高的经济效益的树种建设农田防护林带。

6.4 榆林沙区人工植被结构优化配置

通过对毛乌素沙地南缘榆林风沙区植被现状的标准地调查，根据现有植被结构类型、生长状况及其防护功能，结合立地质量分析和上述结构因子分析，从防护功能出发，并参考其经济效益，分区筛选、设计出适合毛乌素沙地南缘各不同立地条件的人工植被优化结构类型，其中防风固沙林52个、农田防护林18种、用材林8种、水域防护林9种、道路防护林22种，如表6-21～表6-25所示。

表 6-21　榆林沙区防风固沙林结构优化配置类型

分区	立地类型	树种组成	混交方式	株行距(m×m)	盖度(%)
西部(Ⅰ区)	沙丘迎风坡	柠条	带状	1.0×2.0	>30
		柠条	随机分布	2.0×2.0	>30
		花棒	带状	1.5×3.0	>35
		踏郎	带状	1.5×2.0	>40
	丘间地及平缓沙地	沙枣+沙柳	带状混交	2.0×3.0	40~50
		柽柳+草本	草地栽植	2.0×3.0	>25
		柠条+山竹子	带状混交	3.0×3.0	>35
		榆树+草本	草地栽植	3.0×3.0	25~35
		柠条	带状	2.0×2.0	>30
		白刺	随机分布	2.5×2.5	>35
		花棒	带状	1.5×3.0	>35
		踏郎	带状	1.5×2.0	>40
中部(Ⅱ区)	迎风坡上中部	踏郎		1.0×2.0	35~40
		花棒		1.5×2.0	25~35
		花棒+踏郎	行间、块状	1.5×4.0	40~50
	迎风坡中下部	樟子松+紫穗槐	行间混交	2.0×3.0	40~50
		樟子松+踏郎	行间混交	1.0×3.0	35~40
		沙柳+紫穗槐	行间、块状	1.0×2.0	>40
		紫穗槐	带状	1.0×2.0	>40
		踏郎	带状	1.5×3.0	>50
		花棒	带状	1.5×2.0	>40
	丘间地及平缓沙地	樟子松+紫穗槐	行间混交	2.0×3.0	40~50
		樟子松+沙棘	行间混交	2.0×3.0	35~40
		小叶杨+沙棘	行间混交	2.0×3.0	35~40
		油松+沙棘	行间混交	2.0×3.0	35~40
		沙柳+紫穗槐	行间、带状	1.0×2.0	>40
		沙柳+沙棘	带状、块状	1.5×3.0	>50
		沙柳	带状	1.0×2.0	>35
		沙棘	带状	1.5×4.0	>50
		踏郎	带状	1.5×2.0	>40
		踏郎、花棒等	飞播林岛状	沙障定行	>35
东部(Ⅲ区)	各类型	沙地柏	随机分布	1.5×2.0	>55
		杜松	带状	1.5×2.0	25~35
		中部区各类型			

表 6-22 农田防护林配置结构优化设计

分区	立地类型	主栽树种	伴生树种	主林带(m)		副林带(m)		平均疏透度(%)	株行距(m×m)
				带距	带宽	带距	带宽		
西部(Ⅰ区)	干滩地	榆树	沙枣	150	10.0	250	4.0	55~60	1.5×2.0
		旱柳	沙柳	150	8.0	200	6.0	40	2.0×1.5
	湿滩地	合作杨	杞柳	150	8.0	200	6.0	50	2.0×1.5
		旱柳	沙柳	150	8.0	200	6.0	45	2.0×1.5
	河谷阶地	合作杨	紫穗槐	200	8.0	250	6.0	40~45	2.0×1.5
		旱柳	沙棘	200	6.0	250	4.0	35~40	3.0×3.0
	盐碱滩地	柽柳	芨芨草	150	8.0	200	6.0	45	2.0×1.5
		沙枣	芨芨草	150	8.0	200	6.0	45	2.0×1.5
	梁塬地	小叶杨	紫穗槐	150	8.0	200	6.0	45	2.0×2.0
		合作杨	踏郎	200	10.0	250	6.0	45~50	2.0×2.0
中东部(Ⅱ区和Ⅲ区)	干滩地	旱柳	紫穗槐	280	8.0	200	6.0	40~45	3.0×1.5
		合作杨	紫穗槐	250	10.0	300	8.0	45~50	2.0×2.0
	湿滩地	旱柳	杞柳	200	10.0	250	8.0	50~55	3.0×2.0
		合作杨	紫穗槐	200	10.0	250	6.0	30~35	1.5×2.0
		合作杨	沙棘	150	10.0	250	8.0	50~55	2.0×2.0
	河谷阶地	新疆杨	大扁杏	250	6.0	350	4.0	45	2.0×3.0
		旱柳	杞柳	200	6.0	300	4.0	45~50	2.0×3.0
		河北杨	紫穗槐	250	6.0	300	4.0	50~55	1.5×2.0

表 6-23　用材林配置结构优化设计

分区	立地类型	主栽树种	伴生树种	混交方式	密度（株/hm²）	株行距（m×m）	关键措施
西部（Ⅰ区）	滩地阶地	榆树	豆科牧草	纯林	1 665	2.0×3.0	大苗深栽
		合作杨	沙棘	带状混交	840	3.0×4.0～3.0×2.0	大苗深栽
		樟子松	固沙灌木	带状混交	1 665	2.0×3.0～3.0×3.0	障蔽保护
中东部（Ⅱ区和Ⅲ区）	滩地阶地	合作杨	沙棘	株间混交	840	3.0×4.0～3.0×2.0	大苗深栽
		旱柳	紫穗槐	双行带状	840	3.0×4.0～2.0×1.5	挖壕培土
		樟子松	固沙灌木	隔行混交	1 665	2.0×3.0～2.0×3.0	障蔽保护
		侧柏	豆科草本	纯林	1 665	2.0×3.0	障蔽保护
		油松	沙棘	隔行混交	1 665	2.0×3.0～3.0×3.0	障蔽保护

表 6-24　水域防护林结构配置类型

项目	水域类型	主要树种	伴生树种	带宽（m）	密度（株/hm²）	株行距（m×m）
西部（Ⅰ区）	河道落沙坡	踏郎	樟子松		2 490	1.0×1.0 网格
	水渠	沙枣	山竹子	4	2 490	2.0×2.0～3.0×2.0
	水库池塘	旱柳	沙棘	30	1 590	2.5×2.5～3.0×2.0
中东部（Ⅱ区和Ⅲ区）	河谷落沙坡	踏郎	草本植物		2 490	1.0×1.0 网格沙障
	河谷落沙坡	合作杨	紫穗槐		2 490	2.0×2.0、1.0×1.0 网格
	河岸	旱柳	沙棘	30	1 590	2.5×2.5～3.0×2.0
	水渠	旱柳	紫穗槐	5	840	3.0×3.0～3.0×2.0
	水渠	合作杨	紫穗槐	4	2 490	2.0×2.0～3.0×2.0
	水库池塘	合作杨	沙棘	10	2 490	2.0×2.5～3.0×2.0

表 6-25　护路林结构优化配置类型

分区	立地类型	道路等级	树种	树高(m)	混交方式	株行距(m)	分层疏透度(%)	防风效能(%)
西部(Ⅰ区)	河谷阶地	3、4、5	旱柳+沙棘 或灌木桑	9~11 1.5~2	株间 行状	3.0 2.0	40~45 20~25	40~45
	平缓沙地	3、4、5	杨树或旱 柳+沙柳	4~5 0.8~1	株间 混交	3.0 1.5	40~45 25~30	40~45
	丘间地	4、5	旱柳+沙 柳或沙棘	5~7 12~2.5	株间 混交	3.0 1.5	30~40 25~30	45~50
	轻盐碱地	3、4、5	沙枣+柽 柳或小蘖	3~5 1.5	行状 混交	3.0 1.5	45~50 35~40	35~40
	干滩地	3、4、5	榆树+山竹 子或白柠条	3~5 1.5	行状 混交	3.0 1.5	50~55 45~50	25~30
中东部(Ⅱ区和Ⅲ区)	河谷阶地	2、3、4	合作杨或 旱柳+沙棘	9~12 1.8~2	株间 混交	3.0 3.0	40~45 50~55	30~33
	河谷阶地	2、3、4	油松或 旱柳+沙棘	8~10 1~1.5	株间 行状	3.0 1.5	35~40 30~35	35~40
	平缓沙地	2、3、4	杨树或樟 子松+踏郎	7~9 1~1.2	行状 混交	3.0 1.5	40~45 25~30	40~45
	平缓沙地	3、4、5	旱柳或樟子 松+紫穗槐	7~9 1~1.2	株间 行状	3.0 1.5	40~45 25~30	40~45
	丘间地	2、3、4	合作杨或樟 子松+沙棘	7~9 1.2~2	株间 行状	3.0 2.0	40~45 20~25	45~50
	丘间地	4、5	旱柳+沙 柳或紫穗槐	4~5 0.8~1	株间 混交	3.0 1.5	40~45 25~30	40~45

6.5 小结

采用区域标准地调查和定位观测相结合的方法，对榆林风沙区人工植被的结构配置进行了研究，提出了优化配置类型。

(1)植被覆被率是植被资源丰富程度和生态环境质量的一个衡量指标，是区域土地利用结构的集中体现。根据榆林沙区资源环境状况和社会经济条件，以土地、需求和政策为约束条件，以动态仿真理论为依据，以C语言编制模型，分区对人工植被土地利用结构和林种结构进行了优化调整，提出了基于土地资源限制的人工植被合理覆盖率，即到2030年人工林覆盖率将达到34.43%，林草总体覆盖率也将达到71.77%；各类人工林面积均有大幅度增加，尤以经济林增幅达2.4个百分点，这将对提高人工植被自身价值，促进榆林沙区生态、经济和社会的可持续发展有积极意义。

(2)水分是人工植被建设的第一限制因子。对固沙林的蒸腾耗水量及水分利用率研究表明，5种灌木蒸腾强度以花棒较高，为1.087 g/(g·h)，沙柳的蒸腾强度较低。5种灌木水分利用率由高到低的顺序依次是沙柳>紫穗槐>柠条>踏郎>花棒。进而从灌木固沙林地水量平衡角度出发，提出了基于水分平衡的人工植被合理密度，即沙柳3 621株/hm^2、花棒763株/hm^2、踏郎4 729株/hm^2、紫穗槐4 892株/hm^2、柠条3 490株/hm^2。理论计算结果与实际调查密度基本接近，反映了榆林沙地现有灌木固沙林的密度结构基本上是合理的。

(3)采用回归分析法筛选了人工乔木、灌木植被的结构因子，其中影响防风固沙片林防护功能的主要结构因子是地表分枝数、密度和盖度，而乔木防护林带的主要结构因子是疏透度和主林带间距。并提出了基于防护功能的人工植被合理空间结构，即主林带应选择稀疏型结构，副林带可采用低度疏透型或低度通风型配置；林带总平均疏透度控制在40%～50%，林冠层与林干层的疏透度之差不超

15%为宜；主林带间距应以林带树高的20倍即150～200 m为宜，副林带间距以200～300 m为宜；主林带走向在窄林带（2～3行）条件下应与主害风方向呈45°以上夹角，在宽林带（4行以上）条件下应与主害风方向垂直为宜；林带树种选择应充分考虑生态适应性、防护性和经济效益，采用乔、灌、草混交，可以获得较好的效益。

（4）通过对不同类型区的客观评价与分析，提出了适合榆林风沙区不同立地类型人工植被体系建设的最佳结构配置模式，包括防风固沙林52种、农田防护林18种、用材林8种、水域防护林9种、道路防护林22种。

7 人工植被生态功能研究

绿色植物在生态系统中具有吸收、储存、传递能量和改善系统的全方位功能，是生态系统中一个最重要、最活跃的因素。沙区人工防护植被体系的生态功能就是其利用、稳定和改善环境系统的功能值。功能的概念决不只是单向的概念，而是既有正值，也有负值，也符合一般哲学规律，在某一个阈值范围内，其表现为正值，但超出这个范围，也可能产生一定的副作用。这也可能是干旱、半干旱沙区的特殊性，需要深入探讨。因此，生态功能指标可以从对有利和不利环境的改善给以确定。和任何其他事物一样，毛乌素沙地的人工防风固沙植被也是具有两重性的，固沙植被从建立的第一天起就开始从正反两方面作用于环境。人工植被在吸收、利用太阳能的基础上，防风固沙同时作用于小气候、土壤的物理和化学性质，改变沙地水分状况，促进沙地的植被演替，并对其周围环境发生影响，在一定规模条件下可能引起气象因子的变化。

榆林风沙区人工植被以防护林为主要林种，其中又以防风固沙林和农田防护林为主，占林业用地面积的92.7%，其他林种（如用材林、经济林、薪炭林等）同时也是防护林的兼用林种。因此，本研究选择榆林沙区典型人工植物种杨树、樟子松、沙柳、花棒、踏郎、紫穗槐、柠条等乔灌木树种，从上述几方面功能进行对比观测与分析，以求定量地评价人工林的生态效益。并采用层次分析法，建立综合效益评价指标体系及效益指数，以期为榆林沙区的林业生产提供理论指导，推动沙区林业的发展和资源的永续利用。

7.1 人工植被的防风固沙效益

7.1.1 人工植被的防风效益

7.1.1.1 乔木防护林的防风作用

1)林带结构特征与防风效果

林带的防风效能与林带高度、疏透度以及林龄有着密切的关系。由表 7-1 和图 7-1 ~ 图 7-3 可知,同一结构类型林带,随着林龄增长,疏透度逐渐降低,林带透风空隙减少,防风效能则随之增加。防风效能与林龄、带高呈显著正相关,相关系数分别为 $R^2=0.9941$ 和 $R^2=0.9913$;而防风效能与疏透度则呈负相关,相关系数为 $R^2=0.995$。

表 7-1　不同结构杨树林带防风效能的差异

树龄(a)	疏透度(%)	林带高度(m)	防风效能(%)	对照风速(m/s)
3	80.5	3.42	9.61	6.5
4	68.5	4.15	15.30	6.4
5	60.7	4.67	20.45	6.8
6	55.0	5.24	27.80	7.0
平均	66.2	4.37	18.29	6.7

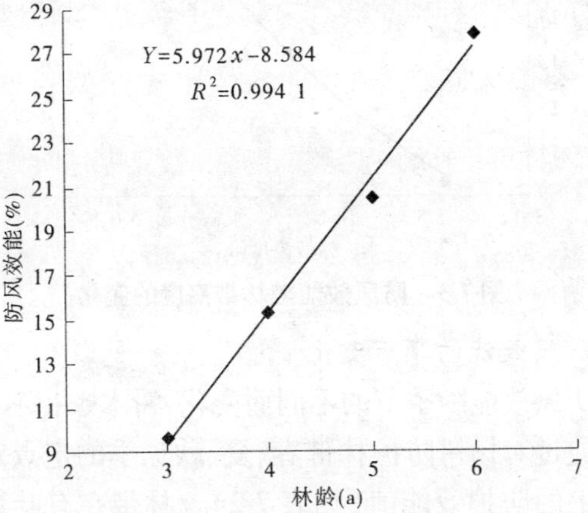

图 7-1　防风效能随林龄的变化

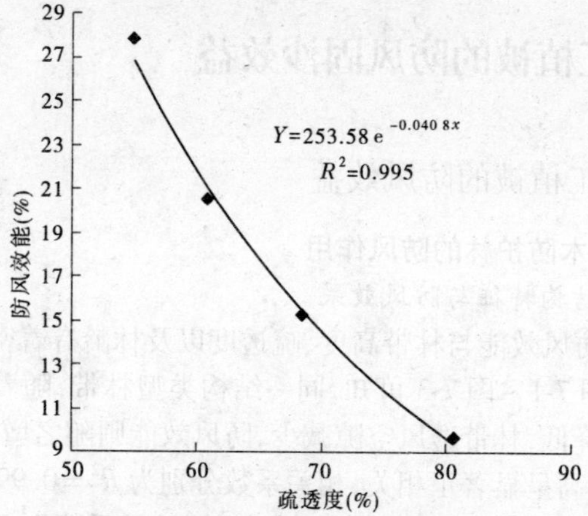

图 7-2 防风效能随疏透度的变化

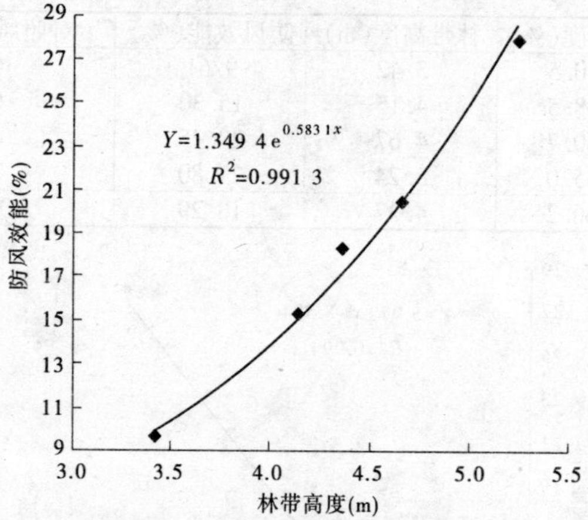

图 7-3 防风效能随林带高度的变化

2)林带防风效能的季节变化

林带的防风效能随季节的不同而变化,树木季相不同,防风效能差异较大。通过对杨树防护林带春、夏、秋三季的定点观测,得出林带时间序列上的防护效能值(见表 7-2)。林带在有叶期,枝叶对气流分割、碰撞、阻拦等作用,改变了气流结构,极大地削弱了气流的动能,防风效能提高。从表 7-2 可以看出,盛叶期的夏季,平均防风效能为19.72%,其次是秋季,春季最低。

表 7-2　杨树林带防风效能随季节的变化

林龄(a)	防风效能(%)		
	春季	夏季	秋季
3	5.65	7.95	6.69
4	10.75	15.89	13.75
5	20.50	24.58	21.47
6	25.47	30.45	28.57
平均	15.59	19.72	17.62

对于不同结构类型的林带,其防风效果的季相差异也十分明显。稀疏型林带即使在冬春季无叶期,仍有上下稀疏的枝干,对风速起到分割和阻拦作用,因而稀疏型结构林带的防风效果比通风型和疏透型林带好。测定结果表明,有叶期稀疏型林带的防风效能分别比疏透型和通风型林带高 7.8 个百分点和 13.8 个百分点,无叶期也分别高出 12.1 个百分点和 18.2 个百分点(见表 7-3)。

表 7-3　不同结构类型林带防风效能随季节变化

结构类型	有叶期防风效能(%)	无叶期防风效能(%)	差值(%)
稀疏型	32.6	26.0	6.6
疏透型	24.8	13.9	10.9
通风型	18.8	7.8	11.0
平均	25.4	15.9	9.5

注:有叶期 5 月上旬、7 月中旬测定,无叶期 4 月上中旬测定。

3)林带防风效能的垂直梯度变化

防风效能垂直梯度变化是由于林带上层上升气流和水平气流作用的结果,随着空间高度增加,林带防风效能降低,1.5 m 高度处较 0.2 m 处防风效能减少 4.0 个百分点(见表 7-4),这是由于下垫面摩擦阻力削弱及上层气流对下层气流动能传递不断增加之故。

表 7-4 杨树林带防风效能随高度的变化

林龄(a)	1.5 m 高处		0.2 m 高处	
	对照区风速(m/s)	防风效能(%)	对照区风速(m/s)	防风效能(%)
3	6.3	7.7	4.0	10.12
4	6.6	15.4	5.5	20.45
5	7.1	20.65	6.5	25.46
6	6.4	28.45	5.9	34.56
平均	6.6	18.65	5.5	22.65

4)林带防风效能的水平梯度变化

气流通过林带时受到较多枝叶的摩擦,一方面削弱了风力,更重要的是破坏了气流的结构。通过林带时,气流被分散成大小和方向不同的小漩涡,从而减小了动能,降低了风速并改变了风的涡动性质。

由表 7-5 可以看出,在林带 11 倍树高距离范围内,风速平均降低了 28.8%。在林带保护范围区内,风速随水平距离变化十分明显。旷野风速受到林带阻挡,在林带前迎风面 3 倍树高以外,就开始改变原来形状,风速降低 30.3%;穿越林带的风,动能大为削弱,因此防风作用主要表现在林带背风面,透风系数为 0.42 的林带,背风面最小风速区出现在 3~5 倍树高距离处,风速降低 33.3%;在最弱风速区外,小股气流逐渐汇合,增加了运动速度,离林带越远,风速恢复越大,但在距林缘 11 倍树高距离处,仍可降低风速 24.3%,以后气流又进入下一条林带迎风面的防护范围。

表 7-5 杨树林带两侧的平均风速变化

项目	对照	迎风面		背风面				平均
		林缘	3*H*	林缘	3*H*	7*H*	11*H*	
风速(m/s)	3.3	2.1	3.3	2.4	2.2	2.3	2.5	2.35
降低(%)		36.4	30.3	27.3	33.3	30.3	24.3	28.8

注:林带透风系数为 0.42。

此外，不同季节林带前后防风效果是不同的。目前的农田防护林多由杨、柳树种组成，一年有两个截然不同的季相，观测表明，无叶期比有叶期的防风效果减低 50.5 个百分点左右（见表 7-6）。

表 7-6　杨树林带不同季节防风效果的水平梯度变化

林带季相	透风系数（%）	迎风面（%）		背风面（%）				平均（%）
		林缘	3*H*	林缘	3*H*	7*H*	11*H*	
有叶 10/8	42	89.0	76.5	75.0	87.5	75.0	75.0	79.7
无叶 1/11	65	50.0	50.5	25.0	12.5	12.5	25.0	29.2

当风的速度和涡动性质改变之后，就会影响到温度、湿度等一系列小气候因子的改变。小气候的特征和作用面的空气乱流作用有密切关系，主要决定于作用转换和水分转换，风速和风性质的改变直接影响这种转换，从而影响近地层小气候。

由表 7-7 可以看出，林带作用下近地层（1.5 m 以下）附近上下气流交换削弱，林网内近地层平均湍流交换系数为 0.32 m^2/s，对照区为 0.46 m^2/s，相差 0.14 m^2/s。防护林作用下，近地层湍流交换削弱了 30.43%。

表 7-7　杨树林带对近地层气流湍流交换的影响

序号	湍流交换系数（m^2/s）		差值	序号	湍流交换系数（m^2/s）		差值
	林网内	对照			林网内	对照	
1	0.55	0.45	0.10	6	0.18	0.52	−0.34
2	0.45	0.50	−0.05	7	0.38	0.40	−0.02
3	0.22	0.46	−0.24	8	0.26	0.29	−0.03
4	0.20	0.35	−0.15	9	0.28	0.59	−0.31
5	0.33	0.48	−0.15	平均	0.32	0.46	−0.14

7.1.1.2　灌木固沙林的防风效益

1)灌木植被结构与防风效果

固沙植被形成的过程中会对其控制区的局部气象因子产生影响,能够产生对环境的某些改善和某些有利于植物生长的因素,其中降低风速是固沙林综合生态效益中最重要的,也是首要的指标。灌木植物因其生物生态学特性的不同,而表现在植株高度、枝叶数量和分布的不同,从而对风速的影响也有差异。从整个 2.5 m 的垂直断面风速降低的平均值来看,花棒由于植株高大,遮挡面大,总体防风效果较好,高度 2.5 m 处风速降低达 52.2%,而沙柳、踏郎防风效果较差,分别为花棒防风效能的 57.9% 和 53.8%。相反,在 0.3 m 处,踏郎和紫穗槐由于分枝数较多,透风系数较小,而有效地降低了近地层 0.3 m 的风速,踏郎和紫穗槐降低风速分别为 77.1% 和 46.8%(见表 7-8)。

表 7-8　灌木固沙林降低风速观测

序号	优势植物	0~5 cm 分枝数	0.3 m 处降低风速(%)	透风系数	2.5 m 断面降低风速(%)
1	沙柳	21	45.6	0.5	30.2
2	花棒	3	37.8	0.6	52.2
3	踏郎	30	77.1	0.3	33.3
4	紫穗槐	23	46.8	0.5	42.2
5	柠条	19	45.0	0.5	50.2

注:降低风速(%)是与旷野风速比较而得,为 5 次测定平均值。

从图 7-4 和图 7-5 可以看出,灌木植物 0.3 m 高处防风效果与其分枝数有良好的一致性,分枝稠密,透风系数小,则对风速的削弱就大。

对上述灌木植被的分枝数(x_1)、密度(x_2)、平均高度(x_3)、平均灌幅(x_4)及草本植物盖度(x_5)5 个因子与防风效能进行回归分析,其结果为:

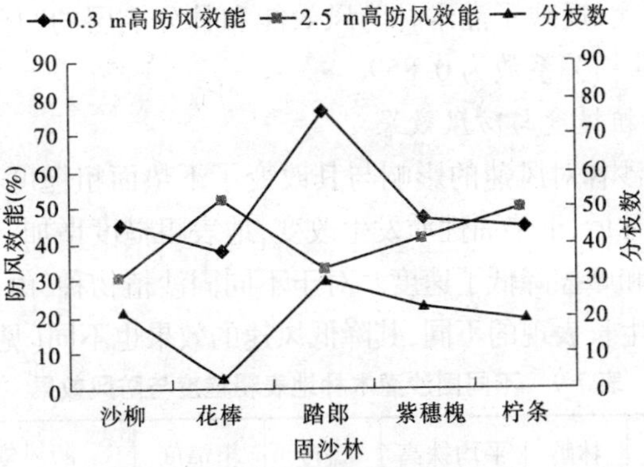

图7-4　固沙林分支数与防风效能

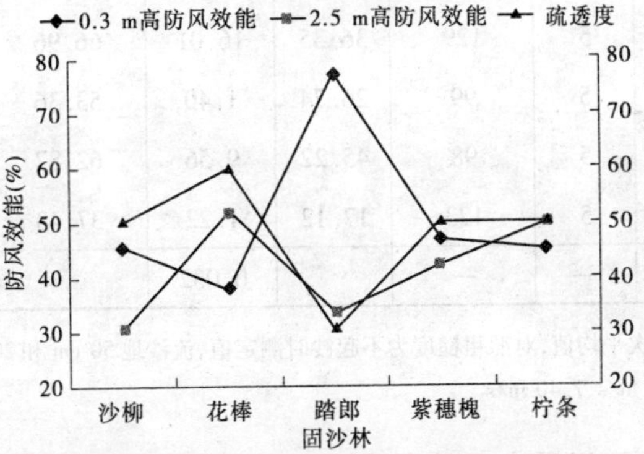

图7-5　固沙林疏透度与防风效能

线性回归方程 $Y=-1.630+0.368x_1+0.038x_2+15.653x_3+0.391x_4+4.078x_5$

标准化回归方程 $Y=-0.239x_1+0.104x_2+0.896x_3+0.013x_4+0.167x_5$

逐步回归方程 $Y=-2.112+14.878x_3$

从回归方程可以看出，在灌木林总体防风效能上，密度和树高所占的权重较大，反映了灌木林防风效能和林分上层的“形态”有密切的相关性，其相关系数为0.859。

2）地表粗糙度与防风效果

灌木固沙林对风速的影响与其改变了下垫面粗糙度有关。沙丘上营造灌木林后，下垫面性质发生改变，地表粗糙度增加，气流遇到了植被的阻挡和摩擦降低了速度。对于不同固沙植物种，由于植物自身形态结构和生长表现的不同，其降低风速的效果也不同（见表7-9）。

表7-9　不同固沙灌木林地表粗糙度与防风效果

序号	项目	林龄(a)	平均株高(cm)	盖度(%)	粗糙度(cm)	防风效能(%)	
						50 cm	200 cm
1	花棒	5	148	30.01	15.36	57.16	40.14
2	踏郎	5	129	36.35	16.01	66.96	27.57
3	紫穗槐	5	99	26.74	1.40	53.36	16.49
4	沙蒿	5	98	45.22	9.56	62.87	40.05
5	沙柳	5	123	17.12	1.22	37.43	23.24
对照	流沙	—	—		0.032		

注：风速为5次平均值，对照粗糙度为不起沙时测定值，流沙地50 cm和200 cm高度风速为6.84 m/s、7.40 m/s。

从表7-9可以看出，踏郎降低近地层风速的作用较为明显，虽然踏郎高度不及同龄花棒，但其枝条稠密，地表粗糙度反而略大于花棒，降低近地面风速显著。与同龄的其他植物种比较，花棒林地的粗糙度分别比紫穗槐和沙柳林地提高了10倍和11.4倍，踏郎林地的粗糙度比紫穗槐和沙柳林地提高了10.4倍和12.1倍，这说明花棒、踏郎的防风效果好，造林后短期内即可发挥防护效益。同龄的紫穗槐、沙柳生长不及花棒、踏郎，且无叶期枝条稀疏，形成的盖度低，防风效果不及踏郎、花棒。沙蒿的防风效果，介于花棒、踏郎和紫穗槐、沙柳之间。

7.1.2 人工植被的固沙作用

7.1.2.1 不同林地输沙量测定

由于固沙灌木对近地层风速的削弱影响,极大地减弱了风的侵蚀能力,降低了地表输沙量,起到了防风固沙作用。由表 7-10 和图 7-6可见,固沙林输沙量远小于流沙地输沙量,降低了 96% 以上。不同的灌木种,其阻止流沙移动的功能是有差别的,而这种差别与 0.3 m高程处风速削弱状况密切相关。花棒植株高大,总体防风效能好,但其分枝少且稀疏,近地表层降风能力小;而踏郎分枝多且密集,对近地表层风速削弱显著,因而踏郎林地输沙量最低。所以,从固沙角度来看,踏郎固沙效果较好,花棒较差,其他介于二者之间。

表 7-10 防风固沙灌木林地输沙量的观测结果

优势植物种	沙柳	花棒	踏郎	紫穗槐	柠条	流沙
输沙率(g/(cm · h))	2.53	4.02	0.89	2.57	2.76	65.42
减少(%)	0.96	0.94	0.99	0.96	0.96	0.00

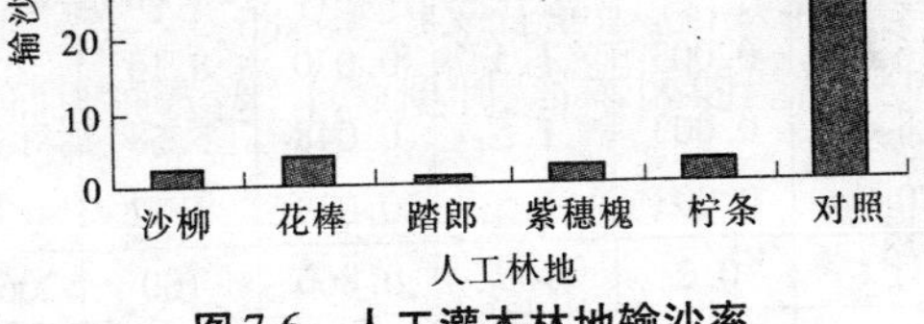

图 7-6 人工灌木林地输沙率

对灌木林地分枝数(x_1)、密度(x_2)、平均高度(x_3)、平均冠幅(x_4)及草本植物盖度(x_5)5 个因子与输沙量进行逐步回归分析,其结果为:

线性回归方程 $Y = 1.268 + 0.008x_1 + 0.200x_2 + 0.100x_3 + 0.164x_4 + 1.168x_5$

标准回归方程 $Y = 0.391x_1 + 0.423x_2 + 0.138x_3 + 0.191x_4 + 0.374x_5$

逐步回归方程 $Y = 1.158 + 0.009x_1 + 0.002x_2 + 0.374x_5$

与防风效能相反，对输沙量来说，地面分枝数、密度和草本植物的盖度所占权重较大，逐步回归的结果也只筛选出这三个因子，反映了风沙流贴地面运动的特点，故应选择和配置具有良好地面“形态”特征结构的灌木林，从而对输沙量产生影响。

7.1.2.2　固沙林地输沙量随高度变化

不同灌木林地输沙量随高度分布也存在一定差异（见表7-11）。踏郎因其植株高度低，近地层分枝数多，枝叶紧凑密集，减风效果大，

表7-11　灌木林地输沙量随高度的分布

项目		踏郎		花棒		流沙（对照）	
		输沙量（g）	比例（%）	输沙量（g）	比例（%）	输沙量（g）	比例（%）
各层输沙量及百分比	0～2 cm	0.013	6.5	0.028	3.26	77.18	37.75
	2～4 cm	0.028	14.0	0.083	9.66	45.41	22.04
	4～6 cm	0.074	39.5	0.133	15.48	32.49	15.76
	6～8 cm	0.04	20.0	0.145	16.88	19.86	9.64
	8～10 cm	0.02	10.0	0.126	14.76	12.40	6.01
	10～12 cm	0.011	5.5	0.119	13.85	8.09	3.92
	12～14 cm	0.003	1.5	0.078	9.08	4.81	2.33
	14～16 cm	0.003	1.5	0.070	8.15	2.79	1.35
	16～18 cm	0.003	1.5	0.048	5.58	1.39	0.67
	18～20 cm	0.003	1.5	0.029	3.37	1.02	0.49
	合计	0.2	100	0.860	100	206.04	100
盖度（%）		36.35		30.01			
风速（m/s）		5.36		6.18		7.40	
输沙率（g/（cm·h））		0.005		0.021		5.16	

因而其下层 0 ~ 10 cm 集中了输沙量的 95% 以上，其中 5 cm 以下集中了 80% 的输沙量。花棒则因下层分枝少，枝叶稀疏不紧密，风速较大，使沙粒随风起跃高度较大，因而输沙量的空间分布中上层输量相对比踏郎大，集中在 5 ~ 15 cm 范围内。

对输沙量与高度进行回归分析可以看出（见图 7-7），输沙量在垂直空间层上的分布总的趋势是随高度增加而输沙量减少，气流中搬运的沙量基本上是在近地气层 30 cm 范围内通过的，特别是 10 cm 内集中了大部分沙量，其中 0 ~ 10 cm 的输沙量占 95% 以上，而贴地表层 0 ~5 cm 气层内输沙量占到总量的 70% 左右，说明了气流输沙的贴地表性。同时亦可看出，防风固沙林显著地降低了输沙量，仅为流沙地输沙量的 0.25%。由于花棒与踏郎生物学特性的差异，输沙量的分布也存在一定差异，踏郎林地输沙量与高度呈指数相关，相关系数 R^2 =0.641，而花棒林地输沙量与高度则呈二次多项式，相关系数为 0.808 9。

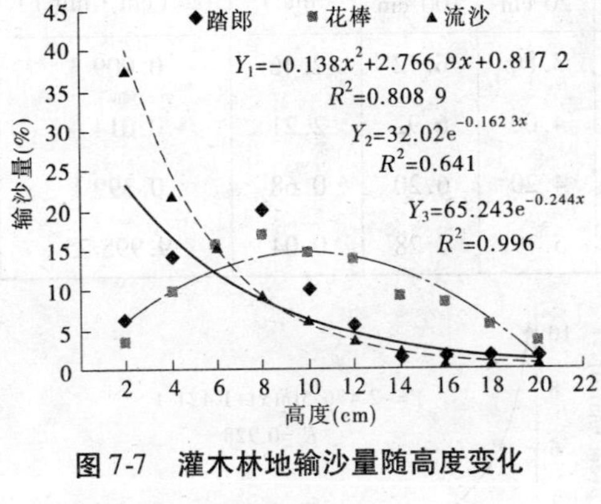

图 7-7　灌木林地输沙量随高度变化

7.1.2.3　输沙率与地面粗糙度的关系

输沙量的大小与风力强度和下垫面性质有关。下垫面的粗糙程度常用粗糙度来表征。粗糙度用以描述不同下垫面对近地面层气流的不同阻碍作用，常用地表零风速出现的高度表示。地表越粗糙，零风速出现的高度越高。粗糙度是衡量防沙治沙效益的最重要指标之一(朱朝云,1990)。粗糙度(Z_0)的确定,通常都是以风速按对数分布规律为依据的,测定任意两高程 Z_1 和 Z_2 处对应的风速 u_1 和 u_2,则利用下式计算粗糙度:

$$\lg Z_0 = \frac{u_1 \lg Z_2 - u_2 \lg Z_1}{u_1 - u_2} \tag{7-1}$$

设 $A = u_2/u_1$,将 A 代入上式中,则可得到下式:

$$\lg Z_0 = \frac{\lg Z_2 - A \lg Z_1}{1 - A} \tag{7-2}$$

测定结果表明,人工植被的建立可大大提高流沙表面的粗糙度,从而可减少输沙量95%以上,采用混交配置方式可提高林地的防沙效果(见表7-12);回归分析表明,输沙量与地面粗糙度呈显著对数相关,相关系数达0.928(见图7-8)。

表7-12　不同灌木林地地表粗糙度与输沙率

序号	优势植物种	风速(m/s)		粗糙度(mm)	输沙率(g/(cm·min))	输沙量降低(%)
		20 cm	100 cm			
1	踏郎	3.80	6.72	2.46	0.009 3	99.91
2	花棒	4.00	6.92	2.21	0.014 4	99.86
3	沙柳	4.20	6.20	0.68	0.399 1	95.99
对照	流沙	5.79	7.28	0.04	9.995 25	—

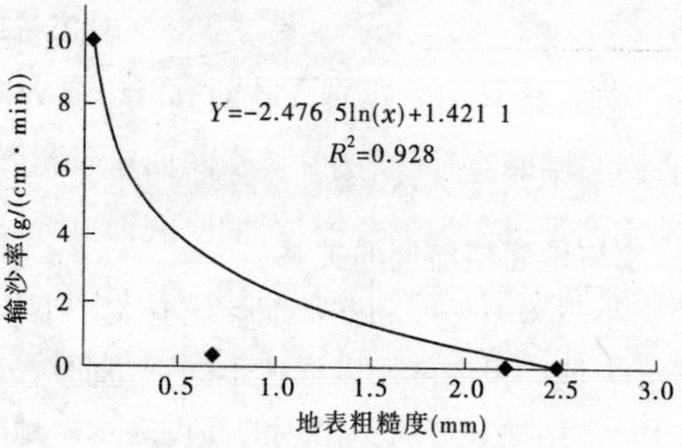

图7-8　输沙率与地表粗糙率的关系

7.2 人工植被的小气候效应

7.2.1 乔木人工林的小气候效应

7.2.1.1 空气温、湿度的季节差异

防护林对空气温度的调节作用表现在:当冬春季节气温较低时防护林对林地有增温效应,而夏季天气炎热时防护林有降温效应。这是因为在温度垂直分布随高度而减低的条件下,空旷地气流流动性大,下部热量不断转移到上部,而林带间空气受到阻滞,热量交换缓慢,引起相对增温;相反,当温度垂直分布随高度而增加的气候条件下则引起相对的冷却作用。测定结果表明,春季防护林平均可提高气温 0.46 ℃,秋季可以提高 0.32 ℃,而在夏季则可以降温 0.34 ℃(见表 7-13)。防护林对温度的调节作用在农业生产上有积极意义,春季(4 月)增温有利于田间播种作物种子提早发芽和生长,而秋季(10 月)增温有利于抵御霜冻等灾害对晚熟作物的影响。夏季降温则有利于减轻高温灼伤和降低水分蒸腾蒸发消耗。

表 7-13 杨树防护林对空气温度和相对湿度的影响

序号	与对照区温度的差值(℃)			与对照区湿度的差值(%)		
	4 月	7 月	10 月	4 月	7 月	10 月
1	+0.5	-0.2	+0.3	+3	+15	+1
2	+0.4	-0.4	+0.3	+4	+10	+5
3	+0.5	-0.3	+0.4	+5	+8	+3
4	+0.6	-0.5	+0.5	+3	+14	+6
5	+0.3	-0.3	+0.1	+2	+9	+7
平均	+0.46	-0.34	+0.32	+3.4	+11.2	+4.4

由表7-13可见，防护林具有增加田间空气相对湿度的作用，平均提高空气相对湿度达6.3%，夏季则可达11.2%。这是因为防护林使林网内风力减弱，气流交换缓慢，树木和农作物蒸腾及土壤蒸发水汽不易扩散。当然林木蒸腾蒸发也是空气湿度提高的一个因素。防护林网对气温和空气相对湿度的调节作用有利于促进农作物的生长发育，对农业生产有积极意义。

7.2.1.2 空气温、湿度的空间差异

林带两侧不同距离处空气温、湿度也有差异，其变化趋势与林带的防风效果一致，防风效果越大，空气温湿度的调节作用也越明显。在水平空间上随着与林带的距离的增大，林带对空气温湿度调节作用也逐渐减弱，在林带背风侧11倍树高距离后逐渐恢复原来状态（见表7-14和图7-9）。

表7-14 杨树林带对气温调节的水平空间变化

时间	对照	迎风面(℃)		背风面(℃)				平均(℃)
		林缘	3*H*	林缘	3*H*	7*H*	11*H*	
4~5月	12.0	14.4	14.9	14.6	13.6	14.1	13.3	14.4
6~9月	22.2	20.9	21.6	20.9	21.1			21.1
10~11月	7.9	8.5	8.7	8.3	8.8			8.6

注：观测时间8、14、20时；春季、秋季为18次重复，夏季为27次重复。

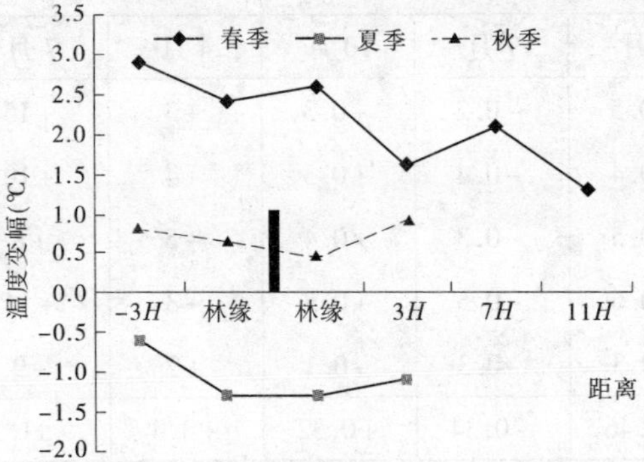

图7-9 不同季节林带前后气温水平梯度

7.2.1.3 防护林带对蒸发量的影响

根据测定的风速(v),湿度饱和差(D),按照保得洛夫经验式:$E = D(0.35 + 0.13v)$计算出蒸发量。测定计算结果见表7-15。

表7-15 不同结构防护林对蒸发量的影响

结构类型	调查林网数	降低蒸发量(%)
稀疏型	8	25.3
通风型	9	15.1
紧密型	8	22.2
平均		20.87

由表7-15看出,防护林能够降低沙区农田蒸发量15.1%~25.3%,平均降低20.87%,这是由于林带作用下,风速降低,近地层湍流交换减弱及空气湿度增加。林带降低蒸发的幅度大小同林带结构特征有很大关系。稀疏型林带降低蒸发的作用大,比通风型林带降低率提高了10.2个百分点,显然,这与稀疏林带具有良好的防护效能有关。

7.2.2 灌木固沙林的小气候效应

人工灌木防护林是榆林地区人工植被的主要类型,灌木林地占有林地面积的73.1%。其中,现有沙柳灌丛26.9万hm^2,柠条灌丛26.2万hm^2,紫穗槐灌丛7.58万hm^2,花棒灌丛5.3万hm^2,踏郎灌丛3.3万hm^2,沙棘灌丛2.03万hm^2,沙蒿灌丛21.56万hm^2,仅1983年以来飞播治沙的灌丛林保存面积就达10.47万hm^2。这些灌木林的存在,对减轻风沙区的自然灾害,逆转沙漠化,恢复生态平衡起着积极的作用。

7.2.2.1 不同灌木植被的小气候效应

空气温、湿度是影响植物生长发育的主要环境因子,在固沙林内,由于受灌丛影响,其小气候特征与流沙地明显不同。对固沙林的小气候效应不少学者进行了研究,一般认为在春秋季具有增温作用,而在夏季具有降温作用,相应地带来的对地温的影响也有其一致性。但是,由于固沙林本身的特性,其对林地温、湿度的调节作用是有限的。观测结果与上述结论是一致的。由表 7-16 和图 7-10 可以看出,林龄 20 年,盖度在 50% 以上的灌木固沙林,夏季平均可以降低林内空气温度 0.5 ℃,降低地表温度 0.72 ℃,而空气湿度可以增加 2.30% 。由于防护林带使林地相对湿度增加,从而减少了蒸发量,在其控制区的蒸发力要比旷野减少 43.4% ~59.2% 。

表 7-16　固沙灌木林小气候观测结果

序号	优势植物	空气温度(℃)			地表温度(℃)			湿度(%)		
		林内	林外	差值	林内	林外	差值	林内	林外	差值
1	沙柳	17.99	18.36	-0.37	17.66	18.36	-0.20	60.27	56.52	+3.75
2	花棒	17.96	18.36	-0.40	17.55	18.36	-0.81	58.40	56.52	+1.88
3	踏郎	17.48	18.36	-0.88	18.05	18.36	-0.31	58.27	56.52	+1.75
4	紫穗槐	17.80	18.36	-0.56	16.86	18.36	-1.50	58.82	56.52	+2.30
5	柠条	18.09	18.36	-0.27	17.57	18.36	-0.79	58.23	56.52	+1.80
平均		17.86	18.36	-0.50	17.54	18.36	-0.72	58.80	56.52	2.30

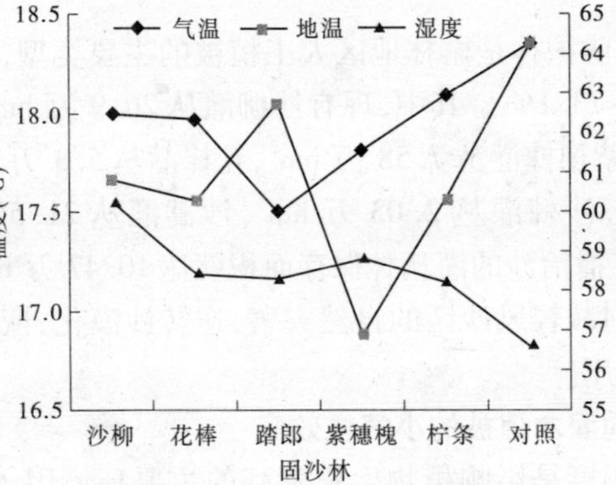

图 7-10　固沙林小气候效应

7.2.2.2 灌木植被小气候效应的季节差异

从表7-17可以看出,林地月平均气温一般要比林外对照区高0.1~0.3 ℃,这主要是由于固沙林的冠丛较低,观测点的高度(1.5 m)与冠丛高度相近,太阳的辐射量在此高度没有减弱。相反,当林地下部热量向上转移时,由于受冠丛阻滞,空气流动小,热量散失慢,引起相对增温。而流沙地,空气流动性大,下部热量传递到上部时很快散失,下部温度对上部影响不大,因此相对林地气温要低。林地的地表温度在高温季节比流沙地降低0.5~3.0 ℃,在寒冷季节提高了0.2~1.1 ℃,起到调节地温的作用,同时,蒸发减少了63~148 mm,而相对湿度提高了2%~4%。

表7-17 灌木固沙林地小气候效应的季节变化

项目		4月	5月	6月	7月	8月	9月	10月	11月	12月	1月
空气温度(℃)	林地	12.2	18.6	22.1	23.6	21.6	15.4	9.0	0.8	-12.0	-9.1
	对照	11.9	18.3	22.2	23.6	21.7	15.7	8.8	0.3	-12.1	-9.9
地面温度(℃)	林地	16.4	21.8	28.0	29.1	27.1	20.1	12.0	2.2	-10.0	-8.9
	对照	17.3	24.8	27.5	29.8	27.8	20.1	10.9	1.3	-10.2	-9.3
相对湿度(%)	林地	34	50	50	58	59	64	52	—	—	—
	对照	39	51	48	57	56	61	48	—	—	—
蒸发量(mm)	林地	178.4	211.1	192.3	178.9	147.8	106.6	85.8	—	—	—
	对照	326.9	275.1	271.4	283.4	253.2	179.6	148.8	—	—	—

由图7-11~图7-13可以看出,人工固沙林对空气温、湿度的调节作用随季节变化而不同,温度与湿度之间有良好的相关性。总体变化趋势呈现春秋季林内温、湿度较流沙高,夏季林内温度则较流沙地低。由于植被空气温、湿度及风速的影响,使林地水分蒸发量明显减少,减少40%~50%(见图7-14)。因而有人认为固沙林增加空气相对湿度,减小蒸发量,可减少无效的水分损失,节约沙地水分。

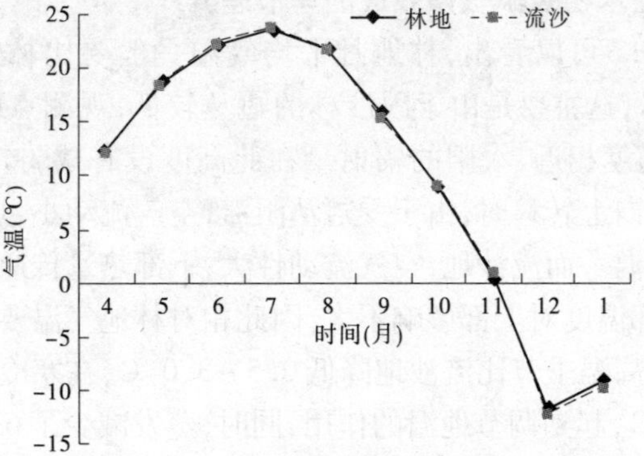

图 7-11　固沙林地逐月气温变化

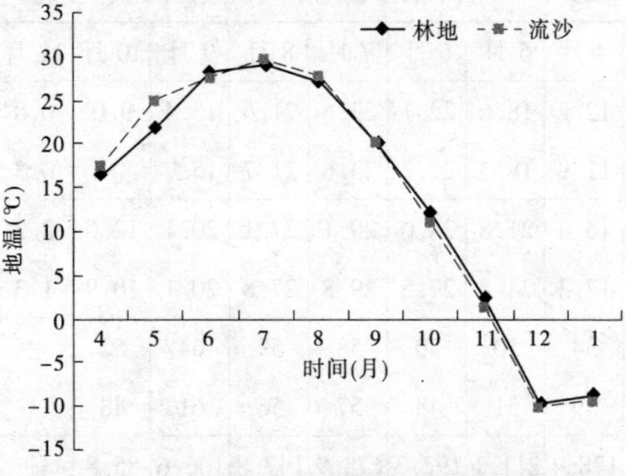

图 7-12　固沙林地地面温度逐月变化

然而,沙地水分的变化是一个复杂的过程,固沙林在减少蒸发量的同时,大大增加了沙地水分的蒸腾消耗,固沙林内空气湿度的增加是以植被强烈的蒸腾为代价的。同时,应当看出,沙地蒸腾量与蒸发量是相当大的。由于空气干燥,沙地蒸发力一般在 1 000 ~ 2 000 mm,而沙地水分在总体上还是处于一种相对平衡的状态。观测表明,在降水量为 430.3 mm 时,古城滩林场沙面蒸发量为 210.6 mm,而水面蒸发达 1 402.2 mm,蒸发力与蒸发量相差甚远。因此,用蒸发力大小评价水分消耗是不确切的。总的看来,固沙林的小气候效应在综合生态效益中应占较小的权重。

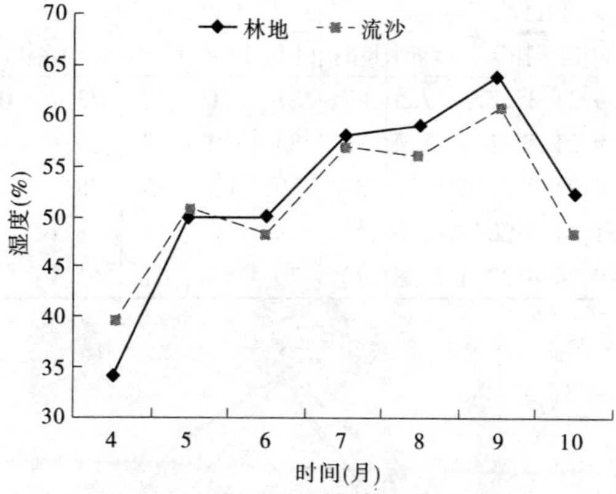

图 7-13　固沙林地逐月空气湿度变化

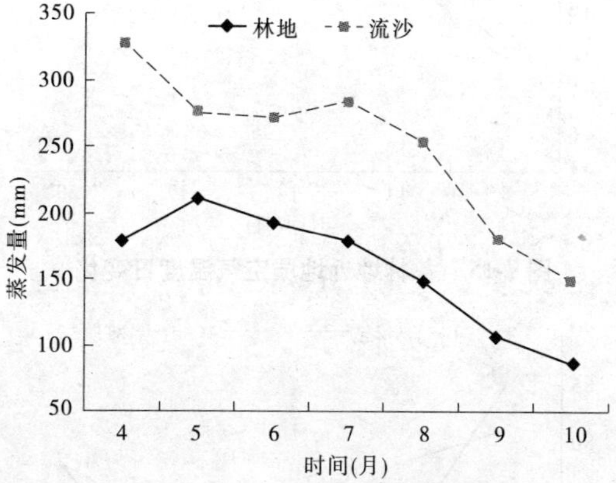

图 7-14　固沙林地逐月蒸发量变化

7.2.2.3　灌木林地空气温、湿度日变化

由表7-18、图7-15 和图7-16 可见,灌木固沙林地空气温、湿度日变化呈现抛物线型,早晨日出后,温度开始上升,在中午 14 时温度达到最高,平均为 24.2 ℃,之后温度开始下降;而湿度变化则相反,中午 14 时湿度达到最低,平均为 68.8%,流沙地与林地温湿度变化趋势一致。但流沙地温度高于林地,而湿度低于林地。

表 7-18　不同结构灌木固沙林地空气温湿度日变化

样地	温度(℃)					湿度(%)					差值Δ	
序号	8 时	11 时	14 时	17 时	20 时	8 时	11 时	14 时	17 时	20 时	温度(℃)	湿度(%)
1	19.1	21.9	24.3	22.3	17.5	87	81	71	72	73	-0.24	+11.4
2	18.2	19.9	24.3	21.5	17.2	88	83	70	73	75	-1.04	+12.4
3	18.1	20.4	24.2	22.4	17.6	85	70	63	65	78	-0.72	+6.8
4	17.8	20.1	24.1	20.7	16.0	81	78	71	73	78	-1.52	+10.8
对照	19.8	21.9	24.4	22.4	17.8	73	70	58	61	65		

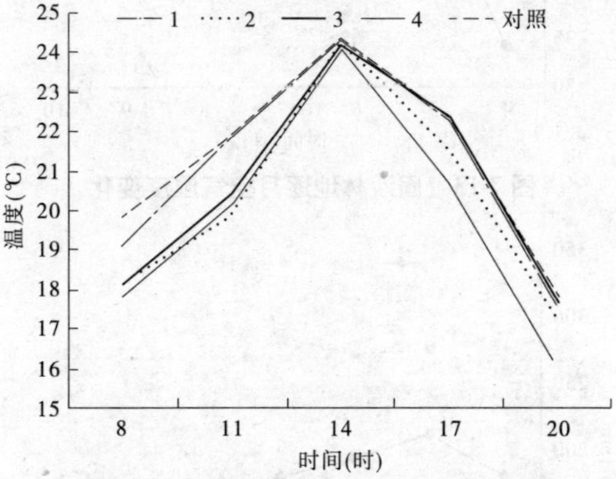

图 7-15　各林地近地层空气温度日变化

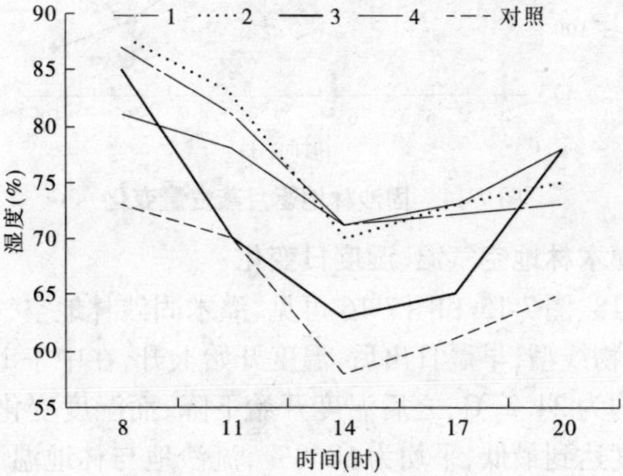

图 7-16　各林地空气湿度日变化

7.3 人工植被的土壤效应

流沙地造林后,由于林冠的阻挡,气流通过林地时所携带的细微粒物质逐渐沉降在林内,使林地沙层的细粒物质增加,同时,林内每年凋落的大量枯枝落叶在微生物的作用下逐步分解,使林内沙层的理化性质发生了变化。对于不同的植物种,其改土作用大小也不同。

7.3.1 土壤物理效应

7.3.1.1 人工植被对土壤温度的影响

由表7-19可以看出,人工植被对地温的影响同对气温的影响规律趋势一致。防护林对地温的影响春季最显著,增温幅度大,平均提高地温1.0 ℃;夏季则具有降低地温的作用,平均降低0.2 ℃。这种特征有利于早春土壤解冻和植物种子萌发等。

表7-19 人工防护林对地温的影响

季节	0~25 cm土层地温与对照区地温的差值(℃)						
	0 cm	5 cm	10 cm	15 cm	20 cm	25 cm	平均
春季(4月)	+0.4	+1.1	+1.3	+1.0	+1.2	+1.1	+1.0
夏季(7月)	-0.3	-0.6	-0.2	-0.0	-0.1	-0.3	-0.2

防护林对土壤温度的影响程度随土壤层深度而减弱,近地表层0~10 cm范围内变化较明显,20 cm以下影响很小。

7.3.1.2 植被对土壤湿度的影响

1)土壤水分的季节变化

由于人工植被生长对水分吸收利用和蒸腾消耗作用,使土壤水分状态发生变化,干沙层以下(10 cm)林地土壤含水量明显低于流沙地,这种使土壤干旱化的现象随着林木密度增大和林龄的增加而越严重。

不同固沙植被对沙地水分含量的影响不同。试验区流沙地水分含量在干沙层以下常年稳定在3%左右,而造林后由于林木生长发育对沙地水分的不断消耗,使沙地水分含量显著下降。测定结果表明，固沙林地土壤水分含量的变化与植物在不同生长时期的耗水量有关，春季气温低，林木生长缓慢，耗水量少，林地与流沙地水分含量差别不大。夏季气温升高，林木生长加快，耗水量增大，林地水分损失大，沙层水分含量明显低于流沙地（如图7-17～图7-19所示）。秋季后林木生长又日趋减慢，耗水量减小，同时经过雨季降水补充，林地水分含量又逐渐增多，此时林地水分含量又和流沙地接近。

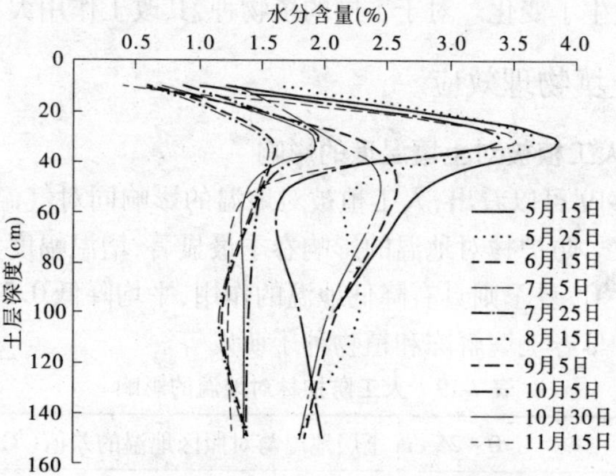

图7-17　樟子松林地土壤水分季节变化

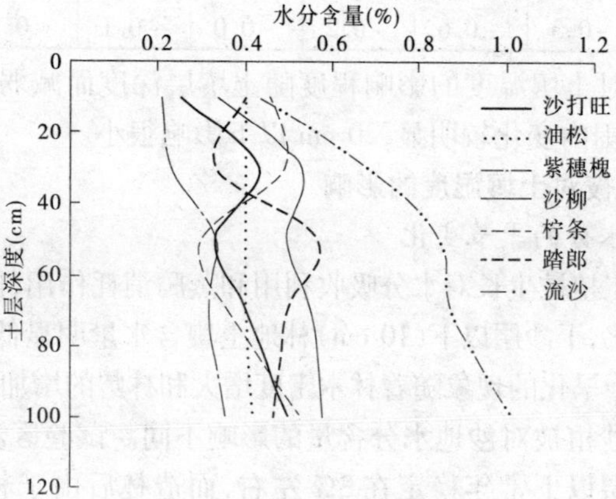

图7-18　灌木林地土壤水分差异

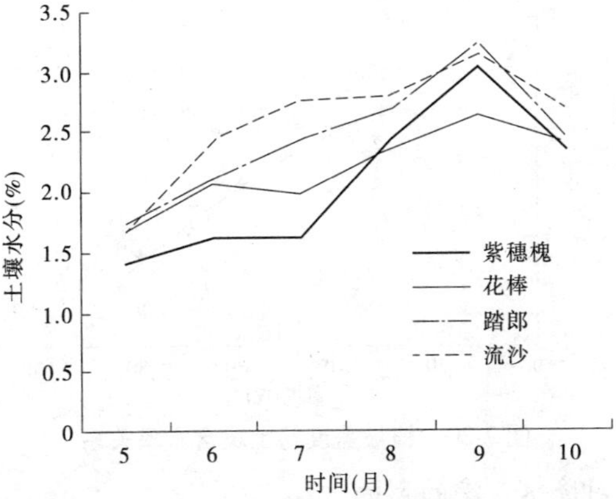

图 7-19　灌木林地水分季节变化

由图 7-17 和图 7-18 可知,沙地土壤水分变化主要集中在 20 ~ 60 cm 深度范围内,0 ~ 10 cm 层常常为干沙层,60 cm 以下水分变化较为平缓,各林地差别不大。而 20 ~ 60 cm 层正是林木侧根和毛根集中分布区,土壤水分含量对植物生长有明显的影响。同时,土壤水分含量的差异也反映了植被的蒸腾消耗能力的大小。

2)植被盖度对土壤水分的影响

从植物生长不断需求水分的特性来看,固沙造林之后,随着林龄的增长,植被盖度增大,耗水量逐年增加,将会出现沙地水分的供不应求,沙地水分状况逐渐恶化,进而影响林木生长发育。特别是沙生灌木种的纯林林地,沙地水分含量显著降低。由图 7-20 可见,植被盖度对沙地土壤含水量影响十分明显。植物在生长期间,由于强烈的蒸腾作用,若短期内土壤水分得不到降雨补给,土壤会迅速变得干燥,水分状况很差,出现植被盖度大的林地个别植株枯死的现象。因此,需通过科学的抚育措施,调整林分密度和盖度,保持沙地水分平衡。

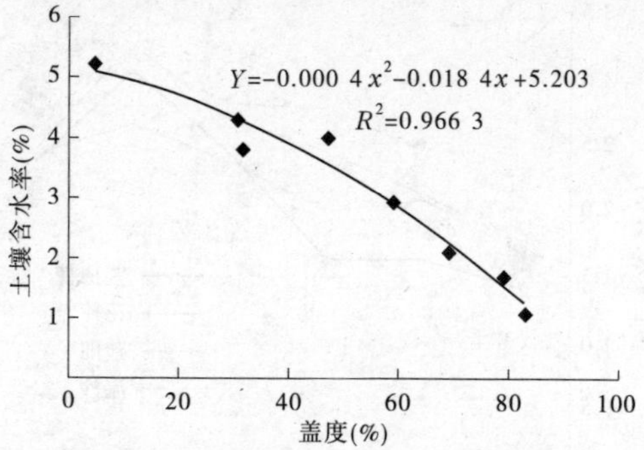

图 7-20　植被盖度与土壤含水率关系

3)植被对降水入渗的影响

固沙造林以后,由于植物的生理生化作用,对土壤结构产生一定影响,特别是枯枝落叶的产生和地表结皮的形成,改变了土壤结构,进而影响到土壤理化特性,尤其是对降水入渗和土壤持水量有明显的影响。由图 7-21 可见,降雨后 24 h(降水量 43.2 mm)对不同植被盖度下土壤不同深度处水分含量的测定结果表明,植被盖度对降雨入渗的影响是很明显的,土壤 0～30 cm 层内,特别是 0～2 cm 结皮层水分含量大小随盖度增加而增大,以流沙地最小,说明流沙地水分下渗快,渗漏现象明显。30 cm 层以下土壤水分含量则总体上呈现

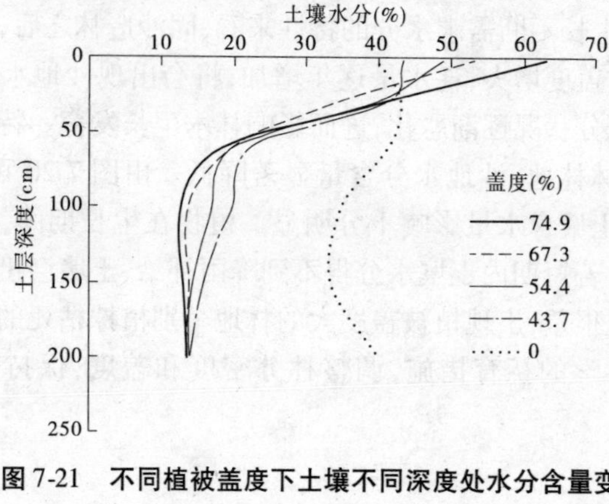

图 7-21　不同植被盖度下土壤不同深度处水分含量变化

随植被盖度增加而降低的趋势；100 cm 以下林地水分基本趋于一致。也即降雨影响深度主要在 60 cm 以内，100 cm 以下土壤含水量基本不受降水影响。而流沙地则在降雨后各层水分变化不大，且均高于林地。

对降雨后不同盖度下土壤各层水分含量与土壤深度进行拟合，其结果见表 7-20。

表 7-20　降雨后不同盖度下土壤水分含量与土层深度的关系

序号	植被盖度(%)	枯落物(g/cm^2)	结皮层厚度(cm)	土壤水分含量与土壤深度的拟合方程	相关系数
1	74.9	285	2.1	$Y_1 = -3.010\ 7\ln(x) + 6.000\ 5$	$R^2 = 0.918\ 2$
2	67.3	210	1.7	$Y_2 = -2.361\ 3\ln(x) + 5.072\ 3$	$R^2 = 0.941\ 4$
3	54.4	166	1.3	$Y_3 = -2.179\ 2\ln(x) + 4.940\ 8$	$R^2 = 0.931\ 4$
4	43.7	105	0.9	$Y_4 = -1.837\ 4\ln(x) + 4.624\ 6$	$R^2 = 0.900\ 3$
流沙		0	0	$Y_5 = -0.254\ 9\ln(x) + 4.151$	$R^2 = 0.204\ 1$

注：林龄为 16 年，降雨后（降雨量 43.2 mm）24 h 取样。

流动沙丘地一般有厚度 10 cm 左右的干沙层（湿度在 0.7% 以下），这一干沙层的存在对保护深层水分有很重要的作用。沙层水分含量变化最大的范围在 0～60 cm，其中又以 20～40 cm 层水分变化最频繁。在一般情况下，小于 1% 含水量的变化均在 10 cm 沙层内，1%～2% 含水量通常在 40 cm 沙层内，只有特别干旱年份（如 1992 年降水量 254.8 mm）达到 57 cm 以下。60 cm 以下水分含量处于相对稳定状态，经常有 2%～3% 的含水量。其原因在于流动沙丘土壤的机械组成中细沙（0.25～0.1 mm 粒径）占 84.41%，细沙有保水特性，表现在：一是细沙毛细管作用微弱，蒸发不强；二是水分在沙层中呈环状水和膜状水存在，移动很慢，当蒸发时在较深处水分汽化而向地面扩散；三是流沙白天表层温度较高，水汽张力较大，而下层温度较低，张力较小，因而水汽便向下层扩散。这些特点都能减缓水分蒸发，从而使流动沙丘水分含量垂直变化幅度较小。按照稳定湿度计算，2 m 沙层有效含水率为 41.8～74.1 mm（平均容重 1.61 g/cm^3，萎蒿系数0.7%)，它是流动沙地固沙造林植物成活和生长的主要水分来源。

通常的小雨只能使40 cm表层含水量发生变化，浸透深度一般为降水量的7～9倍。如果一次降水小于10 mm，水分呈悬着水形态保持在表层，后因物理蒸发而消失殆尽，对沙层水分含量不起明显作用。沙层水分含量分布与年度降水量分配相适应，7～9月份沙层含水量最高，此时为榆林沙区的雨季，因而沙层中存在着重力水流。

4)地表结皮对沙地水分的影响

固定沙地土壤水分变差除了植物的影响外，地表结皮的形成对土壤水分有很大影响。在不同植被状况下，地表结皮的发育不同。植被覆盖度大，地表枯落物积累多，结皮的发育状况就好；固定越久的沙地，地表结皮的厚度越大。25年生的踏郎林地结皮层厚度可达3.5 cm，花棒林地2.4 cm，油蒿林地1.1 cm，沙柳林地0.8 cm。结皮对降水有截留作用，结皮层越厚所蓄水分越多，给下部沙层的水分补给就越少。测定结果表明，结皮中机械组成发生了根本变化，粗粉沙和黏粒含量明显增加，分别增加1.64%和2.39%。无雨期结皮与下层基质形成干燥层，其容重为0.75 g/cm^3，水分含量为0.68%，下层基质容重1.10 g/cm^3，水分含量0.70%。根据 $P = 1/10(C/D) \times h \times v$，可计算出渗透地表结皮及下层基质所需降水量(见表7-21)。

表7-21　渗透结皮及下层基质所需降水量

层次	厚度(cm)	需降水量(mm)	浸润湿度(%)
结皮层	0.5	0.93	25.50
	1.0	0.86	
	1.5	2.79	
	2.0	3.72	
	2.5	4.65	
	3.0	5.58	
下层基质	10.0	7.63	13.30

由表 7-21 可见,结皮层及其下层基质厚度越大,渗透该层所需要的降水量就越大,使降水对深层土壤水分的补给量减少。这也是固定沙地土壤水分恶化的重要原因之一。

7.3.1.3 **土壤机械组成**

土壤颗粒组成及其结构直接影响着土壤液体、气体、固体的组成状况,从而对土壤的渗透性、通气性以及保水保肥能力有直接的决定作用。测定结果表明(见表 7-22),各类沙地 0.5 ~0.05 mm 粒径的颗粒含量大于 70%,按照"我国土壤颗粒组成及质地命名",属细沙土类,其肥力特征是,黏粒含量低,胶粒贫乏,吸收性差,自然肥力低。从植被调查可知,乔木树种在此类立地上生长不良,多呈"小老树"状,而只有在靠近地下水的丘间地及沙丘背风坡基部立地上,旱柳、杨树等乔木树种才能正常生长。

表 7-22 土壤机械组成测定结果

序号	优势植物种	A 层各粒径含量(%)		B 层各粒径含量(%)		平均含量(%)	
		0.5 ~0.05 mm	<0.05 mm	0.5 ~0.05 mm	<0.05 mm	0.5 ~0.05 mm	<0.05 mm
1	沙柳	81.30	0.80	80.84	0.30	81.10	0.55
2	花棒	84.47	1.10	93.78	0.20	89.13	0.65
3	踏郎	83.72	0.50	82.30	1.11	83.01	1.05
4	紫穗槐	73.92	0.30	79.56	0.50	76.74	0.40
5	柠条	45.46	1.01	54.10	1.32	49.78	1.17
对照	流沙	69.99	0.20	90.34	1.31	80.17	0.76

由表 7-22、图 7-22 和图 7-23 可见,0.5 ~0.05 mm 的沙粒以流沙地较高,而 <0.05 mm 的细粉沙和黏粒含量则以林地明显高于流沙地。这正是植被的防风固沙降尘作用的结果。由于植被阻止了风对土壤的侵蚀吹失作用,同时截留了近地层气流携带的颗粒,从而使沙地的土壤细粒增加,改善了土壤结构。不同植被,由于其生物生态学

特性的差异，以及盖度的不同，对土壤机械组成的影响也有一定差异。

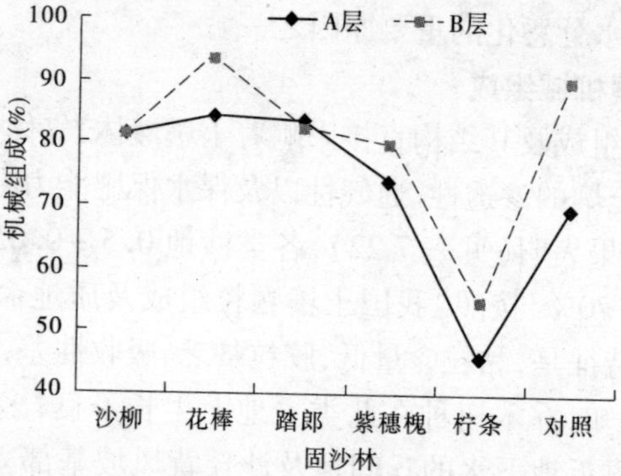

图 7-22　固沙林土壤机械组成(0.5~0.05 mm)

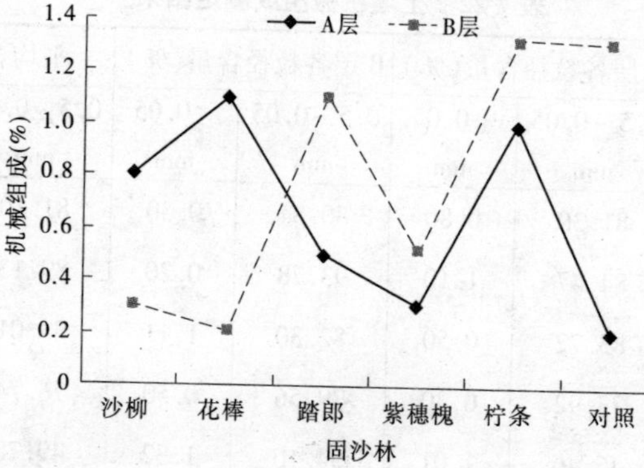

图 7-23　固沙林土壤机械组成(<0.05 mm)

由于沙地的成土过程因风蚀与堆积而很不稳定，加之有机质积累少，缺乏物理性黏粒，所以成土作用微弱。因而，固沙林对沙地土壤颗粒组成的改善是一个非常缓慢的过程，不会有短期效果。但是，从测定结果看(见表 7-23)，和流沙相比，林地土壤黏粒含量还是有所提高，这些物理性黏粒沉积在已分解和待分解的枯落物中，形成一层结皮，对固沙改土具有良好作用。

表 7-23　不同灌木林地土壤物理性黏粒含量

序号	优势植物种	枯落物(g/m^2)	黏粒含量(%)		
			0.05 ~ 0.005 mm	0.005 ~ 0.001 mm	合计
1	花棒	518.2	11.4	5.6	17.0
2	踏郎	290.9	11.2	2.7	13.9
3	紫穗槐	389.9	10.8	2.9	13.7
4	柠条	25.6	6.8	2.4	9.2
5	沙柳	66.3	6.8	3.9	10.7
对照	流沙	0	6.1	2.2	8.3

对地表结皮层测定结果表明(见表 7-24),结皮层及其下层基质中 <0.01 mm 的黏粒含量是流沙地的 2.0 ~ 2.75 倍, <0.001 mm 的黏粒含量也可达 1.8 ~ 2.0 倍,黏粒含量的增加改变了沙土的结构,从而影响了沙土的理化性质。这正是结皮层持水能力高,使降雨入渗量减少的主要原因。

表 7-24　结皮及其下层土壤的机械组成

项目	厚度(cm)	各粒径含量(mm,%)					
		1 ~ 0.25	0.25 ~ 0.05	0.05 ~ 0.01	0.01 ~ 0.005	0.005 ~ 0.001	<0.001
结皮表层	1.7	0.611	65.865	25.925	0.887	1.957	4.755
结皮下层	10	4.544	72.232	17.622	0.644	0.536	4.422
流沙	10	26.786	69.579	0.869	0.080	0.321	2.365

7.3.2　土壤化学效应

人工固沙植被不仅影响土壤的物理性质,而且对土壤养分状况及化学性质也有影响。在植物—土壤物质转化和循环过程中,植物吸收土壤元素合成有机质,同时植物又将其枯落物回归大地,在微生物的作用下，分解释放养分，进入土壤。此外，由于植物根系的物理化学作用，使土壤中许多必要元素处于可利用状态，土壤肥力逐步得到改善。

7.3.2.1　**土壤有机质**

土壤有机质含量直接影响着土壤的保墒性、缓冲性、可耕性、通气状况和土壤温度，是土壤肥力高低的重要指标之一。

从表7-25可见，灌木固沙林地土壤有机质含量普遍很低，一般不超过1%，平均只有0.15%，柠条林地最高，也仅为0.325%。但即使如此，和流沙对照地相比，林地土壤有机质也可增加2～20倍，平均高出8.6倍。

表7-25　土壤有机质测定结果

序号	优势植物种	有机质含量(%)			
		0～10 cm	10～20 cm	平均	增加倍数
1	沙柳	0.264	0.045	0.155	9.33
2	花棒	0.067	0.030	0.049	2.27
3	踏郎	0.092	0.040	0.066	3.40
4	紫穗槐	0.163	0.083	0.126	7.40
5	柠条	0.346	0.302	0.325	20.67
对照	流沙	0.025	0.004	0.015	

7.3.2.2　**土壤氮**

氮素是植物生命活动过程中必需的大量营养元素之一，土壤及微团聚体中氮素的储量、存在形式及其调节释供的能力，与植物生产力关系密切。林地全氮应作为生态效益重要指标之一。

由表7-26可见，沙地土壤氮素含量是极低的，几种灌木林地全氮含量测定结果均低于0.02%。但林地与流沙地相比，则要高3～22倍，平均高出14倍。

表 7-26　土壤全氮测定结果

序号	优势植物种	全氮含量(%)			
		0～10 cm	10～20 cm	平均	增加倍数
1	沙柳	0.002	0.001	0.001 5	3
2	花棒	0.004	0.009	0.006 5	13
3	踏郎	0.001	0.001	0.001 0	20
4	紫穗槐	0.006	0.006	0.006 0	12
5	柠条	0.017	0.005	0.011 0	22
对照	流沙	0.001	0.000	0.000 5	

7.3.2.3　土壤磷

植物生长必需的磷，几乎全部由土壤供给，而磷在土壤中的移动性和挥发性小，土壤中的磷大部分是以迟效性状态存在的，而只有速效磷的供应和存在状态才是土壤磷素供应能力的表征。测定结果表明(见表 7-27)，防风固沙林地土壤速效磷的含量也是相当低的，平均仅有 1.6 mg/kg，低于土壤有效磷低含量类指标。林地与流沙地速效磷含量差别不大，防风固沙林对土壤速效磷的改善并不显著。

表 7-27　土壤速效磷测定结果

序号	优势植物种	速效磷(mg/kg)			
		0～10 cm	10～20 cm	平均	增量
1	沙柳	2.0	3.1	2.6	1.6
2	花棒	1.6	0.8	1.2	0.2
3	踏郎	3.3	1.3	2.3	1.3
4	紫穗槐	0.6	2.2	1.4	0.4
5	柠条	1.4	0.6	1.1	0.1
对照	流沙	0.8	1.2	1.0	

7.3.2.4 土壤钾与土壤酸碱度

由表7-28可见，榆林沙地土壤中钾的含量是比较高的，林地速效钾平均含量可达90.45 mg/kg，即使流沙地速效钾含量也可以达到64.13 mg/kg。而pH值均在8.5左右，呈碱性，且林地与流沙差别不大，基本接近。这是由于该区的土壤成土母质和干旱的气候所决定的。尽管植被可以通过枯枝落叶改变土壤结构和肥力，调节土壤酸碱度，但由于沙地植被和环境的特点，这种作用是微弱的。

表7-28 土壤速效钾含量和pH值测定结果

序号	优势植物种	土层(cm)	速效钾(mg/kg)	pH值
1	沙柳	0~20	121.30	8.5
2	花棒	0~20	84.59	8.6
3	踏郎	0~20	92.70	8.7
4	紫穗槐	0~20	70.48	8.6
5	沙蒿	0~20	83.16	8.7
对照	流沙	0~20	64.13	8.6

7.4 人工植被对降水的再分配

林地陆面蒸发与流沙地不同，由于林冠的遮阴，使沙面蒸发量比较小，但是一部分降水却被林冠截留而蒸发损失掉。对以上两项进行观测后，得出不同灌木林地的水量平衡动态(见表7-29)。

由表7-29可见，人工造林后，由于植被的遮阴覆盖，大大减小了土壤蒸发量，虽然冠层截留蒸发损失一部分降水，但总体来说，入渗土壤的降水量增加，平均可增加62.3%，这部分水分也是固沙植被生长的主要水分来源。

表 7-29 人工灌木林地水量平衡

序号	优势植物	降水量 P(mm)	土壤蒸发量 E_1(mm)	林冠截留蒸发量 E_2(mm)	渗蓄量 R(mm)
1	沙柳	430.3	95.0	21.3	314.0
2	花棒	430.3	101.4	25.2	303.7
3	踏郎	430.3	90.3	25.0	315.0
4	紫穗槐	430.3	90.0	26.2	314.2
5	柠条	430.3	92.2	22.3	315.8
对照	流沙	430.3	210.6	0	219.7

7.5 人工植被的生物效益

7.5.1 人工灌木林地生物量

7.5.1.1 不同立地灌木植物生物量测定

生物量泛指单位面积上所有生物有机体的干重(冯宗炜,1999),是绿色植物在一段时期内通过光合作用积累的有机物量。植被生物量是生态系统最重要的数量特征之一,也是研究生态系统物质循环、能量流动和生产力的基础。不同立地因其水分条件的差异,直接影响固沙植物的生长发育,表现在植物生物量的差异。本研究中灌木生物量是指单位面积灌木林在生长季4~10月生物量的增量。按立地条件的差异,分丘间地和迎风坡两种不同立地类型分别调查了沙柳、花棒、踏郎、紫穗槐、柠条等榆林沙区主要的5个造林灌木种的生物量。各类型、各林种分别调查了5块标准地,林龄均为20年。测定结果见表7-30。

表 7-30　固沙灌木林生物量测定结果

序号	优势植物种	丘间地生物量(kg/hm²)			迎风坡生物量(kg/hm²)		
		鲜重	含水量(%)	干重	鲜重	含水量(%)	干重
1	沙柳	2 286.15	67.0	754.35	1 398.60	65.3	485.25
2	花棒	744.75	62.1	282.30	722.25	61.9	275.25
3	踏郎	1 700.85	68.6	534.00	1 881.15	66.7	625.50
4	紫穗槐	3 878.55	69.7	1 129.80	1 204.05	64.2	431.10
5	柠条	2 102.40	72.0	588.75	1 353.90	67.3	442.80

由表7-30和图7-24可以看出，丘间地的生物量高于迎风坡生物量，两者相差达33%～162%。其中，花棒在两立地类型上差异最小，反映出其对生境的适应性强，而紫穗槐差异显著，反映出其对立地要求严格。其他树种介于两者之间。同时，从生物量也可以看出，踏郎在迎风坡生长好于丘间地，沙柳、紫穗槐、柠条则在丘间地或背风坡好于迎风坡。研究结果可为造林树种选择与配置提供依据。

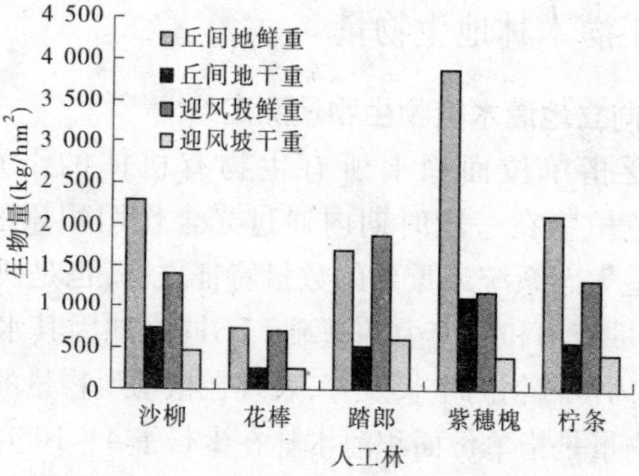

图 7-24　不同立地人工固沙林生物量

此外，测定结果表明，5个灌木种的单丛生物量与冠幅成正相关，相关系数 $R^2=0.82$；而单位面积的生物量增量却主要决定于自然保存密度，线性回归分析结果表明，其相关系数 $R^2=0.71$，相关性均较显著。其中，花棒单丛生物量最大，为每丛 0.412 kg，而紫穗槐最小，为每丛 0.172 kg，但因紫穗槐保存密度大，每公顷株数达 7 103.55 丛，因而每公顷生物量总干重达 1 129.8 kg；而花棒保存密度仅每公顷 500.25 丛，因而其总生物量最小，仅 282.3 kg/hm²。由此可见，为获得更大的生物量，应在保证植物个体正常生长的前提下，适当增加其造林和保存密度。此外，密度增大，在生物量增加的同时，还能发挥固沙植物的“群体”效应，有效地削减风沙流，加快流沙的固定。

但是，由于沙地水分因子的制约，密度增大，将使植物个体水分营养面积减小，导致水分亏缺，单株产量降低，从而影响单位面积的生物产量。根据标准地植被调查结果，在低于理论造林密度的情况下，各种灌木单位面积平均生物量和密度、灌高、灌幅的多元回归模型如下：

$$Y=-0.0238+0.0749x_1+0.2445x_2+0.1832x_3$$

回归分析结果表明，生物量与密度、株高、灌幅呈正相关，也即生长表现越好，其生物量也越高。

7.5.1.2 不同年龄固沙灌木的生物量

植物体生物量的大小，取决于植株自身体积的大小。植株的体积不仅与植物种的生物学特性有关，而且与生长状况有极大关系。不同的植物种由于其自身体积大小及其在流沙上的生长表现不同，其生物量也明显不同(见表 7-31)。

从表 7-31 可以看出，在同样立地条件的沙地上造林，花棒、踏郎能获得较高的生物量。花棒由于生长快、个体大，总生物量大。同时可以看出，随着林龄的增加，植物个体高度、盖度增加，生物量也增加。3 龄的花棒、踏郎生物量鲜重分别为 2 389.5 kg/hm² 和 1 332 kg/hm²，是 3 龄沙柳生物量的 7.9 倍和 4.4 倍；6 龄花棒、踏郎的生物量则分别是 10 龄沙柳生物量的 2.4 倍和 1.7 倍。而且，花棒、踏郎发育快，造林后 5 年即大量开花结实，进入成林期，生物量亦进入稳产期。

表 7-31　不同年龄固沙灌木植物种的生物量

序号	优势植物种	林龄(a)	平均株高(cm)	盖度(%)	生物量(kg/hm²)	
					鲜重	干重
1	花棒	3	113.1	26.9	2 389.5	1 010.70
2		6	187.0	49.9	13 873.5	7 683.75
3	踏郎	3	75.4	22.4	1 332.0	466.20
4		6	147.4	52.3	9 712.5	5 226.15
5	紫穗槐	3	68.4	18.8	979.5	328.50
6		5	135.6	25.5	2 577.0	5 682.00
7	沙柳	3	100.8	12.1	303.0	151.50
8		10	163.8	72.3	5 682.0	3 693.00

7.5.1.3　不同密度灌木林的生物量

对于固沙林的合理密度,从防风固沙角度考虑,要求其具有较高的防护效益,从经济效益考虑,则要求其能在单位面积上获得较高的生物量。通过对不同密度固沙林生物量的测定表明,密度对各灌木林总生物量的影响十分明显(见表 7-32)。

表 7-32　不同密度灌木林地的生物量

植物种	林龄(a)	造林方法	行距(m)	株高(cm)	盖度(%)	生物量(kg/hm²)	
						鲜种	干重
花棒	6	条播	2	153.0	76.2	7 420.5	3 445.50
			5	187.0	49.9	13 873.5	7 683.75
踏郎	6	条播	2	108.0	71.6	7 017.0	3 391.50
			4	147.4	52.3	9 712.5	5 226.15

从表7-32可看出，花棒、踏郎造林密度增大，其盖度增大，但生物量且相对较小。这是由于花棒、踏郎的水平根系分布较远，密度过大时，出现沙地水分不足，产生种内竞争，生长受到抑制，株形变小，生物量反而下降。因此，在流沙地上造林要获得较高的生物量，需要使林分保持合理的密度，使植物有充分的营养面积，保证其生长发育。花棒、踏郎如进行条播造林，其行距以4~5 m为宜。

7.5.2 人工灌木林光能利用率

植物光能利用率是指单位土地面积上一定时间内植物通过光合作用积累的有机物质所含能量(用千卡表示)与同期照射到单位土地面积上太阳辐射量之比。它是衡量植物生产力大小和生活力强弱的重要指标，也是生物生态系统建立的基础，直接决定系统的效益。对植物光能利用率的研究不仅可作为造林树种选择的依据，而且结合其生物生态学特性可解决造林方式等一系列造林学问题。同时，光能利用率是衡量沙地人工植被稳定性和生态经济效益重要指标之一。

7.5.2.1 固沙灌木热能值的测定

植物热能值是指单位质量的干物质完全燃烧后发出的热能，是植物贮能强度的衡量指标，也是确定植物光能利用率的又一重要因素。对花棒、踏郎、沙柳、紫穗槐、柠条等5种固沙灌木植物热能值测定结果表明(见表7-33、图7-25)，固沙灌木具有很高的热值，平均可达4 350.99 MJ/kg，相当于标准煤热能值(约为7 000 MJ/kg)的60%。

表7-33 固沙灌木植物种的热能值

植物种	热能值(MJ/kg)
沙柳	4 226.18
花棒	4 518.36
踏郎	4 264.21
紫穗槐	4 407.91
柠条	4 338.27
平均	4 350.99

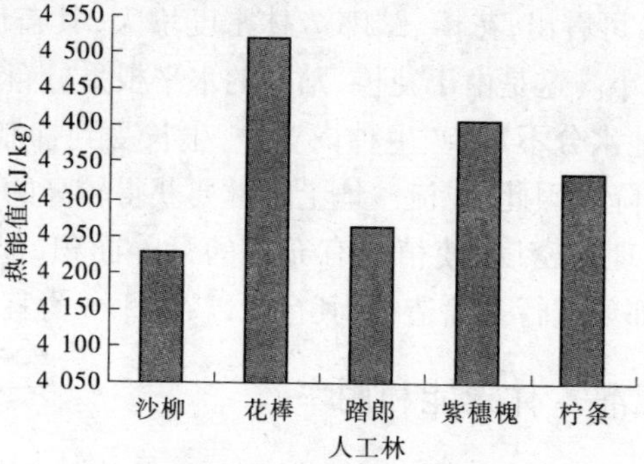

图 7-25 人工灌木热能值

7.5.2.2 人工灌木林的光能利用率

固沙灌木吸收光能,进行有机质的生产与积累,是沙漠生态系统的第一要素,也是稳定和改善生态环境的基础,同时也是系统整体生态功能的表征。

根据以上 5 种灌木 4 ~ 10 月份的生物量增量和热能值测定结果,可计算出 5 种灌木在测定时段内单位面积上有机质所贮能量,进而与该时段太阳总辐射相比取得各灌木树种的光能利用率(见表 7-34和图 7-26)。

表 7-34 人工灌木植物的光能利用率

优势植物种	太阳总辐射(MJ/hm^2)	丘间地		迎风坡		平均植物光能利用率(%)
		植物储能(MJ/hm^2)	植物光能利用率(%)	植物储能(MJ/hm^2)	植物光能利用率(%)	
沙柳	6.26×10^9	3.19×10^6	0.050 9	2.05×10^6	0.032 8	0.041 9
花棒	6.26×10^9	1.28×10^6	0.020 4	1.24×10^6	0.019 9	0.020 2
踏郎	6.26×10^9	2.28×10^6	0.036 4	2.67×10^6	0.042 7	0.039 6
紫穗槐	6.26×10^9	4.98×10^6	0.079 6	1.90×10^6	0.030 3	0.055 0
柠条	6.26×10^9	2.55×10^6	0.040 8	1.92×10^6	0.030 7	0.035 8

从表 7-34 和图 7-26 可以看出:

(1)固沙灌木光合作用利用的太阳能极低,平均光能利用率只有 0.038 5%,这是因为固沙灌木受生境条件,特别是水分亏缺的制约,降低了原生质特别是叶绿体的水合程度,引起胶体结构的变化和酶活性的降低,抑制了光合速率,故其光能利用率低,仅为传统意义上的森林植被光能利用率(一般为 1% ~2%)的 2% ~5%。但是,正是这种物质和能量的超常消耗,才使固沙植物具有较强的抗逆性。

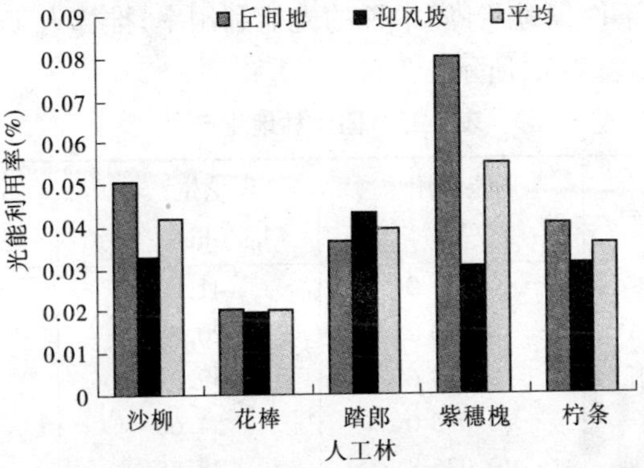

图 7-26　人工灌木林光能利用率

(2)在丘间地,5 种灌木光能利用率的高低顺序为紫穗槐 > 沙柳 > 柠条 > 踏郎 > 花棒;而在沙丘迎风坡,其顺序为踏郎 > 沙柳 > 柠条 > 紫穗槐 > 花棒。这种状况真实地反映了树种的生物生态学特征和立地生境条件的差异。踏郎萌蘖性强,多群丛生长,具有很强的抗风蚀能力,在流动沙丘上能迅速生长发育,因而在迎风坡也有较高的生物量,即其光能转化储存的有机质能较高,其光能利用率高。而紫穗槐抗旱抗风能力相对较弱,在风蚀强、水分条件差的迎风坡生长不良,光合利用率低,生物量也低。沙柳喜湿而抗旱,根系发达,耐沙压沙埋,在丘间地和迎风坡上部均能适应,光能利用率也较高,是一种分布较广的固沙灌木种。花棒的光能利用率低,一是因叶片退化,光能接受面积小;二是其个体需要的营养面积大,自然保存密度明显偏低的缘故。

花棒虽然光能利用率低，但却是一个对环境适应性和抗逆性最强的植物种。

7.5.3 灌木林地的生产力

生产力是指单位面积植物每年利用光能进行光合作用生产的生物量（冯宗耀，1999），即单位时间单位面积的生物量。生产力是光能利用率的直接表征，也是土地质量和树种适宜性的反映。根据榆林沙区气候条件，利用各灌木种的光能利用率，推算人工灌木林地理论生产力，如表 7-35 所示。

表 7-35　固沙林地生产力

序号	植物种	光能利用率（%）	理论生产力（kg/（hm^2·a））	实际生产力（kg/（hm^2·a））
1	花棒	0.041 9	41.60	30.99
2	踏郎	0.020 2	20.06	13.94
3	沙柳	0.039 6	39.32	28.99
4	柠条	0.055 0	54.60	39.02
5	紫穗槐	0.035 8	35.55	25.79

由表 7-35 可见，榆林沙区人工林地生产力是比较低的，理论生产力平均为 38.23 kg/（hm^2·a），由于自然因素和人为因素影响，人工林地实际生产力低于理论生产力，平均只有 27.75 kg/（hm^2·a）。

7.5.4 固沙林地地被物

在植物—土壤物质转化和循环过程中，植物吸收土壤元素合成有机质，同时植物又将其枯落物回归大地，在微生物的作用下，分解释放养分，进入土壤。此外，由于植物根系的物理化学作用，使土壤中许多必要元素处于可利用状态，土壤肥力逐步得到改善。

固沙林地的地被物主要包括苔藓植物、林下枯落物和地表结皮。其中，苔藓植物由孢子繁殖、发育生成，而孢子的传播受风的影响很大，在干旱的流动沙地上难以生存。随着固沙林对环境的改善，苔藓植物有所发育。苔藓植物的存在与数量可以作为沙地环境的改善指示。毛乌素沙地固沙林内的苔藓植物同属于一种真菌属的真菌。真菌为广布种,也被称为先锋植物。真菌长得密集而低矮,覆盖地表,可以提高下垫面粗糙度 1 ~2 cm,同时削弱风沙流,是沙地综合生态效益的指标之一。

从表 7-36 和图 7-27 可以看出,不同立地、不同林种下苔藓分布不同,苔藓盖度由大到小的顺序依次为踏郎 > 紫穗槐 > 油松 > 花棒 > 沙柳。而且,中上坡的盖度大于下坡,上坡平均为 37.6%,中坡为 41.3%,下坡仅为 18.5%,这是由于微地形作用的结果,迎风坡下部风蚀相对较强,不利于植物生长和枯落物的积累,而中部相对较轻。同时,前方沙丘造成的反向气旋也产生一定影响。

表 7-36　人工固沙林地苔藓植物盖度

林地	林龄(a)	不同部位苔藓盖度(%)			平均(%)
		沙丘上部	沙丘中部	沙丘下部	
油松	20	36.0	55.7	24.0	36.8
花棒	20	40.6	23.3	15.2	26.3
踏郎	20	73.5	70.0	30.0	57.8
紫穗槐	20	37.7	57.5	21.3	38.8
沙柳	20	0	0	2.0	0.7

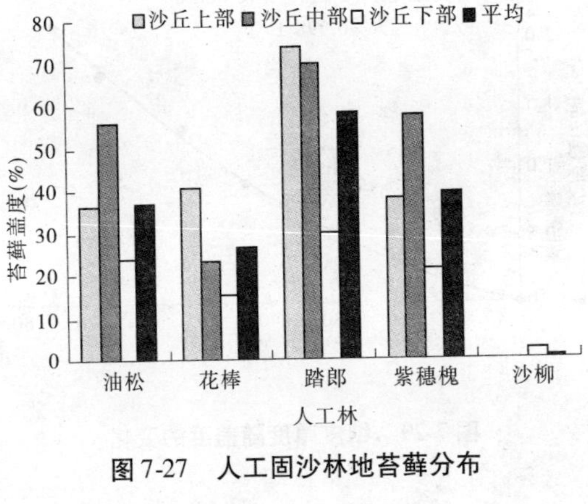

图 7-27　人工固沙林地苔藓分布

苔藓植物的分布与沙地地表结皮的厚度、枯落物的数量有密切的关系。

由图7-28和图7-29可见，固沙灌木林地枯枝落叶量和地表结皮均与植被盖度有密切关系，二者均随植被盖度增加而增加，相关系数 R^2 分别为0.989 4和0.998 1。枯落物和结皮的增加对固结松散沙粒、改善沙土结构和增加肥力有积极意义。

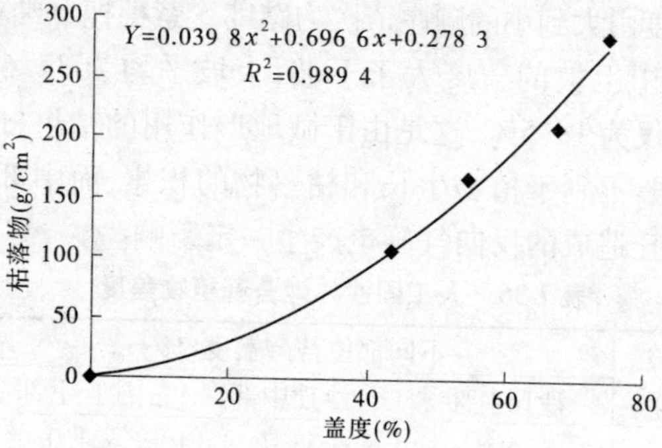

图7-28　灌木林地枯落物随盖度变化

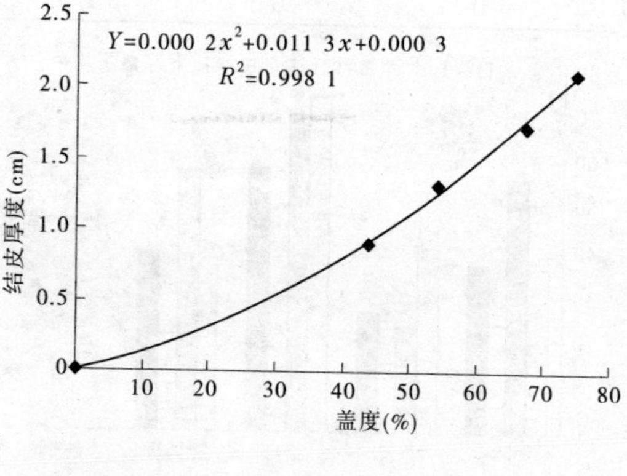

图7-29　结皮厚度随盖度的变化

7.6 人工植被生态功能综合评价

7.6.1 评价指标体系及权重的确定

森林生态效益的研究已呈现出从定性到定量评价的趋势。生态效益指标体系的确定是森林生态效益理论研究的主要内容之一，也是进行森林生态效益综合、定量评价的基础。因此，固沙林生态效益指标体系的确定，对固沙林生态效益的定量研究具有理论的和实践上的意义。采用"时空互换法"，通过定位对比观测和区域调查研究相结合的方法，选择榆林风沙区有代表性的人工植被植物种进行观测和比较研究，并用层次分析法确立评价的指标体系及效益指数，以期为指导沙区的人工固沙林规划和布局、林种结构调整、林分质量管理等决策方案提供理论依据。

7.6.1.1 评价指标体系的建立

综合效益评价指标的设置，以经济学和生态学理论为基础，以实际需要和可能为出发点，并考虑到风沙区防护林体系综合效益本身的特点，按照科学全面、简便、易行的原则设置，同时要求坚持生态平衡的观点和可持续发展的观点，符合科学原理和主客观要求。根据榆林风沙区防护林体系建设的实际情况，从资源环境、社会经济等方面的协调性出发，采用层次分析法对榆林风沙区主要人工灌木植被综合效益评价指标进行筛选，确立榆林风沙区防护林体系综合效益评价指标体系。层次分析法是把复杂问题的决策思维过程条理化、层次化与数学化的方法，同时结合专家信息法，对各因素间信息进行比较判断和计算，获得不同指标的权重系数，其优点是定性与定量结合，具有高度的逻辑性、系统性、简洁性及实用性，是针对系统中多层次、多目标规划决策问题的有效决策方法。

根据我国北方风沙区的特点，用层次分析法构建了灌木固沙林生态效益的层次结构和综合生态效益评价的指标体系，如图 7-30 所示。

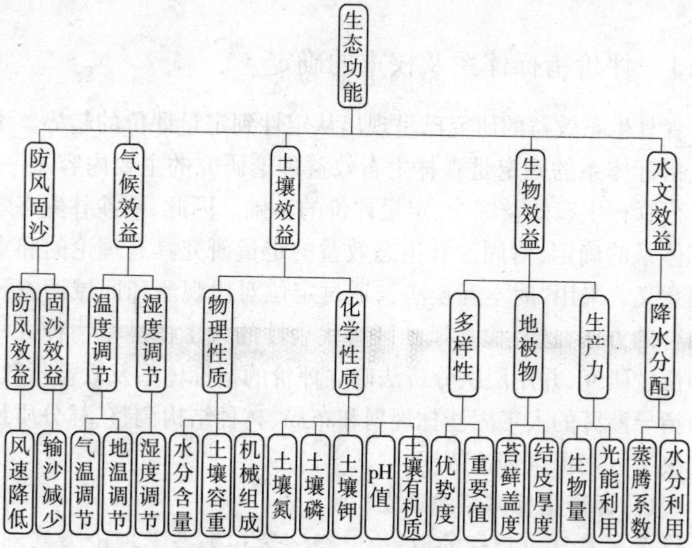

图 7-30　灌木固沙林生态效益的层次结构和综合评价指标体系

由图 7-30 可见，榆林沙区灌木固沙植被生态功能指标体系由 1 个总目标层、5 个指标类、10 个指标项、21 个指标变量构成。

在榆林沙区，由于上述一些指标变量相互间密切关联，互相影响或者有重叠，或者在总体生态效益中权重较小，不十分显著，因此在实地调查研究和分析基础上，结合专家信息，对上述 21 个效益指标变量进一步合并归类，筛选出 11 个指标变量作为综合评价的指标，包括风速降低值(x_1)、输沙量减少值(x_2)、空气湿度调节 (x_3)、空气温度调节 (x_4)、地面温度调节(x_5)、增加土壤有机质(x_6)、增加土壤全氮 (x_7)、增加土壤速效磷 (x_8)、物种优势度(x_9)、光能利用率(x_{10})、水分利用率(x_{11})等 11 个指标(见图 7-31)。

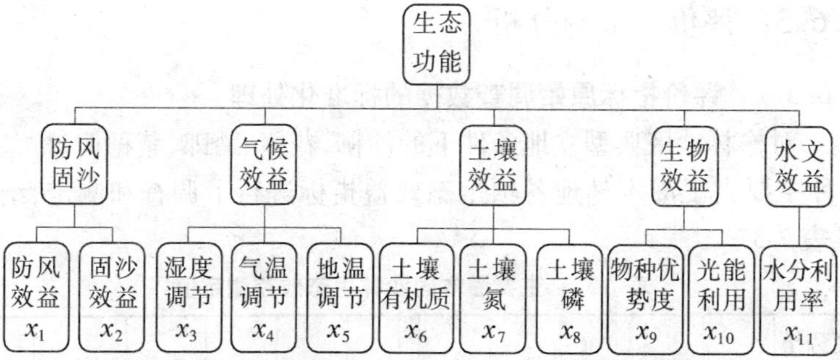

图 7-31　榆林风沙区灌木固沙林生态效益综合评价指标体系

7.6.1.2　指标权重的确定方法

指标的权重反映评价指标对总体目标的相对重要程度。权重不是主观臆断的东西,而是在人类社会生态经济和谐发展的大背景下,从整体效益的角度,对单项效益指标进行衡量的客观产物。本研究根据专家信息,采用因子分析法,用观测数据本身包含的信息确定各项指标的权重系数,使评价程序简化,评价结果客观真实。

应用 DPS 分析软件,对原始试验数据进行无量纲处理,设原始试验数据值为 $\boldsymbol{X}_{ij}(i=1,2,3,4,5;j=1,2,\cdots,11)$,构成试验数据矩阵 $\boldsymbol{X}_{5\times 11}$,计算相关矩阵 $\boldsymbol{R}_{11\times 11}(R=X^{\mathrm{T}}X)$;计算对应的单位特征向量(即权重系数):$\boldsymbol{C}=(c_1,c_2,\cdots,c_{11})$,并且满足:$\sum_{j=1}^{11} c_j^2=1$,式中:$\boldsymbol{X}_{ij}$为各不同固沙植物种的综合效益评判指标变量指标值;$\boldsymbol{C}$ 为各指标变量的权重系数;i 为不同固沙植物种,本处选用榆林沙区 5 种主要固沙灌木;j 为评判指标。

7.6.2　评价方法

采用最优综合评价模型,计算不同灌木固沙林的生态效益综合得分。其计算公式如下:

$$Y=\sum_{j=1}^{11} c_j x_{ij}\quad (i=1,2,3,4,5)\qquad (7\text{-}3)$$

式中:Y 为综合评判向量。

7.6.3 评价结果与分析

7.6.3.1 评价指标原始调查数据的标准化处理

对榆林沙区典型立地条件下的沙柳、花棒、踏郎、紫穗槐、柠条等5种主要人工灌木林地各项生态效益指标进行了调查和测定，结果见表7-37。

表7-37 主要灌木固沙林生态效益测定值

优势植物种	x_1	x_2	x_3	x_4	x_5	x_6	x_7	x_8	x_9	x_{10}	x_{11}
沙柳	45.6	96.13	3.75	0.37	0.20	9.3	2	1.6	20.62	0.041 9	0.10
花棒	37.8	93.86	1.88	0.40	0.81	2.3	12	0.2	16.13	0.020 2	0.05
踏郎	77.1	98.64	1.75	0.88	0.31	3.4	1	1.3	17.61	0.039 6	0.09
紫穗槐	46.8	96.07	2.30	0.56	1.50	7.4	11	0.4	38.47	0.005 0	0.07
柠条	45.0	95.78	1.80	0.27	0.79	20.6	21	0.1	16.28	0.035 8	0.07
平均	50.46	96.10	2.30	0.05	0.72	8.6	9.4	0.7	21.82	0.038 5	0.07
标准差	0.098	1.521	0.753	0.213	0.460	6.528	7.338	0.633	8.478	0.011 2	0.017

由于各项指标单位不统一，无法进行简单比较，因此为了便于对相关因子进行比较分析，必须对各因子进行无量纲化处理。对表7-37中原始调查数据进行无量纲标准化处理的结果如表7-38所示。

表7-38 主要灌木固沙林生态效益标准化数据

优势植物种	x_1	x_2	x_3	x_4	x_5	x_6	x_7	x_8	x_9	x_{10}	x_{11}
沙柳	-0.204	0.020	1.932	-0.591	-1.134	0.112	-0.009	1.423	-0.142	0.304	1.394
花棒	-1.224	-1.472	-0.553	-0.450	0.191	-0.970	0.354	-0.791	-0.672	-1.634	-1.212
踏郎	1.837	1.669	-0.726	1.799	-0.895	-0.797	-1.145	0.949	-0.497	0.098	-0.970
紫穗槐	-0.204	-0.020	0.005	0.300	1.690	-0.184	0.218	-0.474	1.964	1.473	0.788
柠条	-0.204	-0.210	-0.659	-1.059	0.148	1.838	1.581	-1.107	-0.654	-0.241	0.000

7.6.3.2 指标权重系数

用 DPS 软件对标准化数据本身包含的信息进行处理和分析,确定了灌木固沙林生态效益各项指标的权重系数如下:

$$C = \{0.1043 \quad 0.3130 \quad 0.0202 \quad 0.0083 \quad 0.0034 \quad 0.0396 \quad 0.0163 \quad 0.0066 \quad 0.0944 \quad 0.2132 \quad 0.1814\}$$

结果表明,各项评价指标的权重系数大小顺序为:固沙效益(0.313 0)、光能利用率(0.213 2)、水分利用率(0.181 4)、防风效益(0.104 3)、物种优势度(0.094 4)、土壤有机质(0.039 6)、湿度调节(0.020 2)、土壤氮(0.016 3)、温度调节 (0.008 3)、土壤磷(0.006 6)、地温调节(0.003 4)。按照五大效益权重排序为:防风固沙效益(0.417 3)、生物效益(0.307 6)、水文效益(0.181 4)、土壤效益(0.062 5)、气候效益(0.031 9)。可见榆林风沙区防风固沙林的主要生态效益是防风固沙,在防风固沙的同时通过光合作用可为当地提供一定的生物产量,是当地薪柴和沙产业发展的基础。

7.6.3.3 固沙林生态效益综合指数

根据各项指标调查数据及其权重系数,利用最优评价模型公式(7-1)计算灌木固沙林生态效益综合指数,计算结果见表 7-39。

表 7-39 固沙林综合生态效益指数

灌木林种	沙柳	花棒	踏郎	紫穗槐	柠条
综合评价得分	37.31	35.19	40.81	39.13	37.43

表 7-39 计算结果表明,5 种人工灌木固沙林生态效益综合评价得分从高到低的顺序依次为踏郎(40.81) > 紫穗槐(39.13) > 柠条(37.43) > 沙柳(37.31) > 花棒(35.19)。踏郎和紫穗槐以其较好的防风固沙效益、较高的系统生产力及水分利用效率表现为综合生态效益最好,分别是目前榆林沙区流动沙丘迎风坡和丘间地两类立地条件的顶级群落。花棒虽然适应能力强,在各类沙丘立地条件下生长表现均良好,单株生物量也较高,但是由于其近地面层分枝少、透

风系数大，防风固沙效果较差，同时，花棒无群居习性，多以单株散生，单位面积株数少，密度低，因而总体生物量较低，而且花棒水分消耗量也大，蒸腾系数达1 094，居于首位，所以其综合生态效益指数值最低。沙柳和柠条处于中间状态。结合群落格局分析，沙丘迎风坡部以踏郎、花棒表现最佳；丘间地及沙丘坡脚以营造紫穗槐为好；沙柳两处均可造林，但在水分较好并有适度沙埋的区域生长更好。在实践造林中，如果采用两树种混交造林模式，效果更好，可以增加结构稳定性，提高生态效益。

7.7 小结

通过标准地调查和定位试验相结合的方法，研究了榆林沙区人工乔灌木防护林的防风固沙、小气候调节、土壤改良、水文效益及生物效益等生态功能，并进行了综合评价。主要研究结果如下：

(1)人工植被具有显著的防风效能。乔木林带的防风效能与疏透度、林龄、带高、季相等有关，稀疏型林带比通风型和疏透型林带防风效能高7.8～13.8个百分点，夏季有叶期比冬季无叶期防风效果高12.1～18.2个百分点。随着水平距离的增加，林带的防风效能降低，林带有效防护距离为带高20～25倍，最小风速区出现在林带背风面在3～5倍树高处，风速降低33.3%。灌木林防风效能与林分密度和灌高有密切的相关性，其相关系数为0.859，花棒以其较高的灌高和较大的灌幅，防风效果相对较好。

(2)风沙流是一种贴地表层运动的混合流，输沙量在垂直空间层上的分布随高度增加而减少，气流中搬运的沙量主要集中在近地气层30 cm范围，其中0～10 cm的输沙量占95%以上，0～5 cm层内输沙量占到总量的70%左右。固沙灌木通过增加地表粗糙度，削弱近地层风速，减弱风的侵蚀能力，从而降低地表输沙量95%以上，起到固沙作用。逐步回归分析表明，固沙林输沙量与分枝数、密度和草本植物的盖度密切相关，踏郎以其密集的分支、较大的密度，固沙效果最好。采用混交配置方式可提高林地的防风固沙效果。

(3)人工植被对小气候的调节功能是有限的，在总体生态效益中占较小的权重。其中乔木林带对温、湿度的调节因季节差异而不同，表现在春秋季节平均增温 0.39 ℃，夏季降温 0.34 ℃，相对湿度平均提高 6.3% ~ 11.2%。灌木固沙林对温度调节也不超过 1 ℃，湿度调节不超过 5%。

(4)沙地水分的变化是一个复杂的过程，固沙林在减少蒸发量的同时，增加了沙地水分的蒸腾消耗，沙地土壤水分变化主要集中在 20 ~ 60 cm 深度范围内，0 ~ 10 cm 层为干沙层，60 cm 以下水分变化较为平缓。随着林龄的增长，植被盖度增大，地表结皮的形成，沙地水分含量显著降低，土壤出现干化现象。因此，需通过科学的抚育措施，调整林分密度和盖度，保持沙地水分平衡。

(5)人工植被对土壤改良是一个缓慢的过程。植被的阻沙降尘，增加了土壤黏粒含量，枯枝落叶增加了土壤有机质，从而改变了土壤理化性质，使土壤结构改善，土壤肥力逐步得到提高，土壤黏粒含量增加 2 ~ 2.75 倍，土壤有机质增加 2 ~ 20 倍，全氮含量增加 3 ~ 22 倍，土壤速效磷是对照的 1 ~ 2.6 倍。

(6)固沙灌木光合光能利用率极低，平均只有 0.02% ~ 0.05%，而水分利用率平均只有 0.07%，因而，固沙林地生物量和生产力较低。5 种灌木光能利用率和水分利用率以紫穗槐、沙柳相对较高，而以花棒较低。不同立地的生物量有较大差异，丘间地比迎风坡生物量高 33% ~ 162%。

(7)沙地结皮和苔藓可以认为是沙地环境改善的一种标志。结皮厚度和苔藓数量随林龄的增加和植被盖度的提高而增加。同时，结皮和苔藓对沙地环境特别是水分环境有重要影响，可以增加沙地表层土壤持水量，阻延降雨入渗，影响沙地水分状况，从而影响植被生长和演替。

(8)采用层次分析法，构建了榆林沙地灌木固沙植被生态功能综合评价指标体系。结合专家信息，通过 DPS 软件对 5 种主要固沙灌木林各指标变量自身所包含的信息进行处理，确定了各个指标变量的权重系数，并用综合评价模型对5种灌木林的生态效益进行了综合评价，按照综合评价指数得分，其排序为踏郎(40.81)>紫穗槐(39.13)>柠条(37.43)>沙柳(37.31)>花棒(35.19)。反映了沙丘迎风坡以踏郎最佳；丘间地以营造紫穗槐较好；沙柳两处均可。采用两树种混交造林，可以增加结构稳定性，提高生态效益。

8 仿拟自然的人工植被调控技术

群落稳定性是衡量人工植被群落质量的标准之一,也是合理、有效地建植、利用、管理和改良人工植被的基本依据。人工植被群落稳定性的合理调控是优化人工林地,维护高效、持久的人工林地,提高人工林地生态经济功能的有效途径。人工植被群落稳定性调控的实质是对植被组分的种间竞争、环境压力和干扰活动的有效调控。种间竞争调控是通过了解特定地域内种或品种间的相容性,筛选出最佳树种草种组合的过程。环境压力调控是通过灌水和施肥等途径,平衡不同环境条件下种或品种间的相互作用。干扰活动调控是通过平茬、放牧、封育、更新造林等途径,对人工植被群落内各组分稳定和平衡机制的调控。环境因素的合理调控可以有效维系人工植被群落稳定性,在人工群落的干扰活动调控过程中,强度和频率是决定干扰活动对群落稳定性影响程度大小的主要因素。

8.1 人工植被平茬复壮调控

8.1.1 平茬对灌木植物生长的影响

8.1.1.1 平茬对单丛灌木生长的影响

平茬是延长灌木生长年限,提高灌木生物量,保证永续利用的重要技术措施。对灌木进行定期平茬是灌木经营的一项重要措施,平茬不仅可以提供种条、燃料及编织、造纸纸浆用材等原料,而且能够更好地促进灌木的生长发育,达到灌木资源的永续利用。对榆林沙地主要灌木平茬林地调查结果表明,平茬可以促进灌木植物萌蘖和生长。其中花棒平茬前生长衰退,林下密生禾草,枯落物层和苔藓层厚 2 cm，林外有稀疏踏郎、油蒿生长，平茬后花棒萌蘖数增加，丛萌蘖数达 4 枝，生长状况良好，年均地径生长量达 0.26 cm，年均高生长量 33.82 cm；沙棘平茬当年萌蘖数平均可达 24 枝，高生长量可达 31.67 cm；柠条平茬当年萌蘖数达 41 枝，单丛生物量达 2.66 kg。各种灌木平茬后生长状况明显好于平茬前（见表 8-1 和表 8-2）。

表 8-1　平茬后灌木丛生长状况调查结果

序号	花棒			柠条		沙棘	
	萌蘖数	地径（cm）	株高（cm）	萌蘖数	生物量（kg/丛）	萌蘖数	株高（cm）
1	5	0.24	31.60	35	0.91	11	28
2	3	0.22	28.06	49	1.75	34	30
3	3	0.40	42.34	51	2.58	51	21
4	4	0.31	35.74	59	2.89	20	60
5	4	0.19	35.14	25	3.86	11	41
6	4	0.23	30.00	26	3.99	18	10
平均	3.8	0.26	33.82	41	2.66	24	31.67

表 8-2　柠条灌丛平茬效果比较

序号	丛径（cm）		株高（cm）		地径（cm）		萌蘖数		生物量（kg/hm²）	
	前	后	前	后	前	后	前	后	前	后
1	100	70	90.0	56	1.50	0.1	50	210	25 785	13 500
2	175	60	95.0	38	1.80	0.25	70	102	56 550	7 500
平均	137.5	65	92.5	47	1.65	0.18	60	156	41 167	10 500

注：10 年生柠条林地，密度为 750 丛/hm^2。

平茬后种群的数量（密度和生物量）恢复能力关系到群落生态经济功能的发挥，是营林中至关重要的问题。由表 8-2 可见，10 年生柠条林地（750 丛/hm^2）进行平茬后，当年丛径、株高以及生物量即可恢复到平茬前的50%，而萌蘖数则超出平茬前一倍多，可见平茬对灌木生长的影响是十分明显的。但是，调查发现花棒平茬也为踏郎、沙蒿等植物生长创造了条件，使踏郎、沙蒿迅速入侵，平茬23年后花棒全部死亡，形成踏郎、油蒿优势群落，踏郎高1～1.3 m，密闭覆盖，没有地面裸露。

8.1.1.2 平茬间隔期对灌木生长的影响

不同灌木由于其生物学特性的差异，其高生长期或衰退期不同，因而，适宜的平茬间隔年限和平茬次数也不相同。即使在同一立地类型上生长的灌木种，因其所处的土壤养分和水分的局部差异，导致其长势也不可能相同，或者因经营目标的不同，确定平茬间隔期的时候也应区别对待。调查表明（见表8-3、表8-4），沙棘生物量在4～7年生期间增长量大，尤以5年生时最大，7年以后生长势逐渐衰退，应及时进行平茬更新复壮，以控制沙棘林地逐渐衰老消亡现象发生，合理的平茬期以5～7年为好。柠条每3～5年应普遍平茬1次，可以提高产量3～5倍，作为灌丛牧草利用，平茬也可以提高品质和可食部分利用率。而沙柳的生长主要集中在前三年，第四年以后生长开始变慢，并逐渐衰退，但一经平茬又会萌发大量枝条，旺盛生长，所以沙柳4～5年应彻底平茬一次，以促进其良好的生长，壮大灌丛，增强防风固沙效果。

表8-3 平茬间隔期对沙棘生长的影响

序号	平茬间隔期(a)	萌蘖株数(株/hm^2)	株高(m)	生长状况
1	5	40 845	1.2	好
2	9	32 235	1.1	较好
3	12	19 635	0.8	较差
4	14	11 550	0.6	差
5	未平茬(16)	1 260	0.6	差

表 8-4 平茬间隔期对柠条生长的影响

序号	林龄	平茬间隔期(a)	单丛鲜重(kg)	丛萌蘖数	地径(cm)	枝长(cm)	枝条分枝数	当年萌蘖枝长(cm)
1	15	未平茬	5.53	35	1.13	137.2	19.0	38.9
2	20	5	5.3	49	1.05	111.0	16.5	38.1
3	20	4	4.6	51	1.03	94.6	14.0	35.0
4	20	3	4.8	59	0.692	111.8	18.5	42.6
5	20	2	4.48	119	0.620	95.5	16.0	38.4
6	20	1	0.41	156	0.505	51.1	7.4	51.1

8.1.1.3 平茬季节对灌木生长的影响

灌木平茬的最佳时期,要根据灌木生育期、平茬目的和效益等综合考虑。一般平茬季节宜在冬春季休眠期进行,夏、秋两季平茬后由于地表裸露,水分易大量蒸发,造成萌生苗生长不良,数量少,效果欠佳。特别是低龄灌木林地,夏季和秋季平茬易造成大量死亡。由表 8-5 可见,对 5 龄沙棘春季平茬后萌蘖数可达到 46 680 株/hm^2,生物量达 7.93 t/hm^2,明显高于夏季和秋季平茬。

表 8-5 不同季节平茬对沙棘生长的影响

序号	密度(株/hm^2)	林龄(a)	平茬时间	萌蘖株数(株/hm^2)	株高(m)	生物量(t/hm^2)
1	3 500	5	春季	46 680	1.2	7.93
2	3 500	5	夏季	26 640	0.6	1.16
3	3 500	5	秋季	30 420	1.1	5.93

8.1.1.4 平茬对灌木林地生物量的影响

由于平茬增大了灌木萌蘖数量,促进了灌木生长,从而提高了林地生物量和生产力。由表 8-6 可见,平茬林地生物量比未平茬的封禁林地平均高出 19.7%。

表 8-6 平茬对灌木林地生物量的影响

项目	生物量(kg/hm²)								
	1	2	3	4	5	6	7	8	平均
封禁林地	7 819.1	4 926.4	7 035	6 460.9	7 550.5	7 817.6	7 459.1	6 396.4	6 933.1
平茬林地	8 869.4	6 867.0	7 989.8	8 156.6	8 598.0	6 730.6	12 395.5	6 805.1	8 301.5
增减(%)	13.4	39.4	13.6	26.2	13.9	-13.9	66.2	6.4	19.7

但是应当注意,固沙灌木林地或者作为农田防护林下木配置在林带两侧的灌木林带,平茬时不能成片进行,以免沙地裸露,造成地表风蚀。一般采取隔行或隔丛平茬,每年反复交替进行,这样既能达到灌木更新的目的,又不影响治沙效益。

8.1.2 矮林作业法更新复壮

平茬利用通常是对灌木林地进行的一种更新复壮经营方式,但对一些萌蘖力较强的阔叶乔木林如刺槐、杨树等进行平茬,即矮林作业,也可以达到更新复壮的作用。合作杨(*Populus opera*)是榆林沙区主要乔木造林树种,分布很广,有许多过熟林和低效益的小老树存在。通过合理平茬可以促进萌条生长,增强长势,提高生态经济效益。调查表明,合作杨进行低平伐根平茬后,6~8 年内就可达到原生长高度,起到应有的防护效益,而年均生长量明显高于原生长量,是原年均生长量的 2 倍(见表 8-7)。可见,合作杨的平茬更新复壮是完全可行的。

表 8-7 合作杨平茬萌蘖率及生长量调查

序号	林种	平茬前生长状况					平茬后生长状况				
		林龄(a)	生长量		年均生长量		林龄(a)	生长量		年均生长量	
			树高(m)	胸径(cm)	树高(m)	胸径(cm)		树高(m)	胸径(cm)	树高(m)	胸径(cm)
1	农防林	20	15.5	18.5	0.78	0.93	6	13.5	15.8	2.25	2.63
2	防沙林	14	12.6	13.4	0.9	0.96	6	6.8	6.6	1.13	1.1
平均		17	14.05	15.95	0.84	0.95	6	10.15	11.2	1.69	1.87

合作杨防护林平茬更新应隔带进行，以防止原来的防护林防护效益降低太大。在隔带更新的3~5年后将剩余部分再进行更新。更新复壮后可留1~3枝，但不能留的过多，否则将造成乔木灌木化，减弱其高空防风能力。伐根更新时间应在树木开始展叶前，即4月中旬至5月上旬进行，伐根后根桩不可高于地表5 cm。伐根后埋土，以促隐芽萌发，促生萌蘖条，第2年要除去多余萌蘖条，加强修枝抚育管护。但为了使高、低空均有防风能力，也可采取隔株或隔行多留枝数的办法，提高其综合防护能力。为了提高林分质量，还可以在合作杨第2年的萌蘖条上嫁接新疆杨或河北杨，成活率和生长量均有提高。

8.2 人工植被放牧调节

8.2.1 放牧利用对灌木林地土壤机械组成的影响

灌木林地进行放牧利用后，由于畜群对固沙灌木林地的踩踏和采食，破坏了地表结皮层，减少了地表枯落物，使固沙灌木林地地表机械组成发生变化。由表8-8和图8-1可见，放牧利用林地0~20 cm层粗沙(>0.05 mm)含量提高，沙地机械组成处于未放牧灌木林地和流动沙地的中间状态。

表8-8 放牧利用对灌木林地土壤机械组成的影响 (%)

样地	各级颗粒组成(mm)					
	1~0.25	0.25~0.05	0.05~0.01	0.01~0.005	0.005~0.001	<0.001
封禁林地	2.58	69.23	21.78	0.77	1.21	4.45
放牧林地	14.67	70.91	10.40	0.36	0.72	2.95
流沙地	26.79	69.58	0.87	0.08	0.32	2.37

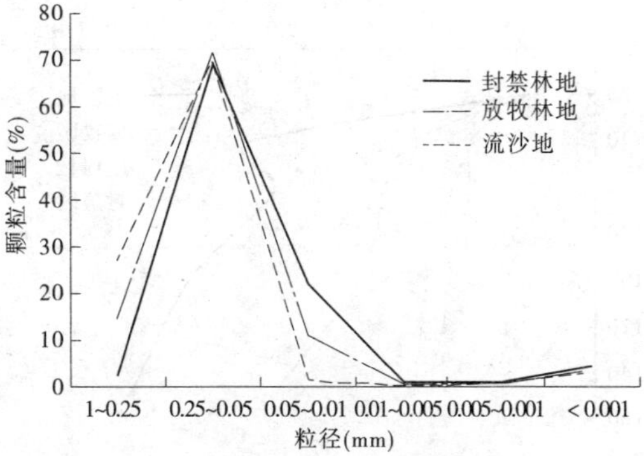

图 8-1　不同处理土壤机械组成变化

8.2.2　放牧利用对灌木林地水分的影响

流沙固定后,由于植物生长的影响,沙地变得更为干旱,沙地水分含量大幅度下降(见表 8-9 和图 8-2)。降雨前流沙地在地表干沙层(0 ~ 15 cm)保护下,20 ~ 150 cm 土壤层平均水分含量为 2.31%,封禁林地平均则只有 0.89%。由于林地植被的消耗利用,林地水分含量显著低于流沙地,流沙地水分含量分别是封禁林地和放牧林地的 2.6 倍和 1.65 倍。

表 8-9　不同处理沙地土壤水分含量

处理	植被盖度(%)	土层深度(cm)	水分含量(%)		
			07-10(雨前)	07-30(雨后)	08-10(大雨后)
流沙地	17.4	0 ~ 20	0.40	1.75	2.38
		20 ~ 150	2.31	2.45	3.25
放牧林地	57.0	0 ~ 20	0.40	0.86	2.70
		20 ~ 150	1.40	1.51	3.58
放 1 封 2	65.0	0 ~ 20	0.45	0.72	2.45
		20 ~ 150	0.97	1.00	3.02
封禁林地	60.5	0 ~ 20	0.4	0.72	3.75
		20 ~ 150	0.89	0.98	2.72

注:7 月 10 日前30 天无雨;7 月 30 日前5 天降雨2 次合计37.6 mm;8 月 10 日前5 天降雨3 次合计67.7 mm。

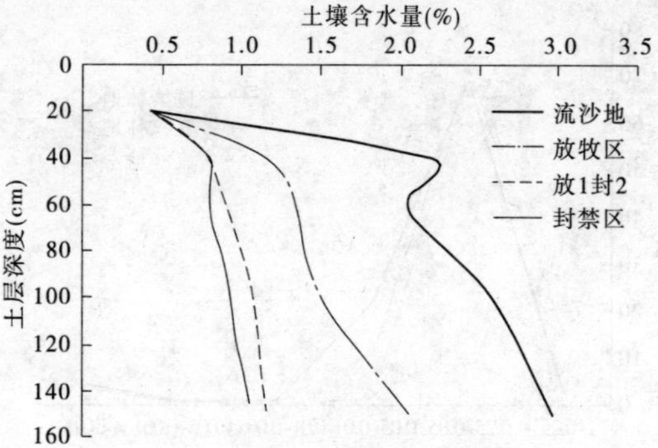

图 8-2　不同处理土壤含水量(雨前)

放牧利用可以破坏地表结皮层,给降水下渗创造了条件,使沙层水分得以补充,从而改变林地水分状况。放牧后林地水分含量为1.40%,较封禁林地平均水分含量提高57.3%。降雨前各层水分含量依次为流沙地>放牧林地>放封林地>封禁林地。

降水是沙地土壤水分的主要补给来源,在植物生长期间,降水对植物的生长尤为重要。降雨后流动沙地和林地水分均得到补充,水分含量均有明显改善。但由于林地土壤持水能力较流沙地强,降水入渗缓慢,特别是对大雨入渗影响十分明显。

由表8-9和图8-3可见,降雨后放牧区沙地水分含量得到了恢复,且分布均匀。放牧区沙层水分含量较封禁对照区高出54.1%。而由图8-4可见,大雨后林地0~60 cm层土壤水分含量则显著增加,并且高于流沙地含水量,这正是由于林地土壤结构的改善,持水能力高于流沙地,特别是地表结皮层的形成,对降水的入渗起缓冲作用,减缓了雨水渗漏,使水分集中于林木根系活动层,便于吸收利用。流动沙地水分迅速下渗,60 cm以下土层含水量明显高于林地。

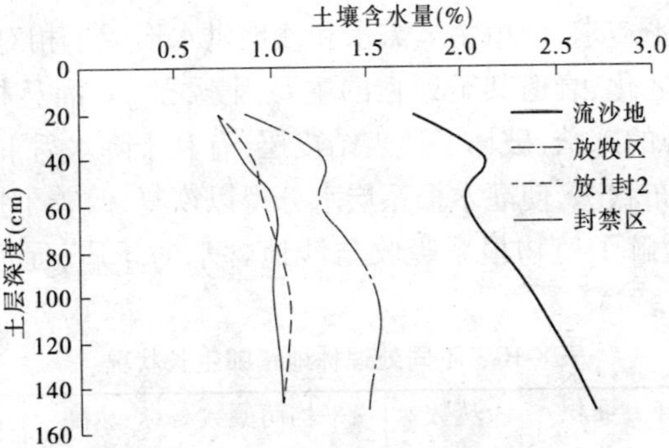

图 8-3　不同处理土壤含水量(雨后)

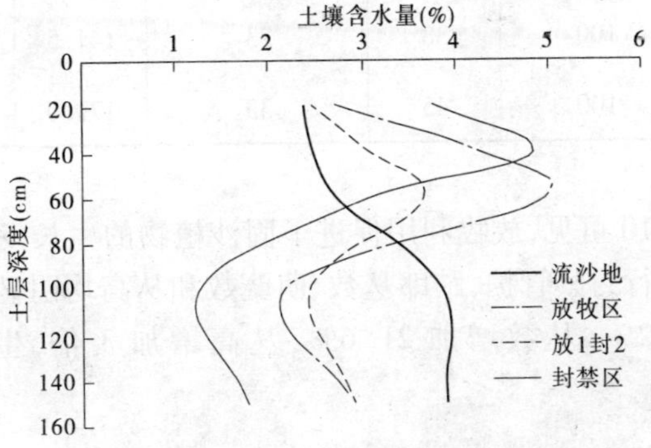

图 8-4　不同处理土壤含水量(大雨后)

同时,由于放牧利用破坏了地表结皮,减少了枯落物,改变了土壤结构,有利于降雨的入渗,使 0 ~ 20 cm 层含水量低于封禁林地 28%,但 20 ~ 60 cm 层放牧利用区土壤水分含量高于封禁地 31.6%。

8.2.3　放牧利用对植物生长的影响

流动沙地由于沙地松散,透水性较好,降水后沙地水分含量分布均匀。固定沙地,由于地表结皮层的影响,降水后下渗速度慢,沙地水分含量分布不均匀,下层沙子水分补给不足,长期下去,沙地水分便出现了供不应求，使植物体需水和沙地供水形成了相对不平衡，也是使灌丛林老化、衰退甚至死亡的主要因素之一。灌丛林地放牧利用，由于畜群的踩踏，破坏了地表结皮层，有利于降水后下渗，改变了沙地水分分布状况，使灌木根系层水分得以恢复，改善了植物栖息生存的条件，缓解了植物根系吸收与沙地含水的矛盾，促进灌木生长（见表8-10）。

表8-10　不同处理林地踏郎生长状况

样地	样方面积（m^2）	丛数（丛）	平均萌蘖数（株）	丛高（cm）	生物量（kg/hm^2）
封禁林地	100	37	19	43.0	4 860
放牧林地	100	38	23	141.5	3 785
放封林地	100	45	35	171.0	7 740

由表8-10可见，放牧利用促进了固沙植物的生长发育，特别是放牧后再进行封禁管护，踏郎丛数、萌蘖数和丛高均明显增加，萌蘖数增加84.2%，丛数增加21.6%，丛高增加3倍，生物量增加59.3%。

8.2.4　放牧利用对固沙林生物量的影响

由于放牧利用改善了沙地水分环境，促进了灌丛的生长发育，从而使植被生物量得到恢复和提高。但是放牧利用方式和强度不同，对植被生物量的恢复能力也不同。

8.2.4.1　放牧季节对生物量的影响

由表8-11可见，放牧季节对植被的生物量有一定影响，生长季放牧对植物消耗较大，因而生物量较低。其中冬季（11～3月）放牧生物量较封禁区减少12.1%，生长季（5～10月）放牧则减少13.75%。但是，放牧后再采取封禁管护，有利于植被恢复和生长，生物量高于放牧区，也高于全封禁区。

表 8-11　放牧季节对林地生物量的影响

序号	5～10 月生长季放牧(kg/hm²)			11～3 月冬季放牧(kg/hm²)		
	放牧区	封禁区	放封区	放牧区	封禁区	放封区
1	6 135	6 331.5	8 767.5	5 248.5	6 327.0	6 822.0
2	3 439.5	3 586.5	6 651.0	6 651.0	6 828.0	6 882.0
3	1 795.5	3 331.5	5 248.5	5 935.5	7 131.0	7 293.0
4	3 981.0	4 549.5	4 433.5	—	—	—
平均	3 837.8	4 449.8	6 275.1	5 945.0	6 762.0	6 999.0

8.2.4.2　放牧强度对生物量的影响

不仅放牧季节对生物量有影响,连续放牧时间长短(或放牧强度)对生物量有更重要影响。由表 8-12 可见,随着连牧年限的增加,植被生物量明显减少。放牧 1 年生物量较封禁林地减少 28.44%,连牧 2 年减少 52.9%,连牧 3 年则减少 71.57%。可见,放牧强度(或放牧时间)对生物量的影响十分明显,连牧的时间越长,生物量降低差数越大。

表 8-12　放牧强度对灌丛林地生物量的影响

序号	生物量(kg/hm²)			
	放牧 1 年	放牧 2 年	放牧 3 年	封禁林地
1	3 124.5	1 750.5	1 206.0	7 809.0
2	7 639.5	5 520.0	1 750.5	7 971.3
3	7 674.0	4 434.0	3 826.5	10 879
4	6 949.5	5 005.5	3 304.5	8 820.0
平均	6 346.9	4 177.5	2 521.9	8 869.8

8.2.4.3 轮封时间对生物量的影响

由表8-13可见,放牧后封禁管护,可有效地促进植被恢复生长,生物量均可恢复到放牧前的水平。放牧强度越轻(或连牧时间越短),放牧后封禁恢复时间越长,越容易得到恢复,生物量恢复越高。放牧1年后封禁3年的生物量比封禁1年的生物量高出23.1%,比全封禁不放牧利用林地生物量高出30.9%。可见,放牧利用后封禁管护可以使植被得到休养生息,有利于提高林地的生物量和生产力,相应地也可以提高植被的生态功能。

表8-13 放牧利用后封禁时间对灌丛林地生物量恢复的影响

序号	生物量(kg/hm²)					
	放1封1	放2封1	放3封1	放2封2	放1封3	封禁林地
1	7 612.5	6 183.0	5 820.5	9 600.0	9 880.5	6 878.1
2	7 762.5	7 369.5	7 003.5	8 283.0	8 302.5	7 403.4
3	7 800.0	7 695.0	4 717.5	7 657.5	9 684.0	7 549.2
4	7 008.0	6 153.0	3 451.5	8 235.0	—	6 556.5
平均	7 545.8	6 850.1	5 248.3	8 843.9	9 289.0	7 096.8

8.2.4.4 放牧利用对主要植物种生物量的影响

不同植物种因其生物学特性不同,耐牧性不同。花棒、踏郎、紫穗槐等植物适口性好,羊只采食多,因而放牧后其生物量减少较多。连牧3年踏郎、花棒、紫穗槐林地生物量依次减少61.4%、56.6%和68.4%(见表8-14)。沙蒿的适口性差,但沙蒿发芽早,落叶迟,故在生长期的早期和晚期羊群采食较多。

封禁管护后各种植物都得到恢复,放牧强度越小,封禁时间越长,恢复效果越好。

表 8-14　放牧对主要植物种生物量的影响

植物种	放牧后生物量减少(%)			封禁后生物量恢复(%)			
	放 1	放 2	放 3	放 1 封 1	放 2 封 1	放 3 封 1	放 1 封 2
踏郎	23.8	48.8	61.4	91.7	90.45	88.1	123.0
花棒	19.4	41.3	56.6	88.1	84.7	102.5	112.5
沙蒿	27.5	35.9	51.5	140.0	133.1	89.8	218.9
柠条	15.8	23.8	—	141.9	127.0	—	—
沙柳	19.3	27.1	38.7	102.3	100.6	96.3	—
紫穗槐	41.2	54.7	68.4	88.4	79.1	62.9	—
沙棘	17.8	—	—	113.4	—	—	—
沙竹	30.7	34.3	—	96.9	92.3	—	105.5
绵蓬	31.6	51.6	—	185.0	102.5	—	223.2

同时,经调查发现踏郎、花棒、柠条、沙棘、沙蒿灌丛林地一年四季均可放牧利用,但以落叶季节放牧对生物量影响较小;而紫穗槐和平茬沙柳灌丛林地则在生长季放牧会造成大量灌丛死亡,所以不适宜在生长季放牧利用,但在落叶季节也可以适度放牧。

综上所述,灌丛林地适当的放牧利用,能大大地缓解沙地水分含量的降低,有利于降水后水分的下渗及下层土壤水分的补给,补充根层水分含量,缓解了植物与沙地水分供需的矛盾,改善了沙地水分分布状况,从而改变了植物赖以生存的环境条件,有利于灌丛植被的恢复和再生能力的提高。但必须按科学轮牧方式进行利用,不可乱牧、连牧、超牧,以致破坏灌丛林地,破坏已建立的良好生态环境。

8.3　人工林地更新造林调节

8.3.1　飞播造林恢复

8.3.1.1　混播造林

采用飞播造林,可以实现大面积、快速更新造林,提高造林效率,特别是对远山、远沙区域造林具有显著的优越性。

采用生长速度、高度等生物学特性不同的植物种混播可提高固沙效果。调查结果表明(见表8-15),采用花棒、踏郎与沙蒿、沙米等混播后,由于沙米、沙蒿生长较快,可起到活沙障固沙的作用,为花棒、踏郎生长发育创造了条件,提高了踏郎成苗率和保存率。

表8-15　不同植物种飞播当年成苗率及保存率

植物种	播种量(kg/hm²)	成苗密度(株/m²)	当年成苗率(%)		第二年保存率(%)	
			迎风坡	背风坡	迎风坡	背风坡
踏郎	7.5	9.2	55.4	33.6	44.2	18.4
踏郎	5.75	6.8	49.8	31.3	40.5	16.3
踏郎+沙蒿	踏7.5 沙3.75	63.5	51.5	42.4	46.5	23.8
踏郎+沙米	踏7.5 米3.75	40.8	54.4	53.3	42.2	31.2

注:播种日期6月19日。

8.3.1.2　选择适宜的播种时间

飞播时间的选择是飞播造林的关键技术之一。榆林沙区冬春季节风大沙多,干旱少雨,加之鸟、鼠、兔危害,飞播造林成效较差。而在5月下旬至6月中旬,风沙减小,气温回升,雨季来临,有利于种子发芽生长(见表8-16)。飞播当年成苗面积率达到55%以上。

表8-16　不同播种期花棒成苗情况

播种日期	当年成苗面积率(%)		播种日期	当年成苗面积率(%)	
	迎风坡	背风坡		迎风坡	背风坡
5月16日	22.4	3.2	6月14日	55.4	26.4
5月25日	28.6	9.4	6月26日	48.6	28.4
6月4日	32.8	9.2			

注:播种量:11.25 kg/hm²;播种地:采兔沟。

8.3.1.3　选择合理的播种量

播种量和播种方式直接影响造林成效,增大播种量,可以明显提高当年有苗面积率,并在幼苗期形成群体效应,有利于提高苗木抵抗力,促进苗木生长。

飞播单位面积的用种量,除取决于第一年所要求的密度外,还要考虑种子质量以及种子、幼苗可能损失的数量。多年实践表明(见表8-17),适宜的播种量为踏郎 11.3 ~ 15.0 kg/hm^2,花棒 15.0 ~ 22.5 kg/hm^2,而采用踏郎、沙蒿、沙打旺混播则以 7.5 kg/hm^2 左右为宜。

表 8-17　不同播种量及播种方式成效比较

植物种	播种量(kg/hm^2)	有苗面积率(%)		生长状况(cm)	
		迎风坡	背风坡	株高	灌幅
花棒 + 沙蒿	花 22.5 蒿 7.5	44.2	28.2	20.8	16.0 × 15.0
花棒 + 沙蒿	花 22.5 蒿 3.75	55.4	22.6	16.4	11.0 × 9.6
踏郎 + 沙蒿	踏 15.0 蒿 3.75	42.4	29.8	20.2	19.2 × 16.7
踏郎 + 沙蒿	踏 7.5 蒿 3.75	39.6	26.4	17.6	17.2 × 16.5
踏郎 + 沙米	踏 7.5 米 3.75	26.6	65.6	32.2	22.0 × 28.0

8.3.1.4　搭设沙障对飞播成效的影响

风蚀、沙埋是影响流动沙地飞播成效的关键因素。不同形态的沙丘,风沙活动状况不同,对飞播成苗和保存影响极大。进行一定的地表处理,有助于改善地表环境,提高成苗率、保存率。播前在沙丘坡面搭设柴草沙障,可使播区流沙地表风蚀减轻,风沙活动状况大为改善,播种后受沙障庇护种子发生位移小,一般大都聚集在沙障内各集沙部位,沙障内产生堆积沙埋,有利于种子萌发及生根,提高了成苗率和保存率。由表 8-18 可见,沙障内播种成苗率较裸沙地提高29.8%,第二年保存率提高 48.4%。

表 8-18 搭设沙障飞播成效比较

物种	地面状况	当年成苗率(%)	当年生长状况		风蚀(－)沙埋(＋)	第二年保存率(%)
			密度(株/m^2)	株高(cm)		
踏郎＋沙米	草方格内	56.2	踏郎 12.2 沙米 42.0	踏郎 14.2 沙米 24.6	＋3.5	46.3
踏郎＋沙米	裸沙坡面	43.3	踏郎 4.6 沙米 36.0	踏郎 13.3 沙米 25.4	－2.6	31.2

注:播期 6 月 19 日撒播;草方格规格 2 m×2 m。

8.3.2 人工造林恢复

8.3.2.1 苗木质量对造林成效的影响

苗木质量是影响造林成效的重要因素。容器苗不伤根,失水少,适应性强,因此造林成活率高。试验结果表明(见表 8-19),采用容器苗造林比裸根苗造林成活率提高 10.1%～13.5%。

表 8-19 樟子松容器苗与裸根苗造林成活率比较

地点	造林时间	苗龄(a)	容器苗成活率(%)	裸根苗成活率(%)	提高(%)
海流滩	秋季(10 月)	4	87.3	76.7	10.6
红石峡	春季(4 月)	3	86.0	72.5	13.5
红石峡	秋季(10 月)	4	90.0	79.9	10.1

8.3.2.2 造林季节对造林成效的影响

榆林沙区春季、雨季、秋季均可造林,但以春季造林成活率高,生长状况较好。由表 8-20 可见,沙柳春季造林分别比雨季和秋季造林成活率提高 46.1 个百分点、17.5 个百分点,株高、根长及萌蘖数均高于其他季节。

表 8-20 不同造林时间对沙柳成活和生长的影响

季节	成活率(%)	平均高生长(cm)	最高生长(cm)	萌条数	平均侧根长(cm)
春季	97.1	46.5	96	13	47.8
雨季	51.0	33.3	83	11	21.4
秋季	79.6	15.7	24	8	14.4

8.3.2.3 整地方式对造林成活率的影响

人工整地是为苗木根系创造良好的生长环境。特别对于常绿乔木树种,整地可以显著提高造林成活率。试验表明,采用 70 cm×70 cm×70 cm 以上的大坑整地,可使侧柏、油松等常绿树种造林成活率提高 21～37.5 个百分点(见表 8-21)。

表 8-21 不同整地措施对造林成活率的影响

树种	造林时间	苗龄(a)	整地方式	平均成活率(%)
侧柏	11 月	3	大坑	85
	11 月	3	鱼鳞坑	79
	11 月	3	不整地	47.5
油松	11 月	3	大坑	71
	11 月	3	鱼鳞坑	73
	11 月	3	不整地	50
沙地柏	3 月	3	大坑	75
	3 月	3	鱼鳞坑	70
	3 月	3	不整地	43

8.3.2.4 栽植深度对造林成活率的影响

许多研究表明,风沙区地表通常有 10～15 cm 厚的干沙层,这一干沙层对下层土壤水分有很好的保护作用,可以减少水分蒸发损失。因此,适当深栽覆土,人为创造一个适宜苗木生长的湿润环境,即在造林时适当深栽 10～15 cm,使幼苗根系达到水分含量较高且相对稳定的湿沙层,可以提高苗木的抗旱能力,提高造林成活率。研究表明,在榆林沙区,无论常绿乔木还是固沙灌木,适当深栽均可提高造林成活率。樟子松等常绿树种深栽 5 cm 可提高成活率 18.15 个百分点,深栽 10 cm 可提高成活率 35.15 个百分点;灌木柠条深栽也可提高成活率 11.3～31.4 个百分点(见表 8-22)。

表 8-22　不同栽植深度造林成活率的调查

树种	地点	时间	苗龄(a)	成活率(%)			
				不深栽	深栽 5 cm	深栽 10 cm	深栽 15 cm
樟子松	红石峡	4 月	4	35.7	57.8	75.3	—
		1 月	3	47.5	61.7	78.2	—
油松	红石峡	4 月	3	37.3	61.2	81.1	—
		1 月	3	57.3	75.0	87.3	—
侧柏	海流滩	4 月	4	52.5	73.4	77.7	—
柠条	海流滩	4 月	1	47.4	58.7	67.0	78.8

除了深栽造林,覆土埋压越冬造林也是榆林沙区提高造林成活率的有效措施之一。研究表明,樟子松在造林后整株覆土埋压,到 4 月下旬至 5 月中旬再刨土释放,可以明显提高造林成活率(见表 8-23)。

表 8-23　沙埋时间对樟子松成活率的影响

造林时间	沙埋时间(d)	成活率(%)
春季(03-28)	25	43.9
	35	48.9
	45	56.8
秋季(10-25)	175	63.0
	185	78.3
	190	81.1

由图 8-5 可见,随着覆土埋压时间的增加,造林成活率也提高。具体时间必须根据当地的气候条件严格掌握,过早或过晚都可能造成损失。过早若遇晚霜则受冻害;过晚如遇持续升温,气温过高,则苗木可能被捂死。所以,必须随时了解气候动态、观察苗木活动状况,做到适时刨土放苗,以利成活。

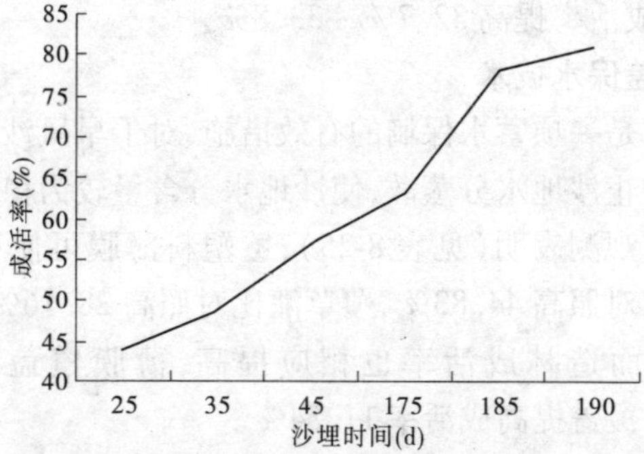

图 8-5　不同沙埋时间的成活率

8.3.2.5　保水剂对更新造林成效的影响

保水剂是一种新型多功能高分子材料,具有超强吸水贮水功能,当植物根部缺水时,能将自身贮存的水分释放出来,供植物生长发育利用,增强植物抗旱能力。在榆林红石峡试区更新造林试验表明(见表 8-24),运用保水剂可提高灌木林地 30 cm 层土壤含水率 1.83 个百分点,从而使苗木成活率和保存率提高 6 个百分点,生长量平均提高 19.2 个百分点。经方差分析表明,各处理间差异显著。

表 8-24　保水剂对灌木造林效果的影响

项目	成活率(%)			保存率(%)			土壤水分(%)			生长量(cm)		
	Ⅰ	Ⅱ	ck	Ⅰ	Ⅱ	ck	Ⅰ	Ⅱ	ck	Ⅰ	Ⅱ	ck
紫穗槐	99	97	95	97	96	90	9.1	8.7	6.8	28	25	22
沙地柏	68	61	56	61	57	53	9.6	9.2	8.7	15	14	11
柠条	96	95	91	79	91	88	7.7	7.3	4.8	25	24	18
沙棘	97	94	91	94	91	89	7.9	7.8	5.1	19	19	15
花棒	94	93	91	90	88	86	8.3	8.1	7.1	48	47	43
踏郎	76	73	61	70	66	55	8.5	8.2	7.6	51	50	46
平均	88	86	81	84	82	77	8.5	8.2	6.7	31	28	26

注:处理Ⅰ为吸水剂浸水蘸根造林;处理Ⅱ为干吸水剂拌土填坑造林;ck 为对照。

同时,试验表明,保水剂在常绿树种造林中应用效果更为明显,采用 1% ~3% 保水剂蘸根造林,可使樟子松成活率提高 19.6% ~

25.5%,侧柏成活率提高 32.7% ~33.8%。

8.3.2.6 覆盖保水技术

覆盖造林是一项蓄水保墒的有效措施,对干旱风沙区尤为重要。树穴覆盖能防止沙地水分蒸散,使沙地水分含量较为稳定,从而提高造林成活率。观测表明(见表 8-25),覆塑料薄膜可使 0 ~40 cm 沙层水分含量比对照高 44.83%,覆草灌比对照高 28.16%。由于土壤湿度提高,因而造林成活率也相应提高,薄膜覆盖提高成活率 23.02%,草灌覆盖提高成活率 11.54%。

表 8-25 树穴覆盖对樟子松、侧柏成活影响调查

树种	苗龄(a)	造林时间	0 ~40 cm 土壤水分(%)			成活率(%)		
			薄膜	草灌	对照	薄膜	草灌	对照
樟子松	4	4 月	2.58	2.25	1.87	96.6	88.7	76.5
侧柏	4	4 月	2.45	2.20	1.60	87.8	78.5	73.4
平均	4	4 月	2.52	2.23	1.74	92.2	83.6	74.95

8.3.2.7 促根技术对提高造林成活率的影响

ABT 生根粉是一种植物生根促进剂,是提高造林成活率的重要措施,特别对生根比较困难的树种和困难立地造林,效果更明显。试验结果表明(见表 8-26),生根粉可使樟子松等常绿树种造林成活率提高 17.32%。

表 8-26 ABT 生根粉对植苗造林成活率影响

树种	造林时间	型号	浓度(%)	处理方式	成活率(%)		
					ABT	对照	提高(百分点)
樟子松	4 月	3	25	浸根 0.5 h	75.9	48.5	27.4
	4 月	3	25	蘸泥浆	86.1	55.0	31.1
侧柏	10 月	3	50	蘸泥浆	97.5	77.0	20.5
	10 月	3	25	蘸泥浆	98.5	81.3	17.1
油松	4 月	3	25	蘸泥浆	87.5	59.7	27.8

采用生根粉拌种,处理灌木种子,进行播种造林可以提高播种造林成苗率。试验结果表明,经过生根粉处理后,平均可提高花棒成苗率 20.85%,柠条播种成苗率平均提高 9.45%(见表 8-27)。

表 8-27 ABT 生根粉处理花棒、柠条种子成苗效果

树种	处理	密度(株/hm^2)	成苗面积率(%)	成苗率提高(%)
花棒	20 mg/kg	45 405.0	78.3	31.5
	15 mg/kg	35 671.0	57.0	10.2
	对照	31 115.5	46.8	
柠条	20 mg/kg	51 025.5	59.8	14.3
	15 mg/kg	37 020.0	50.1	4.6
	对照	12 006.0	45.5	

8.4 小结

合理的人工干扰调控是优化人工植被结构,增强人工植被群落稳定性,维护高效、持久的人工林地,提高人工林地生态、经济功能的有效途径。对榆林沙区防风固沙人工植被的调查和试验研究表明,平茬、放牧和更新造林是人工植被结构与稳定性调控的有效措施。

(1)平茬可以促进灌木萌蘖和生长,增强生长势,延缓衰老期。适宜的平茬间隔期应根据各种灌木的生物生态学特性、立地条件及经营目的而定,一般为 5 龄左右,平茬时间以冬季和早春植物休眠期进行较好,平茬方式以隔行(隔带)进行为好,可以兼顾生态效益和经济效益。

(2)对灌木林地适度放牧利用可以起到人工平茬的效果,促进灌木萌蘖和生长。同时,放牧可以改善土壤结构,调节土壤水分环境,有利于沙地水分平衡,增强群落稳定性。放牧的强度、方式和季节均对灌木林地恢复与生长有影响,应实行轮封轮牧,放牧季节以秋

冬季节相对较好，对植物消耗较少，影响较小，放牧后轮封时间越长，植被恢复效果越好。

(3)人工更新造林是目前裸沙地治理、破坏林地恢复和退化林地改造的主要途径。其中飞播造林具有速度快、用工少、成本低、效率高、效果好等特点，尤其适于偏远的沙漠腹地和高大沙丘地等人工造林困难的区域造林。适于飞播的植物种主要有花棒、踏郎、沙蒿、沙打旺等；适宜的播种量因植物种而不同，其中单播时以踏郎 11.3～15.0 kg/hm^2、花棒 15.0～22.5 kg/hm^2 为宜，而采用踏郎、沙蒿、沙打旺混播时，播种量以 7.5 kg/hm^2 左右较为适宜，混播造林比单种造林效果好。适宜的播种时期应为5月中下旬至6月上中旬，此时，风速减小、气温回升、雨季降临，有利于种子发芽时生长。裸沙地飞播时，在地表搭设沙障，飞播效果更好。人工植苗造林要选良种壮苗，容器苗造林比裸根苗成活率高；造林时间可以在秋季或春季造林，以早春较好。造林时采用大坑深栽、埋土越冬、覆盖保水等技术可以提高造林成活率。同时，利用生根粉、保水剂等高科技产品，对生根困难的常绿树种和困难立地造林，效果更好。

9 结论与建议

本研究通过区域标准地调查和定位试验相结合、野外观测与试验分析结合，应用主成分分析法、层次分析法、回归分析法、灰色关联法和综合评价模型等数学分析手段，系统研究了毛乌素沙地东南缘榆林沙区人工植被的配置结构、生态功能和调控技术，为榆林沙区人工植被建设和区域生态环境改善提供了理论指导。研究的主要结论如下：

(1)适地适树是人工植被建设应遵循的基本原则。通过对立地因子的调查、分析和综合评价，将榆林沙区划分了3个立地区、5个立地类、16个立地类型、48个立地亚型，并对立地质量进行了评价，编制了乔(杨树)灌(沙柳)木立地质量数量化简表，提出了不同立地适宜的乔灌木造林树种，并采用灰色关联分析法对主要乔灌木树种适宜性进行了评价和排序。按照关联度大小顺序，灌木排序依次为花棒>踏郎>沙柳>柠条>紫穗槐>沙地柏；乔木排序为合作杨>樟子松>侧柏>油松>小叶杨。

(2)人工植被作为沙漠景观的重要结构单元，影响着沙漠景观格局及动态。通过对榆林沙区植被群落物种区系组成、层次结构、数量特征等方面的研究，探讨了沙地植被演替动态。主成分分析表明，沙丘地植被主要分为两种类型群落：一类是分布在流动半流动沙丘或固定沙丘的迎风坡，以踏郎、沙米、沙竹、绵蓬为主要建群种的群落，其Shannon－Weiner指数为1.706；另一类是分布在固定沙丘底部和丘间地，以紫穗槐、沙蒿、绵蓬为主要建群种的群落，其Shannon-Weiner指数为1.973。主要人工固沙植物在群落中的重要值和优势度以踏郎、紫穗槐较优，而以柠条、花棒较差。在人工林的介入下，沙地植被经历天然稀疏草本阶段—人工灌木固沙林阶段—人工灌木+

天然草本阶段—天然草本优势种阶段(顶级群落阶段)的演替过程,这是一种在时间上、空间上、功能上的有序过程,使植被层次结构更加复杂,功能趋于稳定。目前红石峡沙地形成的踏郎、油蒿群落和樟子松群落是相对稳定的顶级群落。

(3)景观特征与动态分析表明,榆林沙区景观破碎度很低(0.157),景观类型较单调,景观多样性较低(1.501),稳定性差。以沙漠为本底的林草植被面积最大(占65.4%),在整体景观中优势突出(0.688),成为主要景观类型。同时,景观格局动态表明,近年来榆林沙地治理力度和成效是显著的,但人类农垦和建设活动对区域人工植被与环境的影响也不容忽视,已成为自然景观格局变化最大的外来影响因素。

(4)根据榆林沙区水土资源、环境状况和社会经济条件,以土地、需求和政策为约束条件,以动态仿真理论为依据,以C语言编制模型,分区对人工植被土地利用结构和林种结构进行了优化调整,提出了基于土地资源限制的人工植被合理覆盖率,即到2030年人工林覆盖率将达到34.43%,林草植被总体覆盖率也将达到71.77%,各类人工林面积均有大幅度增加,尤以经济林增幅达2.4个百分点,这将对提高人工植被自身价值,促进榆林沙区生态、经济和社会的可持续发展有积极意义。

(5)从灌木固沙林地水量平衡角度出发,根据灌木水分利用率和沙地有效水含量,提出了基于水分平衡的人工植被合理密度,即沙柳3 621株/hm^2、花棒763株/hm^2、踏郎4 729株/hm^2、紫穗槐4 892株/hm^2、柠条3 490株/hm^2。

(6)采用回归分析法筛选了人工乔木、灌木植被的结构因子,其中影响防风固沙片林防护功能的主要结构因子是地表分枝数、密度和盖度,而乔木防护林带的主要结构因子是疏透度和主林带间距。并提出了基于防护功能的人工植被合理空间结构,即主林带应选择稀疏型结构,副林带可采用低度疏透型或低度通风型配置;林带总平均疏透度控制在40% ~50%,林冠层与林干层的疏透度之差不超

15%为宜;主林带间距应以林带树高的20倍即150~200 m为宜,副林带间距以200~300 m为宜;主林带走向在窄林带(2~3行)条件下应与主害风方向呈45°以上夹角,在宽林带(4行以上)条件下应与主害风方向垂直为宜;林带树种选择应充分考虑生态适应性、防护性和经济效益,采用乔、灌、草混交,可以获得较好的效益。

(7)通过对不同类型区的调查与客观评价分析,筛选设计了适合榆林风沙区不同立地类型人工植被体系建设的最佳结构配置模式,包括防风固沙林52种、农田防护林18种、用材林8种、水域防护林9种、道路防护林22种。

(8)人工植被通过增加地表粗糙度,削弱近地层风速,减弱风的侵蚀能力,降低地表输沙量,起到防风固沙、调节小气候、改良土壤的作用。林带的小气候调节作用因其结构和季相而不同,稀疏型林带可提高防风效能7.8~13.8个百分点,夏季有叶期比冬季无叶期防风效果高12.1~18.2个百分点;对温、湿度的调节差异则表现在春秋季节增温约0.39 ℃,夏季降温约0.34 ℃,相对湿度提高6.3%~11.2%。固沙灌木因阻沙降尘和枯枝落叶的增加,而改变了土壤理化性质,改善了土壤结构,提高了土壤肥力,可平均增加土壤黏粒2~2.75倍、增加有机质2~20倍、增加全氮3~22倍、增加速效磷10%~160%。

(9)固沙灌木光能利用率极低,平均只有0.02%~0.05%,以紫穗槐和沙柳较高、花棒较低;而水分利用率平均只有0.07%,以沙柳较高、花棒较低。因而,固沙林地生物量和生产力较低,以丘间地的生物量相对较高,比迎风坡生物量高33%~162%。

(10)采用因子分析法和层次分析法构建了生态效益综合评价指标体系,并对5种主要固沙灌木的生态效益进行了综合评价,按评价得分排序为踏郎(40.81)>紫穗槐(39.13)>柠条(37.43)>沙柳(37.31)>花棒(35.19)。反映了沙丘迎风坡以踏郎最佳;丘间地以营造紫穗槐较好;花棒、沙柳两处均可。采用混交造林,可以增加结构稳定性,提高生态效益。

(11)平茬、放牧、更新造林是人工植被结构与功能调控的主要途径。平茬可以调节林分结构,促进萌蘖和生长,平茬时间以冬春季休眠期进行为好,平茬间隔期以5年左右为宜。放牧不仅可以起到平茬的作用,同时可以改善土壤结构,调节土壤水分环境,有利于沙地水分平衡,增强群落稳定性,放牧利用应实行轮封轮牧,放牧后封育2年以上对植被恢复有利。人工更新造林是目前流沙地治理、破坏林地恢复和退化林地改造的主要措施,其中飞播造林时间应选择在5月中下旬至6月中上旬为宜,飞播植物种以花棒、踏郎、沙蒿、沙打旺为主,播种量因植物种和播种方式而不同,单播时以踏郎11.3~15.0 kg/hm^2、花棒15.0~22.5 kg/hm^2 为宜,混播量以7.5 kg/hm^2 较为适宜,混播造林比单种造林效果好;人工造林以春季造林成活率较高,采用容器育苗、大坑深栽、埋土越冬、覆盖保水等技术措施,同时利用生根粉、保水剂等高科技产品,对生根困难的常绿树种和困难立地造林,效果更好。

参考文献

[1] 白永飞,陈佐忠.锡林河流域羊草草原植物种群和功能群的长期变异性及其对群落稳定性的影响[J].植物生态学报,2000,24(6):641-647.

[2] 曹新孙,陶玉英.农田防护林国外研究概况[C]//中科院林业土壤研究所刊集.北京:科学出版社,1981.

[3] 车克钧,等.白龙江水源涵养林综合效益计量研究[J].甘肃林业科技,2006,31(4):5-9.

[4] 陈国阶.长江上游退耕还林与天然林保护问题与对策[J].长江流域资源与环境,2001,10(6):544-549.

[5] 陈国良.黄土高原区域治理生态经济效益综合评价方法[J].生态经济,1993(5):23-32.

[6] 陈全龙,等.黄土丘陵区退耕还林的几种模式与生态农业建设[J].防护林科技,2000,43(2):64-67.

[7] 陈太三.三北防护林经济效果研究[J].北京林学院学报,1985(1):1-17.

[8] 陈文瑞.沙坡头地区固沙造林地土壤性质的变化[J].中国沙漠,1981(1).

[9] 陈征海.立地类型质量评价中的模糊方法研究[J].中南林学院学报,1987(2):138-143.

[10] 程根伟.长江上游森林涵养水源效益及其经济价值评估[J].中国水土保持科学,2004,2(4):17-20.

[11] 程根伟.防护林生态效益定量指标体系的研究[J].水土保持学报,1992(3):79-86.

[12] 党兵,孙祯元,孙耀.榆林沙地人工植物群落的形成与演替[J],内蒙古林业科技,2003(2):10-14.

[13] 党承林,黄瑞复.生态系统的冗余与营养结构模型[J].生态学杂志,1997,16(4):39-46.

[14] 党承林.植物群落的冗余结构:对生态系统稳定性的一种解释[J].生态学报,1998,18(6):665-672.

[15] 丁访军,金祺.喀斯特困难地段退耕还林工程布局与模式[J].贵州林业科技,2004(3):43-46.

[16] 董光荣,吴波,慈龙骏,等.我国荒漠化现状、成因与防治对策[J].中国沙漠,1999,19(4):318-332.
[17] 董世魁,胡自治.人工草地群落稳定性及其调控机制研究现状[J].草原与草坪,2000,90(3):3-8.
[18] 杜铁瑛,张怀宁,马久.祁连山东段天然草地植物群落稳定性分析[J].青海草业,2002,11(2):21-23.
[19] 杜万平.完善西部区域生态补偿机制的建议[J].中国人口资源与环境,2001,11(3):119-120.
[20] 冯耀宗.物种多样性与人工生态系统稳定性探讨[J].应用生态学报,2003,14(6):853-857.
[21] 符亚儒,王晓云.治沙植物旱生结构及生理特性的研究[J].水土保持通报,1994,14(7):53-57,95.
[22] 傅伯杰,陈利顶,马克明,等.景观生态学原理及应用[M].北京:科学出版社,2003.
[23] 高国雄,张国良,等.国内外退耕还林研究与实践回顾[J].西北林学院学报,2007,22(2):203-208.
[24] 高国雄.国外工矿区土地复垦动态[J].水土保持研究,2001,8(1):98-103.
[25] 高国雄.三种灌木解剖结构特征的比较研究[J].水土保持研究,1995(2):141-145.
[26] 高国雄.中国北方荒漠化现状、成因及防治对策[J].水土保持研究,2005(5):178-180.
[27] 高勇禄.森林防护效益及计量方法的初步研究[J].生态学杂志,1989(4):14-18.
[28] 高志义.三北防护林工程与科技兴林[J].防护林科技,1998(4):10-13.
[29] 高志义.试论“三北”生态经济型防护林体系[J].应用生态学报,1991,2(4):373-378.
[30] 国家林业局.中国三北防护林体系工程简介[EB/OL].http://www.3northforest.com,2003.
[31] 国家林业局.中国三北防护林体系工程四期工程规划[EB/OL].http://www.3northforest.com,2003.
[32] 国家林业局退耕还林办公室.退耕还林指导与实践[M].北京:中国林业

出版社,2003.

[33] 何芳良.生态系统的复杂性与稳定性[J].生态学进展,1988,5(3):157-159.

[34] 何乃维,贵克平.生态经济指标体系设计和计量方法[J].生态经济,1987(1):21-23.

[35] 何占玺.黑河流域退耕还林模式[J].草业科学,2004,21(1):15-16.

[36] 贺素娣,等.川江流域防护功能分区方案初探[C]//长江中上游防护林建设文集.北京:中国林业出版社,1991.

[37] 洪顺山.福建滨海风沙地带几种桉树种源适应性选择试验初报[J].福建林业科技,1996,23(2):24-27.

[38] 侯军岐,张社梅.黄土高原地区退耕还林还草效果评价[J].水土保持通报,2002,22(6):29-31.

[39] 胡海波,等.苏北淤泥质海岸防护林土壤水分的研究[J].中国生态农业学报,2002,10(4):24-27.

[40] 皇甫祯富,等.西北地区退耕还林(草)生态工程综合效益分析[J].内蒙古林业科技,2003(增):53-55.

[41] 黄建辉,白永飞.物种多样性与生态系统功能:影响机制及有关假说[J].生物多样性,2001,9(1):1-7.

[42] 黄子琛.民勤和沙坡头地区荒漠化植物的净光合速率及 CO_2 补偿点[J].中国沙漠,1984,4(1):15-18.

[43] 贾志清,卢琦.寒冷高原黄土丘陵浅山区退耕还林模式及造林技术[J].水土保持通报,2004,24(2):63-67.

[44] 姜凤歧,曾德慧.科尔沁沙地生态系统退化与恢复[M].北京:中国林业出版社,2002.

[45] 姜汉侨,段昌群,杨树华,等.植物生态学[M].北京:高等教育出版社,2004.

[46] 蒋瑾,丛自立.从水分平衡角度探讨固沙植物的合理密度问题[J].生态学杂志,1986,5(1):7-12.

[47] 蒋有绪.森林可持续经营与林业的可持续发展[J].世界林业研究,2001,14(2):3-8.

[48] 焦树仁.辽宁省章古台樟子松固沙林更新的研究[J].辽宁林业科技,2001(2):1-3,23.

[49] 金志农. 杨树人工林生态系统立地质量因子定量排序与评价[J]. 应用生态学报,1992 (2):105-110.
[50] 康立新,王述礼. 沿海防护林体系生态环境效益及评价技术[J]. 林业科技开发,1998(2):31-32.
[51] 雷孝章,黄礼隆. 长江上游防护林体系保土效益研究[J]. 北京林业大学学报,1997,19(2):25-29.
[52] 黎锁平. 水土保持综合治理效益的灰色系统评价[J]. 水土保持通报,1994(5):13-17.
[53] 李广毅,高国雄,等. 国内外关于防护林体系结构研究动态综述[J]. 水土保持研究,1995,2(2):70-78.
[54] 李杰,施智宝. 榆林沙区植被资源概况[J]. 陕西林业科技,1998(3):39-41.
[55] 李世东. 东北山地沙地和京津周围沙地平原区退耕还林区域模式研究[J]. 防护林科技,2004(5):1-12.
[56] 李周,徐智. 森林效益计量研究综述[J]. 北京林学院学报, 1984(4):61-63.
[57] 李宗禹. 前苏联林业土地复垦[M]//矿山废地复垦与绿化. 北京:中国林业出版社,1995.
[58] 梁一民,陈云明. 论黄土高原造林的适地适树与适地适林[J]. 水土保持通报,2004,24(3):69-72.
[59] 廖空太. 防风固沙林优化模式的树种选择及其配置[J]. 甘肃林业科技,1995,20(3):15-21.
[60] 刘翠英. 毛乌素沙地植物资源调查及开发利用研究[J]. 干旱地区农业研究,2006,24(2):183-188.
[61] 刘德胜,宋兆民. 黄淮海平原砂姜黑土区综合防护林体系研究[M]. 合肥:安徽科技出版社,1992.
[62] 刘启慎. 太行山石灰岩低山区水土保持防护林高效空间配置研究[J]. 河南林业科技,2000, 20(1):1-5.
[63] 刘世荣. 中国主要森林生态系统水文功能的比较研究[J]. 植物生态学报,2003,27(1):16-22.
[64] 刘恕,石庆辉. 固沙植物的密度与配置的研究[M]//流沙治理研究. 银川:宁夏人民出版社,1980.
[65] 刘小阳. 天童山森林植被的群落稳定性与物种多样性的研究[J]. 生态学

杂志,1999,16(5):17-18.
[66] 刘勇.三北防护林体系工程建设二十年[J].防护林科技,1998(2):47-50.
[67] 刘增文,李雅素.生态系统稳定性研究的历史与现状[J].生态学杂志,1997,16(2):58-61.
[68] 龙花楼,李秀彬.区域土地利用转型分析[J].自然资源学报,2002,17(2):144-149.
[69] 龙斯曼.森林的环境效益与国土整治[J].林业调查规划,1984(4):30-32.
[70] 罗伟祥.黄土高原渭北生态经济型防护林体系建设模式研究[M].北京:中国林业出版社,1995.
[71] 马世骏,李文华.中国的农业生态工程[M].北京:科学出版社,1987.
[72] 梅再美,熊康宁.喀斯特地区水土流失动态特征及生态效益评价[J].中国岩溶,2003,22(2):137-143.
[73] 慕长龙.长江中上游防护林体系综合效益评价指标体系研究[J].北京林业大学学报,1999,21(6):50-54.
[74] 彭茹燕,张慧芝,哈斯,等.陕北风沙区景观格局分析[J].干旱区研究,2005,22(1):51-56.
[75] 彭少麟.森林群落稳定性与动态测度[J].广西植物,1987,7(1):67-68.
[76] 漆建忠,杨忠信,等.毛乌素沙地生态经济型防护林体系研究[J].水土保持通报,1994,14(7):12.
[77] 任海,等.鼎湖山森林生态系统演替过程中的能量生态特征[J].生态学报,1999,19(6):817-822.
[78] 任继红.退耕还林(草)不同立地条件治理模式研究[J].四川林业科技,2001,22(1):40-43.
[79] 任勇.关于生态经济型防护林体系基本理论框架的探索[J].北京林业大学学报,1996,8(增):1-7.
[80] 沈渭寿.毛乌素沙地飞播植被演替的阶段与速度[J].林业科学,1999,35(3):103-108.
[81] 石永红,符义坤,等.半荒漠地区绿洲混播牧草群落稳定性与调控研究[J].草业学报,2000,9(3):1-7.
[82] 史东梅,邹受益.人工固沙植被群落学特征研究[J].干旱区研究,1999,16(2):20-24.

[83] 宋新章,毕学云,等.生物多样性与生态系统稳定性关系小议[J].河北林业科技,2003(6):27-28.
[84] 宋兆民.黄淮海平原综合防护林体系配套技术研究[M].北京:气象出版社,1991.
[85] 宋宗水.对公益林业与产业林业经营体制的探讨[J].林业工作研究,1996(3):38-42,52.
[86] 孙保平.荒漠化防治工程学[M].北京:中国林业出版社,2000.
[87] 孙立达,朱金兆.水土保持林体系综合效益研究与评价[M].北京:中国科学技术出版社,1995.
[88] 唐德瑞,陈辉.陕西省长江防护林建设技术与成就[M].西安:西安地图出版社,2000.
[89] 唐德瑞,李根前.国内外防护林建设研究概况与发展趋势[J].陕西林业科技,1994(3):1-5.
[90] 汪有科,等.森林植被水土保持功能评价[J].水土保持研究,1994(3):24-30.
[91] 王飞,李锐.退耕工程生态环境效益发挥的影响因素调查研究[J].水土保持通报, 2002(3):1-4.
[92] 王富炜.生态经济型防护林效益评价体系[J].北京林业大学学报,1999(2):141-147.
[93] 王广钦,等. 河南省沿河沙地的特点分析及合理利用[J].河南林业科技,1996(3):2-5.
[94] 王国宏,张大全.生物多样性与生态系统的功能:进展与争论[J].生物多样性,2002,10(1):49-51.
[95] 王礼先.山地防护林水土保持水文生态经济效益及其信息系统[M].北京:中国林业出版社,1997.
[96] 王庆锁,梁艳英.油蒿群落植物多样性动态[J].中国沙漠,1997,17(2):159-163.
[97] 王涛,赵哈林,肖洪浪.中国沙漠化研究的进展[J].中国沙漠,1999,19(4):299-311.
[98] 王晓峰,等.近14年榆林北六县土地利用变化及驱动力分析[J].水土保持研究,2006,13(6):201-203.
[99] 王永琴.塔里木河干流区退耕还林(草)改善生态措施探讨[J].新疆环境

保护,2001(1):15-18.
[100] 王幼民.黄土高原沟壑区综合治理及其效益研究[M].北京:中国林业出版社,1990.
[101] 夏自谦.森林综合效益的经济计量与评价[J].林业经济,1984(3):64-67.
[102] 向成华,唐光.国内外防护林体系效益研究动态综述[J].四川林业科技,1998,19(1):52-57.
[103] 徐军,李青丰,等.沙坡头人工植被区中的油蒿种群动态与稳定性[J].中国沙漠,2002, 22(6):591-597.
[104] 徐坤,谢应忠,郑国琴.植被稳定性研究进展[J].宁夏农学院学报,2004,25(4):59-61,66.
[105] 徐孝庆.森林综合效益计量评价[M].北京:中国林业出版社,1992.
[106] 许明耻,周心澄.灌木固沙林与沙地水分平衡的研究[J],陕西林业科技,1987(1):10-13.
[107] 阳含熙,潘渝的,伍业钢,等.长白山阔叶红松林马氏链模型[J].生态学报,1988,8(3):211-213.
[108] 杨大三,等.鄂西三峡库区防护林研究[M].武汉:湖北科学技术出版社,1996.
[109] 杨瑞英.农田防护林带树种更替的探讨[C]//中科院林业土壤研究所刊集.北京:科学出版社,1981.
[110] 杨文斌.临泽北部乔灌结合固沙造林的生态效益和经济效益评价[J].生态学杂志,1989(6):27-30.
[111] 杨玉坡,等.长江上游防护林体系综合效益评价指标体系研究[J].四川林业科技, 1993(增):19-38.
[112] 杨玉坡,等.长江上游(川江)防护林研究[M].北京:科学出版社,1993.
[113] 叶志义,阳小成.陡坡退耕还林模式[J].重庆大学学报,2002,25(6):81-84.
[114] 于云江.从植被演替和抗风性研究沙坡头段人工植被稳定性[J].自然资源学报,2002, 17 (1):63-70.
[115] 余新晓,于志民,等.水源保护林[M].北京:中国林业出版社,2001.
[116] 袁正科.退耕还林造林经营模式选择[J].湘西林业科技,2003(6):22-24.

[117] 袁正科. 湘西山地不同植被类型的水土保持效益研究[J]. 水土保持研究,2003,10(2):123-125.
[118] 岳天祥. 生态环境质量评价方法研究[J]. 水土保持学报,1993(4):33-37.
[119] 曾德慧,姜凤岐. 樟子松人工固沙林稳定性研究[J]. 应用生态学报,1996,7(4):337-339.
[120] 翟中齐. 森林生态经济效益雏论[J]. 北京林学院学报,1985(1):51-57.
[121] 张殿发,张祥华. 西部地区退耕还林急需解决的问题及建议[J]. 中国水土保持,2001(3):9-11.
[122] 张继贤. 论土地利用与覆盖变化遥感信息提取技术框架[J]. 中国土地科学,2003,17(4):31-36.
[123] 张继义,赵哈林. 植被(植物群落)稳定性研究评述[J]. 生态学杂志,2003,22(4):42-48.
[124] 张建国,等. 福建森林综合效益计量与评价[J]. 生态经济,1994(5):1-6;(6):10-16.
[125] 张奎壁,邹受益. 治沙原理与技术[M]. 北京:中国林业出版社,1990.
[126] 张龙生. 毛乌素沙地东南部人工植被演替研究[J]. 中国沙漠,1994,14(1):79-82.
[127] 张佩昌,袁嘉祖,等. 中国林业生态环境评价区划与建设[M]. 北京:中国经济出版社,1996.
[128] 张文明. 加强三北防护林体系建设促进西部大开发战略实施[J]. 防护林科技,2000(4):22-24.
[129] 张晓然. 毛乌素沙地 10 种重要沙生植物叶形态结构与环境的关系[J]. 西北植物学报,1997(5):54-60.
[130] 张叶. 试论森林生态效益经济计量若干理论和方法[J]. 林业经济,1987(4):30-32.
[131] 张云飞. 草原植物群落物种多样性与结构稳定性相关性分析[J]. 内蒙古大学学报,1997(3):419.
[132] 张志达,等. 全国十大林业生态建设工程[M]. 北京:中国林业出版社,1995.
[133] 赵文斌. 平安县退耕还林效益评估[J]. 青海农林科技,2003(4):21-22.
[134] 郑元润. 大青沟植物群落稳定性研究[J]. 生态学报,1999,19(4):

578-580.
[135] 郑元润.森林群落稳定性研究方法初探[J].林业科学,2000,36(5):28-32.
[136] 钟哲科,等.丘陵红壤防护林树种优化模式选择[J].林业科技通讯,1994(4):12-14.
[137] 周锋利.黄土高原沟壑区生态经济型防护林体系综合效益评价[J].陕西林业科技,2005(3):59-60.
[138] 周红,缪杰.贵州省退耕还林工程试点阶段社会经济效益初步评价[J].林业经济, 2003(4):23-24.
[139] 周集中,马世骏.生态系统稳定性[M]//马世骏.现代生态学透视.北京:科学出版社,1990.
[140] 周心澄,高国雄.国内外关于防护林体系效益研究动态综述[J].水土保持研究,1995,2(2):79-84.
[141] 周毅,苏志尧.公益林生态效益计量研究进展[J].世界林业研究,1998,11(2):13-17.
[142] 朱朝云,丁国栋,杨明远.风沙物理学[M].北京:中国林业出版社,1992.
[143] 朱德兰,马国强,等.榆林风沙区乔灌木树种适宜性评价[J].西北林学院学报,2003,18(4):54-56.
[144] 朱灵益,宝音.毛乌素沙地立地质量进行分类与评价[M].北京:中国林业出版社,1989.
[145] 朱首军.渭北旱原塬面混农林业的结构特征与防护效益的关系研究[J].西北林学院学报,1995, 10(A01):91-96.
[146] 朱震达.中国的沙漠化及其治理[M].北京:科学出版社,1989.
[147] 祝列克.中国荒漠化和沙化动态研究[M].北京:中国农业出版社,2006.
[148] Baker L O. Res. Progr. Rep. West Weed Control Conf. (59), O. W. 1964.
[149] Bates C G. shelterbelt influences. J. For. , 1945,43(2): 88-92.
[150] Benzarti J. Effect of Windbreak on Microclimate and Agricultural Production in Tunisan Irrigated Lands. <Protective Plantation Technology>, Publishing House of North Forestry University, 1990(5):60-66.
[151] Boukowska T. Ekol. Polska. 1970, 18A (28):559-569.
[152] Caborn J M. Shelterbelts and microclimate. Forestry commission bulletion

No. 29, 1957.
[153] Castellain E, et al. Prevosto, M. Proc. 13th Congress IUFRO, Wien. 1966.
[154] Castellani E, et al. Prevosto, M. Proc. 14th Congress IUFRO, Munich, pt. I. Sect. 1967, 11,203-214.
[155] Champion H C. Proc. 12th Congress IUFRO, 1956, Ox. Band 1. 1958: 2-4.
[156] Cheng Xiquan, Xu Lianji, Guan Jiyi, et al. The effect of Windbreaks on Soil Moisture in West Hei longjiang Provice, Publishing House of Northeast Forestry University, 1990,5: 174-179.
[157] Dancette C, Poulain J F. Sols Africains. Paris, 1968, 13(3): 197-239.
[158] David F. Gibson. Conceptual planning model for multiple use forest management, systems analysis and resource management. 1975: 57-78.
[159] Davides G J. Ned. Bosb. Tijdschr. 1971,43 (12): 265-267.
[160] Dawson D H. U. S. For. Serv. Res. Pap. Lake St. For. Exp. Sta. No. LS-13, pp22, 1964.
[161] Deans H H. Farm Forestry. 1973, 15 (1): 27-29.
[162] Dimitrov H, Palasev I. Gorskotop. Nauka, Sofijia, 1966, 3(6): 469-481.
[163] Dimitrov H. Gorskostop Nauka, 1970, 7(2):15-26.
[164] Dimitrov H. Gorskostop Nauka, 1970,7(4):19-27.
[165] Dimitrov H. Gorskostop Nauka, Sofijia, 1966, 3(2): 123-130.
[166] Ding Guifang, Zhang Yuhua. Effects of Shelterbelt Network on Soil Moisture, <Protective Plantation Technology>, Publishing House of Northeast Forestry University, 1990(5):180-185.
[167] Depuit E J(刘新民译). 干旱生态系统中的植物的光合作用和呼吸作用[J]. 世界沙漠研究, 1981(2).
[168] Edmonds T W. Farm Forestry, 1975, 16 (4): 92-97.
[169] Eis. S. Long, J. R. Canadian Journal of Forestry Research. 1972, 2(3): 223-227.
[170] Eisenreich H. Sozialistische Forstwirtschaft, 1974, 24(5): 136-139,159.
[171] Elammi S. Baldy C. Documents Techniques, Institute national des recherches agronomiquesde. Tunisie, Ariana, 1967, 28:15.
[172] Elton C S. The Ecology of Invasions by Animals and Plants. London: Chap-

manand Hal1 1958. 143.

[173] Endean F. Tree planters Notes, 1973, 24(1): 26-29.

[174] Federenko V. P. Pocvoved, 1967(11): 82-85.

[175] Feldmann F, et al. Recultivation degraded fallow lying areas in central Amazonian with equilibrate ploy culture: Forestry Commission. Forestry Briefing. Edinburgh, UK, 1998. 8.

[176] Forestry Commission. Forestry Commission Figures 1997 ~ 1998. Edinburgh, UK, 1999.

[177] Franclet A.: Note technique, Institut de reboisenment de Tunis, (15), spp. 1973.

[178] Fritzi Pauley. Revue Foresters Franaise. 1974, 26(3): 229-230.

[179] Brow G W. Desert biology. Academic press New York and London, 1974: 214-223.

[180] Gardner M R, Ashky W R. Connect a ceoflarge dynamic (cybernetic) system: Critical values forstability. Nature, 1970, 288:784.

[181] Gentcheva-kostadinova S, et al. Reclamation of coal mining lands: UK and Bulgaria [J]. Industry and Environment, 1993 (16):336.

[182] Gindel I. FAO Report (1972) No. FO: SF/CUB 3, Informe Turmico 2, VII + 67 PP.

[183] Ginnes W G. (赵兴梁译). 世界干旱地区生态系统的共同特征[J]. 世界沙漠研究,1986(1).

[184] Gong Weiguang, Xiang Kaifu, Cui Lixin, et al. Effect of Windbreaks on Wind Prevention - A Case Study on Pasture Land, Publishing House of Northeast Forestry University, 1990, 5: 246-253.

[185] Goodman D. The theory of diver sity stability relationship sinecology. The Quarterly Review of Biology, 1975, 5(3):237.

[186] Gould A B, et al. Relationship of Mycorrhizae activity to lime following reclamation of surface mine lands in west Grime J P. Benefits of plant diversity to ecosystems: immediate, filter and founder effects [J]. Journal of Ecology, 1998, 86:901.

[187] Grime J P. Benefits of plant diversity to ecosystems: immediate, filter and founder effects [J]. Journal of Ecology, 1998, 86:901.

[188] Guyot G. Ann. Agon. 1963, 14(4), 429-488.
[189] Hariston N G, Allan J D, Colwell R K, et al. The relationship between species diversity and stability: an experimenta lapproach with protoza and bacteria [J]. Ecology, 1968, 49:1091.
[190] Haritonov G A. Lesn. Khoz. 1967(6): 17-21.
[191] Haverbecke D F. Journal of soil and water conservation. 1973, 28(2): 65-68.
[192] Haywood J P, et al. Survival and growth of trees and shrubs different lignite mine soils in Louisiana [J]. Tree Plant Notes, 1993, 44(4): 166-171.
[193] Hicks R Q. 用水溶胶蘸根改善美弗吉尼亚地区表面采矿立地造林保存率[J]. Tree plant Notes. 1992, 43 (4):159-162.
[194] Hill A R. Ecosystem stability in relation to stresses caused by human activities[J]. Canad. Geographer, 1975, 19(3):206.
[195] Huang J W, et al. Lead phyto extraction: species variation in lead up take and translocation[J]. New Physiologist. 1996(134):1. 75-84.
[196] Hussein M F, et al. Agricultural Research Review, Cairo, 1969, 47(2): 81-89.
[197] Jaffre T, et al. Revegetation mining sites in New Caledonia [J]. Bois-et-Forests-des-Tropiques. 1994, 42: 45-57.
[198] Jager K. Nederlands BosBouw Tijdschrift. 1973, 45(7/8):237-243.
[199] Janice E. Bowers. 北美西部内陆沙丘的植物生态学. 世界沙漠研究, 1984,4.
[200] Jawarski J. Ekol. Pol. A. 1961, 9: 165-183.
[201] JEvans. Silviculture of Broad leaved Woodland. HMSO Publication Centre, London, UK, 1984.
[202] Jha A K, et al. Growth performance of certain directly seeded plants on mine-spoil in a dry tropical environment[J]. India Forest. 1993(119):11. 920-927.
[203] Jha P K, et al. Suitability of rhizobia-inoculateal wild legumes argy rolobium flaccidum[J]. Plant and Soil. 1995(177):2. 139-149.
[204] Kaar E . Dependence of reonlnaracaon conditions. Mests and asliknd-urimused. 1992 (24):135 -142.

[205] Kaifu Xiang, Zhou Baoguo, Zhao Yusen, et al. Effects of Shelterbelts on Regional Climate, < Protective Plantation Technology >, Publishing House of Northeast Forestry University, 1990,5: 67-78,.

[206] Kalashnikov A F. Lesnoe Khozyaistvw, 1975, 10:65-66.

[207] Katzur J, et al. Amelioration and reforestation of sulfurous mine soils in Lusatia (Eastern Germany)[J]. Mine site-reclamation and soil-pollution, 1996 (91):1-2. 17-32.

[208] Kentucky. Canadian-Journal-of-Botany[J]. 1996,74:247-261.

[209] King A N, Pi mm S I. Complexity diversity and stability: are conciliation of theoretical and empirica lresults [J]. The American Nature, 1983, 122: 229.

[210] Kosola K R, Gross K L. Resource competition and suppression of plants colonizing early successsional old fields. Oecologia, 1999,118(1):69-75.

[211] Lawton J H, Brown V K. Red undancy in ecosystems [C]// Schulze E. D. Biodiversity and Ecosystem Function. Berlin: Springer2Verlag, 1994: 255-2270.

[212] Li Fenlan. Classification of Forest Sites in the "Three North" Protective Plantation region, < Protective Plantation Technology >. Publishing House of Northeast Forestry University. 1990:364-365.

[213] Liu Shaoxiang. Study on the "protective Maturity" of a Shelterbelt, < Protective Plantation Technology >, Publishing House of Northeast Forestry University,1990: 422-427.

[214] Barbour M G. Terrestrial plant ecology, The Ben Jamie / Cummings publishing compang,inc 1980:158-182.

[215] Mac A. rthur R H. Fluctuations of anima lpopulations and measure of community stability [J]. Ecology, 1955, 36:533.

[216] Malajczuk N, et al. Role of ectomycorrhizal fungi in mine site reclamation [J]. Mycorrhizae and Health. 1994:83-100.

[217] Margalef R. Diversity stability and maturality in naturale cosystems [C]// Dobben W. H, Lowe Mc Connell R. H. Unifying Conceptsin Ecology. Wageningen: Centreforagricultural publishing and documentation, 1975, 15(1):21-60.

[218] Marszalek T. A point method for determining the multiple value of forest units, Las-Polski. 1988, 119: 12-131.

[219] May R M. Stability and Complexity in Model Ecosystems [M]. Princet on: University Press, 1974. 123-159.

[220] Mc grady Steed J H L. Biodiversity density compensation and the dynamics of populations and functional groups [J]. Ecology, 2000, 81(2): 361.

[221] Mc Kay W. Experimental Horticulture, London, 1969, 19: 1-15.

[222] Mc Naughton S J. Diversity and stability [J]. Nature, 1988: 333-340.

[223] Miller D R, Rosenberg N T. Bagley. Agr. Meteorol. 1975, 14: 321-333.

[224] Mitchell R J, Marrs R H, LeDuc M G, et al. A study of the restoration of heathland on successional sites: changesin vegetation and soil chemical properties. Journal of Applied Ecology, 1999, 36: 770-783.

[225] Naeem S. Species Redundancy and Ecosystem Reliability [J]. Conservation-Biology, 1998, 12(1): 39.

[226] Naylor J N. Abstr. FO. Thesis in Dissert. Int., 31B, (333), order No. 1970, 70-25, 502, pp. 221.

[227] Nuberg I K, Evans D G. Alley cropping and analog forest for soil conver sati-oninthedry up lands of SriLanka, Agroforestry-system, 1993, 24 (3): 247-269, 37ref.

[228] Odum E P. Basic Ecology [M]. Sanders College Publishing. Hiladelphia, 1983(4): 62-50.

[229] Smith P G. Quantitative plant ecology. Alden press, Oxford, 1983: 171-289.

[230] Panago poulos T, et al. Early growth of Pinus nigra and Robinia pseudoaea-cia stands [J]. Landscape and urban planning. 1995(32): 1. 19-29.

[231] Petrov N G, Baiko V P, Petrova V I. Lesnoe Khozyaistvo, 1972, 8: 37-38.

[232] Pfleger F L, et al. Roles of VAM fungi in mine-land Revegetation [J]. My corrhizae and Plant Health. 1994: 47-81.

[233] Plate E J. Agricultural meteorology. 1971, 8: 203-222.

[234] Pollina M I. Esovedenie. 1978, 6: 60-68.

[235] Poluboyarinov O I. esnoe khozyaistvo. 1972, 8: 25-26.

[236] Wittarer R H. ordination of plant co mmunities. 1978.

[237] Mather R, Smith P F, Savill P. Analysis of the Changes in Forest Condition

in Britain 1989 to 1992. HMSOPubli-cationCentre, London, UK, 1995. 3.
[238] Rakhmanov, Opritova, RV. The importance of forests forwater-conservation in the Soviet Far East, Lesnoe-Khozyaistvo, 1979, 15: 22-25, 12refl.
[239] Ram Prasad, et al. Effect of pit on the growth performance of same important species on the overburdens of mined out area of coal[J]. Vaniki-Sandesh, 1992, 16 (3):3-5.
[240] Read D K, et al. Ann. Ent. Soc. Amer., 1970, 63(3): 792-794.
[241] Response of useful plants to inoculation with VAM fungi[J]. Symposium on Tropical nuts Pflanzen. 1995(69):3-4, 111-118.
[242] Rubow J. Hedeselskabets Tidsskrift, 1976, 15(1):6-7.
[243] Chang S J, Liu C J. An Economic Analysis of the Triangular Planting Method, < Protective Plantation Technology >, Publishing House of Northeast Forestry University. 1990, 5: 276-278.
[244] Schuman G E, et al. Revegetation bentonite mine-spoils with sawmill by-products and gypsum[C]// Agriculture utilization of urban and industrial by-products proceeds. 1995: 261-274.
[245] Schuman G E, et al. Short term effects of surface-applied gypsum on revegetated sodic bentonite spoils[J]. Soil Science Society of America Journal, 1993, 57(4):1083-1088.
[246] Shen Jikun, Zhang Renhe, Zhang Wanpeng. Development and Application of Comprehensive Technology in the "Three North" Proteective Plantation System in Heilongjiang Province, < Protective Plantation Technology >, Publishing House of Northeast Forestry University, 1990: 282-285.
[247] Shetty K G, et al. Effective of Mycorrhizae and other soil microbes on Revegetation metal Contaminated mine. soil [J]. Environmental-pollution 1994, 86(2):181-188.
[248] Shi Jiachen, Kong Xuhui. A Site Classification and Site Quality Evaluation of the Forrest Region in Heilongjiang Province, < Protective Plantation Technology >, Publishing House of Northeast Forestry University, 1990: 332-333.
[249] Siginer IDO, Sagi R. Agricultural Meteorology, 1971, 9:323-333.
[250] Siginer IDO. Boundary-layer Meteorology, 1972, 3:87-97.

[251] Simmunovic N. Savremena Poljoprivreda, Novi, Sad, 1966, 14(10):906-918.
[252] Slabough P E. ouernal of soil and water conservation. 1974, 29(2): 81-84.
[253] Solbrig O T. Biodiversity: Scientific Issues and Collaborative Research Proposal. MABDigest[M]. Paris:UNESSCO,1991:39-49.
[254] Song Zhaomin, Wei Liu. The Relation Between Microngrelimatic Factors in Shelterbelt Networks and Crop Yield, <Protective Plantation Technology>, Publishing House of Northeast Forestry University,1990,5: 211-217.
[255] Soni P, et al. Revegetation abandoned limestone mine Mussoorre hills[J]. Advance-in Forestry Research in India. 1994, 11: 25-38.
[256] Soni P, et al. Revegetation and ecological monitoring of an open cast rock phosphate mine[C]// Proceedings of theconference. 'Reclamation a global perspective'. Calgary, Alberta, 1989(1):327-332.
[257] Stephen H, Roxburgh. Stability and coexisten ceinalawn community: experiment alassessment of the stability of the actual community[J]. Oikos,2000, 88:409.
[258] Saaty T L. Concepts Theory and Techniques. Decision Sceices,1987,18(2).
[259] Torberto J L, et al. 弗吉尼亚西南部露天矿剥离土整平地造林树种试验结果[J]. App. Forest. 1985, 9(3):150-153.
[260] Touzet G. Bois et forus Des Tropiques. 1973, 142:3-13.
[261] Turnbull L A, Rees M, Crawley M J. Seed mass and thecompetition/colonization trade-off: a sowing experiment. Journal of Ecology,1999,87:899-912.
[262] Wang Chunhua, Hu Zhiqiang, Wang Zhenyu et al. Effect of Shelterbelt on Micoclimate and Yield of Paddy field, Publishing House of Northeast Forestry University, 1990, 5: 225-229.
[263] Wang Wenzhang, Chen Jie, Zhang Baoyou, et al. A sturdy of the Physiological and Ecological Properties of Shelter Trees Under Various Site Conditions, <Protective Plantation Technology>. Publishing House of Northeast Forestry University. 1990: 388-402.
[264] Woodruff N P. Wind tunnel studies on shelterbelt models. J. For. 1953,51(3): 173-178.